普通高等教育"十二五"系列教材

U0608395

（第二版）

建设工程质量控制

主　编　苑　敏
副主编　张百岁　李燕燕
编　写　马晓霞　张献奇　李　昆
　　　　林顺旺　王　争　张晋明
　　　　姜占勤　苏英志
主　审　许　光

中国电力出版社
CHINA ELECTRIC POWER PRESS

内 容 提 要

本书为普通高等教育"十二五"系列教材（高职高专教育），依据 GB 50164—2011《混凝土质量控制标准》、GB 50204—2002《混凝土结构工程施工质量验收规范（2010 年版）》和 2008 年版的质量管理体系国家标准编写而成。

全书共分七个单元，十五个项目，主要内容包括建设工程质量控制概述，工程勘察设计阶段与设备采购、制造安装的质量控制，工程施工质量控制，工程施工质量验收，工程质量问题和质量事故的处理，工程质量控制的统计分析方法，质量管理体系标准概述以及附录等。本书内容介绍深入浅出，注意整体的逻辑性和连贯性，强化案例教学，具有实用性。

本书主要作为高职高专建筑工程技术、工程管理等专业的教材，也可作为工程技术人员及相关人员的参考书。

图书在版编目（CIP）数据

建设工程质量控制/苑敏主编 . —2 版 . —北京：中国电力出版社，2014.10（2022.1重印）

普通高等教育"十二五"规划教材 . 高职高专教育

ISBN 978 - 7 - 5123 - 1271 - 5

Ⅰ.①建…　Ⅱ.①苑…　Ⅲ.①建筑工程－质量控制－高等职业教育－教材　Ⅳ.①U712

中国版本图书馆 CIP 数据核字（2013）第 055130 号

中国电力出版社出版、发行

（北京市东城区北京站西街 19 号　100005　http：//www.cepp. sgcc. com. cn）

北京天宇星印刷厂印刷

各地新华书店经售

*

2008 年 1 月第一版

2014 年 10 月第二版　2022 年 1 月北京第七次印刷

787 毫米×1092 毫米　16 开本　13.25 印张　321 千字

定价 42.00 元

前　言

本书是结合国家示范性高等职业院校建设的要求和国家级示范院校核心课程重点建设课程《建设工程质量控制》的建设思路和建设方案编写的，主要作为高等职业技术教育建筑类工程监理、建筑工程技术专业的教材，同时也可以作为工程技术人员和相关人员的参考书。

本书在编写过程中，吸收了《监理工程师培训教材——建设工程质量控制》及各出版社的《建设工程质量控制》教材的优点，强化案例教学，根据应用方向，分为 7 个单元 15 个项目，内容介绍深入浅出，同时考虑整体的逻辑性和连贯性，具有实用性。

本书再版时考虑了《混凝土质量控制标准》（GB 50164—2011）、《混凝土结构工程施工质量验收规范（2010 年版）》（GB 50204—2002）、《混凝土结构工程施工规范》（GB 50666—2011）等新规范，附录中以《质量管理体系——基础与术语》（GB/T 19000—2008）取代原有标准，力求做到教材更新紧跟建筑业规范更新的步伐，以适应本行业的专业发展；同时听取了多个兄弟院校意见与建议，根据文字内容配置了多幅施工现场图片，图文并茂，使教材内容更形象、生动、丰富，有助于对相关概念的解释与理解。

本书由邢台职业技术学院建筑工程系苑敏主编，邢台职业技术学院建筑工程系张百岁、李燕燕任副主编，全书由苑敏统稿。单元一、单元二由邢台职业技术学院建筑工程系马晓霞执笔，单元三、单元四由邢台职业技术学院建筑工程系张百岁执笔，单元五由邢台职业技术学院建筑工程系李燕燕执笔，单元六、单元七由邢台职业技术学院建筑工程系苑敏执笔，书中的单元一案例部分由邢台职业技术学院建筑工程系张献奇编写，单元二案例部分由中国石化股份有限公司催化剂分公司工程师李昆编写，单元三案例部分由北京住总集团工程总承包部工程师林顺旺编写，单元四案例部分由邢台职业技术学院建筑工程系王争编写，单元五案例部分由邢台职业技术学院建筑工程系张晋明编写，单元六案例部分由邢台职业技术学院基建处高级工程师姜占勤和邢台职业技术学院建筑工程系苏英志联合提供并整理编写。邢台职业技术学院建筑工程系许光教授主审。

全书再版时部分图片由中天建设集团有限公司山东分公司吴建友工程师、河北省衡水市建设工程质量监督站刘新建高级工程师提供，在此表示衷心感谢！

由于时间仓促及编者水平的限制，书中贻误之处在所难免，恳切希望读者批评指正。

编　者
2014 年 6 月

目　录

单元一　建设工程质量控制概述

项目一　质量和建设工程质量

一、应知部分

（一）质量

ISO9000：2005《质量管理体系——基础和术语》（GB/T 19000—2008）标准中关于质量的定义是：所谓质量，是指一组固有特性满足要求的程度。

上述定义可以从以下几个方面去理解：

（1）特性是区分他物的特征，可以是固有的或赋予的，可以是定性的或定量的。固有的特性是指在某事或某物中本来就有的，是产品、过程或体系的一部分，尤其是那种永久的特性。赋予的特性（如：某一产品的价格）并非是产品、过程或体系本来就有的。质量特性是固有的特性，并通过产品、过程或体系设计、开发及其后的实现过程而形成的属性。

（2）质量不仅是指产品质量，也可以是某项活动或过程的工作质量，还可以是质量管理体系运行的质量。质量可以用形容词加以修饰，如差、好或优秀等。

（3）质量是由一组固有特性组成，这些固有特性是指满足顾客和其他相关方的要求的特性。质量所反映的是"满足要求的程度"，而不是反映为"特性总和"，因为特性是固有的，与要求相比，满足要求的程度才能反映质量的好坏。

（4）满足要求就是应满足明示的、通常隐含的或必须履行的需要和期望。"明示的"是指合同、规范、标准、技术、文件、图纸中明确规定的；"通常隐含的"是指组织、顾客和其他相关方的惯例和一般做法，所考虑的需求或期望是不言而喻的；"必须履行的"是指法律、法规、行业规则等所规定的。对质量的要求除考虑满足顾客的需要外，还应考虑其他相关方即组织自身利益、提供原材料和零部件等的供方的利益和社会的利益等多种需求。例如，需考虑安全性、环境保护、节约能源等外部的强制要求。只有全面满足这些要求，才能评定为好的质量或优秀的质量。

（5）顾客和其他相关方对产品、过程或体系的质量要求是动态的、发展的和相对的。质量要求随着时间、地点、环境的变化而变化。如随着技术的发展、生活水平的提高，人们对产品、过程或体系会提出新的质量要求。因此应定期评定质量要求、修订规范标准，不断开发新产品、改进老产品，以满足已变化的质量要求。另外，不同国家不同地区因自然环境条件不同、技术发达程度不同、消费水平不同和民俗习惯等的不同会对产品提出不同的要求，产品应具有这种环境的适应性，对不同地区应提供不同性能的产品，以满足该地区用户的明示或隐含的要求。

（二）建设工程质量

建设工程质量简称工程质量。工程质量是指工程满足业主需要的，符合国家法律、法规、技术规范标准、设计文件及合同规定等特性综合的程度。

建设工程作为一种特殊产品，除具有一般产品共有的质量特性，如性能、寿命、可靠性、安全性、经济性等满足社会需要的使用价值及其属性外，还具有特定的内涵。图 1-1 为在建建筑施工现场。

图 1-1　在建建筑施工现场

建设工程质量的特性主要表现在以下六个方面：

1. 适用性

适用性即功能，是指工程满足使用目的的各种性能。包括：理化性能，如尺寸规格、保温、隔热、隔声等物理性能，耐酸、耐碱、耐腐蚀、防火、防风化、防尘等化学性能；结构性能，如地基基础牢固程度，结构的足够强度、刚度和稳定性；使用性能，如民用住宅工程要能使居住者安居，工业厂房要能满足生产活动需要，道路、桥梁、铁路、航道要能通达便捷等。建设工程的组成部件、配件、水、暖、电、卫器具、设备也要能满足其使用功能；外观性能，指建筑物的造型、布置、室内装饰效果、色彩等美观大方、协调等。图 1-2 为造型美观的国家体育场。

图 1-2　造型美观的国家体育场

2. 耐久性

耐久性即寿命，是指工程在规定的条件下，满足规定功能要求使用的年限，也就是工程竣工后的合理使用寿命周期。由于建筑物本身结构类型不同、质量要求不同、施工方法不同、使用性能不同的个性特点，目前国家对建设工程的合理使用寿命周期还缺乏统一的规定，仅在少数技术标准中，提出了明确要求。如民用建筑主体结构耐用年限分为四类（5年，25年，50年，100年），公路桥涵结构的设计使用年限按类别控制在 30～100 年。对工程组成部件（如塑料管道、屋面防水、卫生洁具、电梯等）也视生产厂家设计的产品性质及工程的合理使用寿命周期而规定不同的耐用年限。

3. 安全性

安全性是指工程建成后在使用过程中保证结构安全、保证人身和环境免受危害的程度。建设工程产品的结构安全度、抗震、耐火及防火能力，人民防空的抗辐射、抗核污染、抗爆炸波等能力，是否能达到特定的要求，都是安全性的重要标志。工程交付使用之后，必须保证人身财产、工程整体有免遭工程结构破坏及外来危害的伤害。工程组成部件，如阳台栏杆、楼梯扶手、电器产品漏电保护、电梯及各类设备等，也要保证使用者的安全。

4. 可靠性

可靠性是指工程在规定的时间和规定的条件下完成规定功能的能力。工程不仅要求在竣工验收时要达到规定的指标，而且在一定的使用时期内要保持应有的正常功能。如工程上的防洪与抗震能力、防水隔热、恒温恒湿措施、工业生产用的管道防"跑、冒、滴、漏"等，都属可靠性的质量范畴。图 1-3 为卫生间防水做法。

图 1-3　卫生间防水做法样例

5. 经济性

经济性是指工程从规划、勘察、设计、施工到整个产品使用寿命周期内的成本和消耗的费用。工程经济性具体表现为设计成本、施工成本、使用成本三者之和。包括从征地、拆迁、勘察、设计、采购（材料、设备）、施工、配套设施等建设全过程的总投资和工程使用阶段的能耗、水耗、维护、保养乃至改建更新的使用维修费用。通过分析比较，判断工程是否符合经济性要求。

6. 与环境的协调性

与环境的协调性是指工程与其周围生态环境相协调，与所在地区经济环境相协调以及与周围已建工程相协调，以适应可持续发展的要求。

上述六个方面的质量特性彼此之间是相互依存的，总体而言，适用、耐久、安全、可靠、经济、与环境协调性都是必须达到的基本要求，缺一不可。但是对于不同门类不同专业的工程，如工业建筑、民用建筑、公共建筑、住宅建筑、道路建筑，可根据其所处的特定地域环境条件、技术经济条件的差异，有不同的侧重面。

（三）工程质量的特点

建设工程质量的特点是由建设工程本身和建设生产的特点决定的。建设工程（产品）及其生产的特点：一是产品的固定性，生产的流动性；二是产品多样性，生产的单件性；三是产品形体庞大、高投入、生产周期长、具有风险性；四是产品的社会性，生产的外部约束性。正是由于上述建设工程的特点而形成了工程质量本身有以下特点。

1. 影响因素多

建设工程产品的形成需要经历若干阶段、一定周期才能完成。在不同的阶段、不同的时期，质量受到多种因素的影响，如决策、设计、材料、机具设备、施工方法、施工工艺、技术措施、人员素质、工期、工程造价等，这些因素直接或间接地影响工程项目质量。在这些影响因素中，有些因素是已知的，有些因素是未知的，所以可以将影响项目质量的因素集看作是一个灰色系统。

2. 质量波动大

由于建筑生产的单件性、流动性，不像一般工业产品的生产那样，有固定的生产流水线、有规范化的生产工艺和完善的检测技术、有成套的生产设备和稳定的生产环境，所以工程质量容易产生大的波动。同时由于影响工程质量的偶然性因素和系统性因素比较多，其中任一因素发生变动，都会使工程质量产生波动。如材料规格品种使用错误、施工方法不当、操作未按规程进行、机械设备过度磨损或出现故障、设计计算失误等，都会发生质量波动，产生系统因素的质量变异，造成工程质量事故。为此，要严防出现系统性因素的质量变异，要把质量波动控制在偶然性因素范围内。

3. 质量隐蔽性

建设工程在施工过程中，分项工程交接多、中间产品多、隐蔽工程多，因此质量存在隐蔽性。若在施工中不及时进行质量检查，事后只能从表面上检查，就很难发现内在的质量问题，这样就容易产生判断错误，即第二类判断错误（将不合格品误认为合格品）。

4. 终检的局限性

工程项目建成后不可能像一般工业产品那样依靠终检来判断产品质量，或将产品拆卸、解体来检查其内在的质量，或对不合格零部件可以更换。而工程项目的终检（竣工验收）无法进行工程内在质量的检验，发现隐蔽的质量缺陷。因此，工程项目的终检存在一定的局限性，这就要求工程质量控制应以预防为主，防患于未然。

5. 评价方法的特殊性

工程质量的检查评定及验收是按检验批、分项工程、分部工程、单位工程进行的。检验批的质量是分项工程乃至整个工程质量检验的基础，检验批合格质量主要取决于主控项目和一般项目经抽样检验的结果。隐蔽工程在隐蔽前要检查合格后验收，涉及结构安全的试块、试件以及有关材料，应按规定进行见证取样检测，涉及结构安全和使用功能的重要分部工程要进行抽样检测。工程质量是在施工单位按合格质量标准自行检查评定的基础上，由监理工程师（或建设单位项目负责人）组织有关单位、人员进行检验确认验收。这种评价方法体现了"验评分离、强化验收、完善手段、过程控制"的指导思想。

（四）工程质量的影响因素

影响工程质量的因素很多，而且不同工程的影响因素会有所不同，各种因素对不同工程的质量影响的程度也有所差异。但无论任何工程，也无论在工程的任何阶段，影响工程质量的因素归纳起来主要有五个方面，即人（Man）、机械（Machine）、材料（Material）、方法（Method）和环境（Environment），简称4M1E。

1. 人员素质

ISO 9000：2005 版标准所提出的八项质量管理原则的第三条为"全员参与"，该条原则充分体现了人与质量的关系。就建设工程而言，人是其生产经营活动的主体，具体表现在：人是工程建设的决策者、管理者、操作者，工程建设的全过程，如项目的规划、决策、勘察、设计和施工，都是通过人来完成的。所以，人将会对工程质量产生最直接、最重要的影响。人对工程的影响程度取决于人的素质和质量意识。人的素质，即人的文化水平、技术水平、决策能力、管理能力、组织能力、作业能力、控制能力、身体素质及职业道德等，都将直接和间接地对规划、决策、勘察、设计和施工的质量产生影响，而规划是否合理、决策是否正确、设计是否符合所需要的质量功能、施工能否满足合同、规范、技术标准的需要等，都将对工程质量产生不同程度的影响，所以人员素质是影响工程质量的一个重要因素。因此，建筑行业实行经营资质管理和各类专业从业人员持证上岗制度是保证人员素质的重要管理措施。

2. 机械设备

机械设备可分为两类：一是指组成工程实体及配套的工艺设备和各类机具，如电梯、泵机、通风设备等，它们构成了建筑设备安装工程或工业设备安装工程，形成完整的使用功能；二是指施工过程中使用的各类机具设备，包括大型垂直与横向运输设备、各类操作工具、各种施工安全设施、各类测量仪器和计量器具等，简称施工机具设备，它们是施工生产的手段。机具设备对工程质量也有重要的影响。工程用机具设备其产品质量优劣，直接影响工程使用功能质量。施工机具设备的类型是否符合工程施工特点，性能是否先进稳定，操作是否方便安全等，都将会影响工程的质量。

3. 工程材料

工程材料泛指构成工程实体的各类建筑材料、构配件、半成品等，它是工程建设的物质条件，是工程质量的基础。工程材料选用是否合理、质量是否合格、是否经过检验、保管使用是否得当等，都将直接影响建设工程的质量，甚至会造成质量事故。使用不合格材料是产生质量问题的根源之一。所以，在工程建设中，加强对材料的质量控制，杜绝使用不合格材料是工程质量管理的重要内容。

4. 方法

方法是指在工程实施过程中采用的工艺方法、操作方法和施工方案等。在工程施工中，施工方案是否合理，施工工艺是否先进，施工操作是否正确，都将对工程质量产生重大的影响。大力推进采用新技术、新工艺、新方法，不断提高工艺技术水平，是保证工程质量稳定提高的重要因素。

5. 环境条件

环境条件是指对工程质量特性起重要作用的环境因素，包括工程技术环境，如工程地质、水文、气象等；工程作业环境，如施工环境、防护设施、通风照明和通信条件等；工程管理环境，主要指工程实施的合同结构与管理关系的确定，组织体制及管理制度等；周边环境，如工程邻近的地下管线、建（构）筑物等。环境条件往往对工程质量产生特定的影响。因此，在工程进行中，应对项目的环境条件加以认真分析，有针对性地采取措施，加强环境管理，改进作业条件，把握好技术环境，辅以必要的措施，这些都是控制环境对质量影响的重要保证。

二、实训部分

实训案例

某高层写字楼地下三层、地基采用钻孔灌注桩桩基，基础底板由 2 块 160cm 厚的承台，2 根 200cm 宽、160cm 高的承台梁和 50cm 厚的底板组成，柱网为 6m×6m，顶板梁截面为 80cm×80cm。现在地基已处理完毕，正进行基础底板施工。

问题：

（1）本工程质量的影响因素有哪些？

（2）监理工程师在施工过程中应重点进行哪些质量检查工作？

（3）监理工程师应如何对用于工程的材料（水泥、砂石、钢筋、混凝土等）进行控制？

（4）一段时间后，基础底板表面出现裂缝，监理工程师应如何处理？

项目二　质量控制和工程质量控制

一、应知部分

（一）质量控制

ISO 9000：2005 版及 GB/T 19000—2008 标准中，质量控制的定义是：质量管理的一部分，致力于满足质量要求。

上述定义可以从以下几方面去理解：

（1）质量控制是质量管理的重要组成部分，其目的是为了使产品、体系或过程的固有特性达到规定的要求，即满足顾客、法律、法规等方面所提出的质量要求（如适用性、安全性等）。所以，质量控制是通过采取一系列的作业技术和活动对各个过程实施控制，如质量方针控制、文件和记录控制，设计和开发控制，采购控制，不合格控制等。

（2）质量控制的工作内容包括了作业技术和活动，也就是包括专业技术和管理技术两个方面。围绕产品形成全过程每一阶段的工作如何能保证做好，应对影响其质量的人、机、料、法、环（4M1E）因素进行控制，并对质量活动的成果进行分阶段验证，以便及时发现问题，查明原因，采取相应纠正措施，防止不合格的发生。因此，质量控制应贯彻预防为主与检验把关相结合的原则。

（3）质量控制应贯穿在产品形成和体系运行的全过程。每一过程都有输入、转换和输出三个环节，通过对每一个过程三个环节实施有效控制，对产品质量有影响的各个过程处于受控状态，持续提供符合规定要求的产品才能得到保障。

（4）质量控制是为了达到规定的质量要求，预防不合格质量发生的重要手段和措施。组织应对影响产品、体系或过程质量的因素予以识别和分析，找出起主导作用的因素，实施因素控制，才能取得预期效果。

（二）工程质量控制

工程质量控制是指致力于满足工程质量要求，所采取的一系列措施、方法和手段。工程质量要求主要表现为工程合同、设计文件、技术规范标准等所规定的质量标准。

1. 工程质量控制按其实施主体不同划分

工程质量控制按其实施主体不同，分为自控主体和监控主体。前者是指直接从事质量管理职能的参与者，后者是指对他人质量能力和效果进行监控的监控者，主要包括以下四个方面：

（1）政府的工程质量控制。政府属于监控主体，它主要是以法律法规为依据，通过抓工程报建、施工图设计文件审查、施工许可、材料和设备准用、工程质量监督、重大工程竣工验收备案等主要环节进行的。

（2）工程监理单位的质量控制。工程监理单位属于监控主体，它主要是受建设单位的委托，代表建设单位对工程实施全过程进行的质量监督和控制，包括勘察设计阶段质量控制、施工阶段质量控制，以满足建设单位对工程质量的要求。

（3）勘察设计单位的质量控制。勘察设计单位属于自控主体，它是以法律、法规及合同为依据，对勘察设计的整个过程进行控制，包括工作程序、工作进度、费用及成果文件所包含的功能和使用价值，以满足建设单位对勘察设计质量的要求。

（4）施工单位的质量控制。施工单位属于自控主体，它是以工程合同、设计图纸和技术规范为依据，对施工准备阶段、施工阶段、竣工验收交付阶段等施工全过程的工作质量和工程质量进行的控制，以达到合同文件规定的质量要求。

2. 工程质量控制按工程产品的形成过程划分

工程质量控制按工程产品的形成过程，包括全过程各阶段的质量控制，主要是：

（1）决策阶段的质量控制，主要是通过项目的可行性研究，选择最佳建设方案，使项目的质量要求符合业主的意图，并与投资目标相协调，与所在地区环境相协调。

（2）工程勘察设计阶段的质量控制，主要是要选择好勘察设计单位，要保证工程设计符合决策阶段确定的质量要求，保证设计符合有关技术规范和标准的规定，要保证设计文件、图纸符合现场和施工的实际条件，其深度能满足施工的需要。

（3）工程施工阶段的质量控制，一是择优选择能保证工程质量的施工单位，二是严格监督承建商按设计图纸进行施工，并形成符合合同文件规定质量要求的最终建筑产品。

（三）工程质量控制的原则

监理工程师在工程质量控制过程中，应遵循以下几条原则：

1. 坚持质量第一的原则

建设工程质量是建筑产品使用价值的集中体现，它不仅关系工程的适用性和建设项目投资效果，而且关系到人民群众生命财产的安全。所以，监理工程师在进行投资、进度、质量三大目标控制时，在处理三者关系时，应坚持"百年大计，质量第一"，在工程建设中自始至终把"质量第一"作为对工程质量控制的基本原则。

2. 坚持以人为核心的原则

人是工程建设的决策者、组织者、管理者和操作者。工程建设中各单位、各部门、各岗位人员的工作质量水平和完善程度，都直接或间接地影响工程质量。所以在工程质量控制中，要以人为核心，重点控制人的素质和人的行为，充分发挥人的积极性和创造性，以人的工作质量保证工程质量。

3. 坚持以预防为主的原则

预防为主的原则，是指工程质量控制应该是积极主动的，应事先对影响质量的各种因素加以分析，找出主导因素，采取措施加以重点控制，使质量问题消灭在发生之前或萌芽状态，而不能是消极被动的，等出现质量问题再进行处理，已造成不必要的损失。所以，要重点做好质量的事先控制和事中控制，以预防为主，加强过程和中间产品的质量检查和控制。

4. 坚持质量标准的原则

质量标准是评价产品质量的尺度，工程质量是否符合合同规定的质量标准要求，应通过质量检验并和质量标准对照，符合质量标准要求的才是合格，不符合质量标准要求的就是不合格，必须返工处理。

5. 坚持科学、公正、守法的职业道德规范

在工程质量控制中，监理人员必须坚持科学、公正、守法的职业道德规范，要尊重科学，尊重事实，以数据资料为依据，客观、公正地处理质量问题。要坚持原则，遵纪守法，秉公监理。

（四）工程质量责任体系

在工程项目建设中，参与工程建设的各方，应根据国家颁布的《建设工程质量管理条例》以及合同、协议及有关文件的规定承担相应的质量责任。

1. 建设单位的质量责任

（1）建设单位要根据工程特点和技术要求，按有关规定选择相应资质等级的勘察、设计单位和施工单位，在合同中必须有质量条款，明确质量责任，并真实、准确、齐全地提供与建设工程有关的原始资料。凡建设工程项目的勘察、设计、施工、监理以及与工程建设有关的重要设备材料等的采购，均实行招标，依法确定程序和方法，择优选定中标者。不得将应由一个承包单位完成的建设工程项目肢解发包；不得迫使承包方以低于成本的价格竞标；不得任意压缩合理工期；不得明示或暗示设计单位或施工单位违反建设强制性标准，降低建设工程质量。建设单位对其自行选择的设计、施工单位发生的质量问题承担相应责任。

（2）建设单位应根据工程特点，配备相应的质量管理人员。对国家规定强制实行监理的工程项目，必须委托有相应资质等级的工程监理单位进行监理。建设单位应与监理单位签订监理合同，明确双方的责任和义务。

（3）建设单位在工程开工前，负责办理有关施工图设计文件审查、工程施工许可证、工程质量和安全监督手续，组织设计和施工单位认真进行设计交底；在工程施工中，应按国家现行有关工程建设法规、技术标准及合同规定，对工程质量进行检查，涉及建筑主体和承重结构变动的装修工程，建设单位应在施工前委托原设计单位或者相应资质等级的设计单位提出设计方案，经原审查机构审批后方可施工。工程项目竣工后，应及时组织设计、施工、工程监理等有关单位进行施工验收，未经验收备案或验收备案不合格的，不得交付使用。

（4）建设单位按合同的约定负责采购供应的建筑材料、建筑构配件和设备，应符合设计文件和合同要求，对发生的质量问题，应承担相应的责任。

2. 勘察、设计单位的质量责任

（1）勘察、设计单位必须在其资质等级许可的范围内承揽相应的勘察设计任务，不许承揽超越其资质等级许可的任务，不得将承揽工程转包或违法分包，也不得以任何形式用其他单位的名义或允许其他单位或个人以本单位的名义承揽业务。

（2）勘察、设计单位必须按照现行的有关规定、工程建设强制性技术标准和合同要求进行勘察、设计工作，并对所编制的勘察、设计文件的质量负责。勘察单位提供的地质、测量、水文等勘察成果文件必须真实、准确。设计单位提供的设计文件应当符合国家规定的设计深度，注明工程合理使用年限。设计文件中选用的材料、构配件和设备，应当注明规格、

型号、性能等技术指标，其质量必须符合国家规定的标准。除有特殊要求的建筑材料、专用设备、工艺生产线外，不得指定生产厂、供应商。设计单位应就审查合格的施工图文件向施工单位作出详细说明，解决施工中对设计提出的问题，负责设计变更。参与工程质量事故分析，并对因设计造成的质量事故，提出相应的技术处理方案。

3. 施工单位的质量责任

（1）施工单位必须在其资质等级许可的范围内承揽相应的施工任务，不许承揽超越其资质等级业务范围以外的任务，不得将承接的工程转包或违法分包，也不得以任何形式用其他施工单位的名义承揽工程或允许其他单位或个人以本单位的名义承揽工程。

（2）施工单位对所承包的工程项目的施工质量负责。应当建立健全质量管理体系，落实质量责任制，确定工程项目的项目经理、技术负责人和施工管理负责人。实行总承包的工程，总承包单位应对全部建设工程质量负责。建设工程勘察、设计、施工、设备采购的一项或多项实行总承包的，总承包单位应对其承包的建设工程或采购的设备的质量负责；实行总分包的工程，分包应按照分包合同约定对其分包工程的质量向总承包单位负责，总承包单位与分包单位对分包工程的质量承担连带责任。

（3）施工单位必须按照工程设计图纸和施工技术规范标准组织施工。未经设计单位同意，不得擅自修改工程设计。在施工中，必须按照工程设计要求、施工技术规范标准和合同约定，对建筑材料、构配件、设备和商品混凝土进行检验，不得偷工减料，不使用不符合设计和强制性技术标准要求的产品，不使用未经检验和试验或检验和试验不合格的产品。

4. 工程监理单位的质量责任

（1）工程监理单位应按其资质等级许可的范围承担工程监理业务，不许超越本单位资质等级许可的范围或以其他工程监理单位的名义承担工程监理业务，不得转让工程监理业务，不许其他单位或个人以本单位的名义承担工程监理业务。

（2）工程监理单位应依照法律、法规以及有关技术标准、设计文件和建设工程承包合同，与建设单位签订监理合同，代表建设单位对工程质量实施监理，并对工程质量承担监理责任。监理责任主要有违法责任和违约责任两个方面。如果工程监理单位故意弄虚作假，降低工程质量标准，造成质量事故的，要承担法律责任。若工程监理单位与承包单位串通，谋取非法利益，给建设单位造成损失的，应当与承包单位承担连带赔偿责任。如果监理单位在责任期内，不按照监理合同约定履行监理职责，给建设单位或其他单位造成损失的，属违约责任，应当向建设单位赔偿。

5. 建筑材料、构配件及设备生产或供应单位的质量责任

建筑材料、构配件及设备生产或供应单位对其生产或供应的产品质量负责。生产厂或供应商必须具备相应的生产条件、技术装备和质量管理体系，所生产或供应的建筑材料、构配件及设备的质量应符合国家和行业现行的技术规定的合格标准和设计要求，并与说明书和包装上的质量标准相符，且应有相应的产品检验合格证，设备应有详细的使用说明等。

二、实训部分

实训案例一

河北某市重点高中综合教学楼为现浇框架剪力墙结构，长 62.4m，宽 16.9m，标准层高3.6m，地面以上高 42.3m。在第四层和第五层结构完成后，发现这两层柱的钢筋配错，其中内跨柱少配钢筋 44.53cm²，占应配钢筋的 66%；外跨柱少配钢筋 13.15cm²，占应配钢筋

的 39％，留下了严重的事故隐患。

问题：

（1）工程施工过程中自控主体和监控主体有哪些单位？

（2）监理工程师在质量控制过程中应遵循哪些原则？

（3）该工程质量事故应该由哪方承担主要责任，其在质量控制体系中的责任有哪些？

实训案例二

某大厦地下 2 层，上部主楼 20 层，总建筑面积 36570m²，地下室东西宽 51.9m，南北长 52.4m，占地面积 5000m²，基础埋深 5.4m，筒心和水泥位置深度为 8.25m。底板防水面积 4200m²，外墙顶板防水层面积 2500m²。其中外墙部分用的是变色玻璃幕墙。完工一个月后发现工程向西南方向倾斜，顶端水平位移为 400mm，施工过程中出现建筑物掉落伤人事件。

问题：

（1）监理公司是否应承担责任？为什么？

（2）为避免以上事件的再次发生，施工单位应特别注意控制哪些因素？

（3）该施工过程中材料质量控制的要点应该有哪些？

项目三　工程质量的政府监督管理

一、应知部分

（一）工程质量政府监督管理体制和职能

1. 监督管理体制

国务院建设行政主管部门对全国的建设工程质量实施统一监督管理。国务院铁路、交通、水利等有关部门按国务院规定的职责分工，负责对全国的有关专业建设工程质量的监督管理。县级以上地方人民政府建设行政主管部门对本行政区域内的建设工程质量实施监督管理。县级以上地方人民政府交通、水利等有关部门在各自职责范围内，负责本行政区域内的专业建设工程质量的监督管理。

国务院发展计划部门按照国务院规定的职责，组织稽查特派员，对国家出资的重大建设项目实施监督检查；国务院经济贸易主管部门按国务院规定的职责，对国家重大技术改造项目实施监督检查；国务院建设行政主管部门和国务院铁路、交通、水利等有关专业部门、县级以上地方人民政府建设行政主管部门和其他有关部门，对有关建设工程质量的法律、法规和强制性标准执行情况加强监督检查。

县级以上政府建设行政主管部门和其他有关部门履行检查职责时，有权要求被检查的单位提供有关工程质量的文件和资料，有权进入被检查单位的施工现场进行检查，在检查中发现工程质量存在问题时，有权责令其改正。

政府的工程质量监督管理具有权威性、强制性、综合性的特点。

2. 管理职能

（1）建立和完善工程质量管理法规。包括行政性法规和工程技术规范标准，前者如《中华人民共和国建筑法》、《中华人民共和国招标投标法》、《建设工程质量管理条例》等，后者如工程设计规范、《建筑工程施工质量验收统一标准》、工程施工质量验收规范等。

（2）建立和落实工程质量责任制。包括工程质量行政领导的责任、项目法定代表人的责任、参建单位法定代表人的责任和工程质量终身负责制等。

（3）建设活动主体资格的管理。国家对从事建设活动的单位实行严格的从业许可证制度，对从事建设活动的专业技术人员实行严格的执业资格制度。建设行政主管部门及有关专业部门按各自分工，负责各类资质标准的审查，从业单位的资质等级的最后认定、专业技术人员资格等级的核查和注册，并对资质等级和从业范围等实施动态管理。

（4）工程承发包管理。包括规定工程招投标承发包的范围、类型、条件，对招投标承发包活动的依法监督和工程合同管理。

（5）控制工程建设程序。包括工程报建、施工图设计文件审查、工程施工许可、工程材料和设备准用、工程质量监督、施工验收备案等管理。

（二）工程质量管理制度

近年来，我国建设行政主管部门先后颁发了多项建设工程质量管理制度，主要有：

1. 施工图设计文件审查制度

施工图设计文件（以下简称施工图）审查是政府主管部门对工程勘察设计质量监督管理的重要环节。施工图审查是指国务院建设行政主管部门和省、自治区、直辖市人民政府建设行政主管部门委托依法认定的设计审查机构，根据国家法律、法规、技术标准与规范，对施工图进行结构安全和强制性标准、规范执行情况等进行的独立审查。

（1）施工图审查的范围。建筑工程设计等级分级标准中的各类新建、改建、扩建的建筑工程项目均属审查范围。省、自治区、直辖市人民政府建设行政主管部门，可结合本地的实际，确定具体的审查范围。

建设单位应当将施工图报送建设行政主管部门，由建设行政主管部门委托有关审查机构，进行结构安全和强制性标准、规范执行情况等内容的审查。建设单位将施工图报请审查时，应同时提供下列资料：批准的立项文件或初步设计批准文件；主要的初步设计文件；工程勘察成果报告；结构计算书及计算软件名称等。

（2）施工图审查的主要内容：

1）建筑物的稳定性、安全性审查，包括地基基础和主体结构是否安全、可靠。

2）是否符合消防、节能、环保、抗震、卫生、人防等有关强制性标准、规范。

3）施工图是否达到规定的深度要求。

4）是否损害公众利益。

（3）施工图审查有关各方的职责：

1）国务院建设行政主管部门负责全国施工图审查管理工作。省、自治区、直辖市人民政府建设行政主管部门负责组织本行政区域内的施工图审查工作的具体实施和监督管理工作。

建设行政主管部门在施工图审查工作中主要负责制定审查程序、审查范围、审查内容、审查标准并颁发审查批准书；负责制定审查机构和审查人员条件，批准审查机构，认定审查人员；对审查机构和审查工作进行监督并对违规行为进行查处；对施工图设计审查负依法监督管理的行政责任。

2）勘察、设计单位必须按照工程建设强制性标准进行勘察、设计，并对勘察、设计质量负责。审查机构按照有关规定对勘察成果、施工图设计文件进行审查，但并不改变勘察、设计单位的质量责任。

3）审查机构接受建设行政主管部门的委托对施工图设计文件涉及安全和强制性标准执行情况进行技术审查。建设工程经施工图设计文件审查后因勘察设计原因发生工程质量问题，审查机构承担审查失职的责任。

（4）施工图审查程序。施工图审查的各个环节可按以下步骤办理：

1）建设单位向建设行政主管部门报送施工图，并作书面登记。

2）建设行政主管部门委托审查机构进行审查，同时发出委托审查通知书。

3）审查机构完成审查，向建设行政主管部门提交技术性审查报告。

4）审查结束，建设行政主管部门向建设单位发出施工图审查批准书。

5）报审施工图设计文件和有关资料应存档备查。

（5）施工图审查管理。审查机构应当在收到审查材料后20个工作日内完成审查工作，并提出审查报告；特级和一级项目应当在30个工作日内完成审查工作，并提出审查报告，其中重大及技术复杂项目的审查时间可适当延长。审查合格的项目，审查机构向建设行政主管部门提交项目施工图审查报告，由建设行政主管部门向建设单位通报审查结果，并颁发施工图审查批准书。对审查不合格的项目，提出书面意见后，由审查机构将施工图退回建设单位，并由原设计单位修改，重新送审。

施工图一经审查批准，不得擅自进行修改。如遇特殊情况需要进行涉及审查主要内容的修改时，必须重新报请原审批部门，由原审批部门委托审查机构审查后再批准实施。

建设单位或者设计单位对审查机构做出的审查报告如有重大分歧时，可由建设单位或者设计单位向所在省、自治区、直辖市人民政府建设行政主管部门提出复查申请，由后者组织专家论证并做出复查结果。

施工图审查工作所需经费，由施工图审查机构按有关收费标准向建设单位收取。建筑工程竣工验收的，有关部门应按照审查批准的施工图进行验收。建设单位要对报送的审查材料的真实性负责；勘察、设计单位对提交的勘察报告、设计文件的真实性负责，并积极配合审查工作。

2. 工程质量监督制度

国家实行建设工程质量监督管理制度。工程质量监督管理的主体是各级政府建设行政主管部门和其他有关部门。但由于工程建设周期长、环节多、点多面广，工程质量监督工作是一项专业技术性强，且很繁杂的工作，政府部门不可能亲自进行日常检查工作。因此，工程质量监督管理由建设行政主管部门或其他有关部门委托的工程质量监督机构具体实施。

工程质量监督机构是经省级以上建设行政主管部门或有关专业部门考核认定，具有独立法人资格的单位。它受县级以上地方人民政府建设行政主管部门或有关专业部门的委托，依法对工程质量进行强制性监督，并对委托部门负责。

工程质量监督机构的主要任务：

（1）根据政府主管部门的委托，受理建设工程项目的质量监督。

（2）制定质量监督工作方案。确定负责该项工程的质量监督工程师和助理质量监督师。根据有关法律、法规和工程建设强制性标准，针对工程特点，明确监督的具体内容、监督方式。在方案中对地基基础、主体结构和其他涉及结构安全的重要部位和关键过程，作出实施监督的详细计划安排，并将质量监督工作方案通知建设、勘察、设计、施工、监理单位。

（3）检查施工现场工程建设各方主体的质量行为。检查施工现场工程建设各方主体及有关人员的资质或资格；检查勘察、设计、施工、监理单位的质量管理体系和质量责任制落实情况；检查有关质量文件、技术资料是否齐全并符合规定。

（4）检查建设工程实体质量，按照质量监督工作方案，对建设工程地基基础、主体结构和其他涉及安全的关键部位进行现场实地抽查，对用于工程的主要建筑材料、构配件的质量进行抽查，对地基基础分部、主体结构分部和其他涉及安全的分部工程的质量验收进行监督。

（5）监督工程质量验收。监督建设单位组织的工程竣工验收的组织形式、验收程序以及在验收过程中提供的有关资料和形成的质量评定文件是否符合有关规定，实体质量是否存在严重缺陷，工程质量验收是否符合国家标准。

（6）向委托部门报送工程质量监督报告。报告的内容应包括对地基基础和主体结构质量检查的结论，工程施工验收的程序、内容和质量检验评定是否符合有关规定，以及历次抽查该工程的质量问题和处理情况等。

（7）对预制建筑构件和商品混凝土的质量进行监督。

（8）受委托部门委托按规定收取工程质量监督费。

（9）政府主管部门委托的工程质量监督管理的其他工作。

3．工程质量检测制度

工程质量检测工作是对工程质量进行监督管理的重要手段之一。工程质量检测机构是对建设工程、建筑构件、制品及现场所用的有关建筑材料、设备质量进行检测的法定单位。在建设行政主管部门领导和标准化管理部门指导下开展检测工作，其出具的检测报告具有法定效力。法定的国家级检测机构出具的检测报告，在国内为最终裁定，在国外具有代表国家的性质。

（1）国家级检测机构的主要任务：

1）受国务院建设行政主管部门和专业部门委托，对指定的国家重点工程进行检测复核，提出检测复核报告和建议。

2）受国家建设行政主管部门和国家标准部门委托，对建筑构件、制品及有关材料、设备及产品进行抽样检验。

（2）各省级、市（地区）级、县级检测机构的主要任务：

1）对本地区正在施工的建设工程所用的材料、混凝土、砂浆和建筑构件等进行随机抽样检测，向本地建设工程质量主管部门和质量监督部门提出抽样报告和建议。

2）受同级建设行政主管部门委托，对本省、市、县的建筑构件、制品进行抽样检测。

对违反技术标准、失去质量控制的产品，检测单位有权提供主管部门停止其生产的证明，不合格产品不准出厂，已出厂的产品不得使用。

4．工程质量保修制度

建设工程质量保修制度是指建设工程在办理交工验收手续后，在规定的保修期限内，因勘察、设计、施工、材料等原因造成的质量问题，要由施工单位负责维修、更换，由责任单位负责赔偿损失。质量问题是指工程不符合国家工程建设强制性标准、设计文件以及合同中对质量的要求。

建设工程承包单位在向建设单位提交工程竣工验收报告时，应向建设单位出具工程质量保修书，质量保修书中应明确建设工程保修范围、保修期限和保修责任等。

（1）在正常使用条件下，建设工程的最低保修期限为：

1）基础设施工程、房屋建筑工程的地基基础和主体结构工程，为设计文件规定的该工程的合理使用年限。

2）屋面防水工程、有防水要求的卫生间、房间和外墙面的防渗漏，为5年。

3）供热与供冷系统，为2个采暖期、供冷期。

4）电气管线、给排水管道、设备安装和装修工程，为2年。

其他项目的保修期由发包方与承包方约定。保修期自竣工验收合格之日起计算。

（2）建设工程在保修范围和保修期限内发生质量问题的施工单位应当履行保修义务。保修义务的承担和经济责任的承担应按下列原则处理：

1）施工单位未按国家有关标准、规范和设计要求施工，造成的质量问题，由施工单位负责返修并承担经济责任。

2）由于设计方面的原因造成的质量问题，先由施工单位负责维修，其经济责任按有关规定通过建设单位向设计单位索赔。

3）因建筑材料、构配件和设备质量不合格引起的质量问题，先由施工单位负责维修，其经济责任属于施工单位采购的，由施工单位承担经济责任；属于建设单位采购的，由建设单位承担经济责任。

4）因建设单位（含监理单位）错误管理造成的质量问题，先由施工单位负责维修，其经济责任由建设单位承担，如属监理单位责任，则由建设单位向监理单位索赔。

5）因使用单位使用不当造成的损坏问题，先由施工单位负责维修，其经济责任由使用单位自行负责。

6）因地震、洪水、台风等不可抗拒原因造成的损坏问题，先由施工单位负责维修，建设参与各方根据国家具体政策分担经济责任。

二、实训部分

实训案例

某工程施工过程中，施工单位事先未经过监理工程师同意，订购了一批钢管，钢管运到现场后监理工程师进行了检验，发现钢管质量存在以下问题：

（1）施工单位未能提交产品合格证，质量保证书和检测证明材料；

（2）实物外观粗糙，标识不清，且有锈斑。

问题：

（1）什么是质量？质量的影响因素有哪些？工程材料质量选用时应注意哪些问题？

（2）监理工程师应如何处理上述问题？

复 习 思 考 与 训 练 题

一、单选题

1. 工程质量控制，包括监理单位的质量控制、勘察设计单位的质量控制、施工单位的质量控制和（　　）方面的质量控制。

　　A. 主管部门　　　　　B. 建设单位　　　　　C. 政府　　　　　D. 社会监理

　　2. 按工程质量保修制度的规定，房屋建筑工程的地基基础和结构工程的保修期为（　　）。

　　A. 1 年　　　　　　　　　　　　　　B. 设计规定合理使用年限

　　C. 5 年　　　　　　　　　　　　　　D. 3 年

　　3. 控制建设工程程序包括：工程报建、工程施工许可、施工图设计文件审查、工程材料和设备准用、工程质量监督和（　　）的管理。

　　A. 竣工验收　　　　　　　　　　　　B. 交工验收

　　C. 质量等级核验　　　　　　　　　　D. 施工验收备案

　　4. 施工图审查工作所需经费，应由（　　）承担。

　　A. 施工单位　　　　　B. 设计单位　　　　　C. 建设单位　　　　　D. 监理单位

　　5. 建设工程质量的特点包括：适用性、耐久性、安全性、可靠性、经济性及（　　）。

　　A. 技术性　　　　　　B. 人文性　　　　　　C. 社会性　　　　　D. 与环境的协调性

　　6. 工程质量监督管理的主体是（　　）。

　　A. 国家（部）级主管部门

　　B. 省市级建设主管部门

　　C. 县级建设行政主管部门

　　D. 各级政府建设行政主管部门和其他有关部门

　　7. 对于特级和一级项目，审查机构应在收到审查材料后（　　）个工作日内，完成审查工作，并提出审查报告。

　　A. 10　　　　　　　B. 20　　　　　　　C. 30　　　　　　　D. 40

　　8. 由于使用不当造成的建设工程质量损坏问题，先由施工单位负责维修，其经济责任由（　　）承担。

　　A. 施工单位　　　　　B. 使用单位　　　　　C. 设计单位　　　　　D. 监理单位

　　9. 工程建设的不同阶段对工程项目质量的形成起着不同的作用和影响，决定工程质量的关键阶段是（　　）。

　　A. 可行性研究阶段　　B. 决策阶段　　　　　C. 设计阶段　　　　D. 保修阶段

　　10. 工程开工前，应由（　　）到工程质量监督站办理工程质量监督手续。

　　A. 施工单位　　　　　　　　　　　　B. 监理单位

　　C. 建设单位　　　　　　　　　　　　D. 监理单位协助建设单位

　　11. 建设工程质量特性中，"满足使用目的的各种性能"称为工程的（　　）。

　　A. 适用性　　　　　　B. 可靠性　　　　　　C. 耐久性　　　　　D. 目的性

　　12. 施工图审查机构对建设项目施工图进行审查后，应将技术性审查报告提交给（　　）。

　　A. 建设单位　　　　　　　　　　　　B. 监理单位

　　C. 建设行政主管部门　　　　　　　　D. 工程质量监督机构

二、多选题

　　1. 在工程质量控制中，以人为核心原则中的人是指（　　）。

　　A. 决策者　　　　　　B. 组织者　　　　　　C. 操作者

D. 管理者　　　　　　　　E. 旁观者

2. 工程质量管理制度包括（　　　）制度。

A. 施工图设计审查　　　　　　　B. 工程质量监督

C. 工程质量检测　　　　　　　　D. 工程质量监理

E. 工程质量保修

3. 根据《建设工程质量管理条例》规定，建设单位在工程开工前应负责办理（　　　）。

A. 施工图设计文件的报审　　　　B. 设计交底

C. 工程监理手续　　　　　　　　D. 施工许可证

E. 质量监督手续

4. 下列关于工程建设各参与方质量控制地位的说法中，正确的有（　　　）。

A. 工程监理单位属质量自控主体

B. 勘察设计单位属勘察设计产品质量自控主体

C. 政府质量监督部门属工程质量监控主体

D. 施工单位属工程施工质量自控主体

E. 建设单位属工程项目质量自控主体

5. 工程监理单位实施工程质量监理的依据有（　　　）。

A. 法律法规　　　　　　　　　　B. 有关技术标准和设计文件

C. 投资性质　　　　　　　　　　D. 工程承包合同

E. 工程监理合同

三、问答题

1. 什么是质量，其含义有哪些方面？

2. 什么是建设工程质量？

3. 建设工程质量的特性有哪些？

4. 试述影响工程质量的因素。

5. 试述工程质量的特点。

6. 什么是质量控制？其含义如何？

7. 什么是工程质量控制？简述工程质量控制的内容。

8. 简述监理工程师进行工程质量控制应遵循的原则。

9. 试述工程质量责任体系。

10. 简述工程质量政府监督管理体制及管理职能。

11. 简述工程质量管理制度。

单元二 工程勘察设计阶段与设备采购、制造安装的质量控制

项目一 工程勘察设计质量控制

一、应知部分

（一）勘察设计质量的概念及控制依据

1. 勘察设计质量的概念

工程项目的质量目标与水平，是通过设计使其具体化，据此作为施工的依据，而勘察是设计的重要依据，同时对施工有重要的指导作用。勘察设计质量的优劣，直接影响工程项目的功能、使用价值和投资经济效益，关系着国家财产和人民生命的安全。设计的质量有两层意思，首先设计应满足业主所需的功能和使用价值，符合业主投资的意图，而业主所需的功能和使用价值，又必然要受到经济、资源、技术、环境等因素的制约，从而使项目的质量目标与水平受到限制；其次设计都必须遵守有关城市规划、环保、防灾、安全等一系列的技术标准、规范、规程，这是保证设计质量的基础。而勘察工作不仅要满足设计的需要，更要以科学求实的精神保证所提交勘察报告的准确性、及时性，为设计的安全、合理提供必要的条件。实践证明，不遵守有关法规、技术标准，不但业主所需的功能和使用价值得不到保障，反而有可能使工程存在重大的事故隐患和质量缺陷，给业主造成更大的危害和损失。

综上所述，勘察设计质量的概念，就是在严格遵守技术标准、法规的基础上，对工程地质条件做出及时、准确的评价，正确处理和协调经济、资源、技术、环境条件的制约，使设计项目能更好地满足业主所需要的功能和使用价值，能充分发挥项目投资的经济效益。

2. 勘察、设计质量控制的依据

从上述工作原则可以看出，建设工程勘察、设计的质量控制工作决不单纯是对其报告及成果的质量进行控制，而是要从整个社会发展和环境建设的需要出发，对勘察、设计的整个过程进行控制，包括它的工作程序、工作进度、费用及成果文件所包涵的功能和使用价值，其中也涉及到法律、法规、合同等必须遵守的规定。建设工程勘察、设计的质量控制的依据是：

（1）有关工程建设及质量管理方面的法律、法规、城市规划，国家规定的建设工程勘察、设计深度要求。铁路、交通、水利等专业建设工程，还应当依据专业规划的要求。

（2）有关工程建设的技术标准，如勘察和设计的工程建设强制性标准规范及规程、设计参数、定额、指标等。

（3）项目批准文件，如项目可行性研究报告、项目评估报告及选址报告。

（4）体现建设单位建设意图的勘察、设计规划大纲、纲要和合同文件。

（5）反映项目建设过程中和建成后所需要的有关技术、资源、经济、社会协作等方面的协议、数据和资料。

（二）勘察设计质量控制的要点

1. 单位资质控制

国家对从事建设工程勘察、设计活动的单位实行资质管理，对从事建设工程勘察、设计活动的专业技术人员实行执业资格注册管理制度，建设工程勘察、设计单位应当在其资质等级许可的范围内承揽业务。对此，《中华人民共和国建筑法》，国务院《建设工程勘察设计管理条例》和《建设工程质量管理条例》均有明确规定。国家建设行政主管部门颁发了《建设工程勘察设计资质管理规定》（2007 年原建设部第 160 号令）和《工程勘察资质分级标准》（2001 年原建设部）、《工程设计资质标准》（建市〔2007〕86 号）（《关于颁发工程勘察资质分级标准和工程设计资质分级标准的通知》（建设〔2001〕22 号）中"工程设计资质分级标准"废止）。

单位资质制度是指建设行政主管部门对从事建筑活动单位的人员素质、管理水平、资金数量、业务能力等进行审查，以确定其承担任务的范围，并发给相应的资质证书。个人资格制度指建设行政主管部门及有关部门对从事建筑活动的专业技术人员，依法进行考试和注册，并颁发执业资格证书，并使其获得相应签字权。

由于勘察设计企业资质是代表企业进行建设工程勘察、设计能力水平的一个重要标志，监理工程师应以此为依据对勘察和设计单位进行核查。为此，勘察设计单位资质控制是确保工程质量的一项关键措施，也是勘察设计质量事前控制的重点工作。一个工程项目若找到一个技术素质好、管理水平高的勘察、设计单位，必将为保证工程勘察或设计质量，乃至整个工程质量打下了良好基础。

（1）工程勘察、设计单位资质类别和等级。建设工程勘察设计资质分为工程勘察资质和工程设计资质两大类。见图 2-1。工程勘察资质分综合类、专业类、劳务类三类；工程设计资质分工程设计综合资质、工程设计行业资质、工程设计专业资质和工程设计专项资质四类。

图 2-1　工程勘察、设计单位资质证书样本

工程设计综合资质是指涵盖 21 个行业的设计资质。工程设计行业资质是指涵盖某个行业资质标准中的全部设计类型的设计资质。工程设计专业资质是指某个行业资质标准中的某一个专业的设计资质。工程设计专项资质是指为适应和满足行业发展的需求，对已形成产业的专项技术独立进行设计以及设计、施工一体化而设立的资质。

工程勘察资质和工程设计资质分级标准按单位资历和信誉、技术力量、技术水平、技术装备及应用水平、管理水平、业务成果等六方面考核确定，其中业务成果指标供资质考核备用，其余五项为硬性要求。下面分述其勘察、设计资质范围，各类的分级情况，以及允许承担任务的范围和地区。

1）工程勘察资质等级。工程勘察资质范围包括建设工程项目的岩土工程、水文地质勘察和工程测量等专业，其中岩土工程是指岩土工程的勘察、设计、测试、监测、检测、咨询、监理、治理等项。

①资质等级设立。综合类包括工程勘察所有专业，其资质只设甲级；专业类是指岩土工程、水文地质勘察、工程测量等专业中某一项，其中岩土工程专业类可以是五项中的一项或全部，其资质原则上设甲、乙两个级别，确有必要设置丙级的地区经建设部批准后方可设置；劳务类指岩土工程治理、工程钻探、凿井等，劳务类资质不分级别。

②承担任务范围和地区。综合类承担业务范围和地区不受限制；专业类甲级承担本专业业务范围和地区不受限制；专业类乙级可承担本专业中、小型工程项目，其业务地区不受限制；专业类丙级可承担本专业小型工程项目，其业务限定在省、自治区、直辖市所辖行政区范围内；劳务类只能承担业务范围内劳务工作，其工作地区不受限制。

2）工程设计资质等级：

①资质等级的设立。工程设计综合资质只设甲级；工程设计行业资质和工程设计专业资质设甲、乙两个级别；根据行业需要，建筑、市政公用、水利、电力（限送变电）、农林和公路行业可设立工程设计丙级资质，建筑工程设计专业资质设丁级；建筑行业根据需要设立建筑工程设计事务所资质；工程设计专项资质可根据行业需要设置等级。

②承担任务的范围和地区。取得工程设计综合资质的企业，可以承接各行业、各等级的建设工程设计业务；取得工程设计行业资质的企业，可以承接相应行业相应等级的工程设计业务及本行业范围内同级别的相应专业、专项（设计施工一体化资质除外）工程设计业务；取得工程设计专业资质的企业，可以承接本专业相应等级的专业工程设计业务及同级别的相应专项工程设计业务（设计施工一体化资质除外）；取得工程设计专项资质的企业，可以承接本专项相应等级的专项工程设计业务。

（2）资质申请和审批。申请工程勘察甲级资质、工程设计甲级资质，以及涉及铁路、交通、水利、信息产业、民航等方面的工程设计乙级资质的，应当向企业工商注册所在地的省、自治区、直辖市人民政府建设主管部门提出申请。其中，国务院国资委管理的企业应当向国务院建设主管部门提出申请；国务院国资委管理的企业下属一层级的企业申请资质，应当由国务院国资委管理的企业向国务院建设主管部门提出申请。

省、自治区、直辖市人民政府建设主管部门应当自受理申请之日起 20 日内初审完毕，并将初审意见和申请材料报国务院建设主管部门。

国务院建设主管部门应当自省、自治区、直辖市人民政府建设主管部门受理申请材料之日起 60 日内完成审查，公示审查意见，公示时间为 10 日。其中，涉及铁路、交通、水利、信息产业、民航等方面的工程设计资质，由国务院建设主管部门送国务院有关部门审核，国务院有关部门在 20 日内审核完毕，并将审核意见送国务院建设主管部门。

工程勘察乙级及以下资质、劳务资质、工程设计乙级（涉及铁路、交通、水利、信息产业、民航等方面的工程设计乙级资质除外）及以下资质许可由省、自治区、直辖市人民政府建设主管部门实施。具体实施程序由省、自治区、直辖市人民政府建设主管部门依法确定。

省、自治区、直辖市人民政府建设主管部门应当自作出决定之日起 30 日内，将准予资质许可的决定报国务院建设主管部门备案。

（3）工程勘察和设计单位资质的动态管理核查。工程勘察、工程设计资质证书分为正本和副本，正本一份，副本六份，由国务院建设主管部门统一印制，正、副本具备同等法律效力。资质证书有效期为 5 年。资质有效期届满，企业需要延续资质证书有效期的，应当在资质证书有效期届满 60 日前，向原资质许可机关提出资质延续申请。

对在资质有效期内遵守有关法律、法规、规章、技术标准，信用档案中无不良行为记录，且专业技术人员满足资质标准要求的企业，经资质许可机关同意，有效期延续 5 年。

（4）监理工程师对勘察、设计单位资质考核要点。对于工程勘察、设计单位的资质进行核查，是勘察、设计质量控制工作的第一步。由于勘察设计工作是一个技术性很强的工作，它需要从事这一工作的单位或个人具备相应的能力和手段，同时勘察和设计成果又是由人来完成，而质量的责任由单位和个人共同来承担，因此，对单位的资质和个人的资格均要认真审核。监理工程师应重点核查以下内容：

1）检查勘察、设计单位的资质证书类别和等级及所规定的适用业务范围与拟建工程的类型、规模、地点、行业特性及要求的勘察、设计任务是否相符，资质证书所规定的有效期是否已过期，其资质年检结论是否合格。

2）检查勘察、设计单位的营业执照，重点是有效期和年检情况。

3）对参与拟建工程的主要技术人员的执业资格进行检查，对专职技术骨干比例进行考察，包括一级注册建筑师、一级注册工程师（结构）和在国家实行其他专业注册工程师制度后的注册工程师；注册造价工程师；取得高级职称的技术人员，从事工程设计实践 10 年以上并取得中级职称的技术人员。重点检查其注册证书有效性，签字权的级别是否与拟建工程相符。

4）对勘察、设计单位实际的建设业绩、人员素质、管理水平、资金情况、技术装备进行实地考察，特别是对其近期完成的与拟建工程类型、规模、特点相似或相近的工程勘察、设计任务进行查访，了解其服务意识和工作质量。

5）对勘察、设计单位的管理水平，重点考查是否达到了与其资质等级相应的要求水平。如甲级要求建立了以设计项目管理为中心，以专业管理为基础的管理体制，实行设计质量、进度、费用控制；企业管理组织结构、标准体系、质量体系健全，并能实现动态管理，宜通过 ISO 系列标准体系认证。

监理工程师应根据考核情况，对被考核单位给出一个综合评价，形成文字材料，送建设单位或有关单位作为参考。

2. 勘察质量控制

（1）勘察阶段划分及其工作要求和程序。工程勘察的主要任务是按勘察阶段的要求，正确反映工程地质条件，提出岩土工程评价，为设计、施工提供依据。工程勘察工作一般分三个阶段，即可行性研究勘察、初步勘察、详细勘察。当工程地质条件复杂或有特殊施工要求的重要工程，应进行施工勘察，各勘察阶段的工作要求如下：

1）可行性研究勘察，又称选址勘察，其目的是要通过搜集、分析已有资料，进行现场踏勘。必要时，进行工程地质测绘和少量勘探工作，对拟选场址的稳定性和适宜性作出岩土工程评价，进行技术经济论证和方案比较，满足确定场地方案的要求，见图 2-2。

2）初步勘察是指在可行性研究勘察的基础上，对场地内建筑地段的稳定性做出岩土工

图 2-2　选址勘察

程评价，并为确定建筑总平面布置、主要建筑物地基基础方案及对不良地质现象的防治工作
方案进行论证，满足初步设计或扩大初步设计的要求。

3）详细勘察应对地基基础处理与加固、不良地质现象的防治工程进行岩土工程计算与
评价，满足施工图设计的要求，图 2-3 为勘察人员在现场进行详细勘察。

图 2-3　详细勘察现场

对于施工勘察，不仅是在施工阶段对与施工有关的工程地质问题进行勘察，提出相应的
工程地质资料以制定施工方案，对工程竣工后一些必要的勘察工作（如检验地基加固效果
等）也属于施工勘察的内容。

　　工程勘察的工作程序一般是：承接勘察任务，搜集已有资料，现场踏勘，编制勘察纲要，出工前准备，野外调查，测绘，勘探，试验，分析资料，编制图件和报告等。对于大型工程或地质条件复杂的工程，工程勘察单位要做好施工阶段的勘察配合、地质编录和勘察资料验收等工作，如发现有影响设计的地形、地质问题，应进行补充勘察和过程监测。

　　（2）勘察阶段监理工作内容、程序和方法：

　　1）工作内容：

　　①建立项目监理机构。

　　②编制勘察阶段监理规划。

　　③收集资料，编写勘察任务书（勘察大纲）或勘察招标文件，确定技术要求和质量标准。

　　④组织考察勘察单位，协助建设单位组织委托竞选、招标或直接委托，进行商务谈判，签订委托勘察合同。

　　⑤审核满足相应设计阶段要求的相应勘察阶段的勘察实施方案（勘察纲要），提出审核意见。

　　⑥定期检查勘察工作的实施，控制其按勘察实施方案的程序和深度进行。

　　⑦控制其按合同约定的期限完成。

　　⑧按规范有关文件要求检查勘察报告内容和成果，进行验收，提出书面验收报告。

　　⑨组织勘察成果技术交流。

　　⑩写出勘察阶段监理工作总结报告。

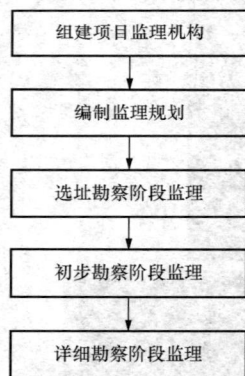

```
┌─────────────────┐
│  组建项目监理机构  │
└─────────────────┘
        ↓
┌─────────────────┐
│   编制监理规划    │
└─────────────────┘
        ↓
┌─────────────────┐
│  选址勘察阶段监理  │
└─────────────────┘
        ↓
┌─────────────────┐
│  初步勘察阶段监理  │
└─────────────────┘
        ↓
┌─────────────────┐
│  详细勘察阶段监理  │
└─────────────────┘
```

图 2-4　勘察阶段监理
工作程序

　　2）勘察阶段监理工作程序。勘察阶段监理工作程序如图 2-4 所示。

　　3）主要监理工作方法：

　　①编写勘察任务书、竞选文件或招标文件前，要广泛收集各种有关文件和资料，如计划任务书、规划许可证、设计单位的要求、相邻建筑地质资料等。在进行分析整理的基础上提出与工程相适应的技术要求和质量标准。

　　②审核勘察单位的勘察实施方案，重点审核其可行性、精确性。

　　③在勘察实施过程中，应设置报验点，必要时应进行旁站监理。

　　④对勘察单位提出的勘察成果，包括地形地物测量图、勘测标志、地质勘察报告等进行核查，重点检查其是否符合委托合同及有关技术规范标准的要求，验证其真实性、准确性。

　　⑤必要时，应组织专家对勘察成果进行评审。

　　（3）勘察阶段质量控制要点。由于工程勘察工作是一项技术性、专业性很强的工作，因此监理工程师在熟练掌握其专业知识和相关法律、法规、规范的同时，应详细了解其工作特点和操作方式。按照质量控制的基本原理对工程勘察工作的人、机、料、法、环五大质量影响因素进行检查和过程控制，以保证工程勘察工作符合整个工程建设的质量要求。勘察阶段监理工程师进行质量控制的要点为：

1）协助建设单位选定勘察单位。按照国家发改委和原建设部的有关规定，凡是在国家建设工程设计资质分级标准规定范围内的建设工程项目，建设单位均应委托具有相应资质等级的工程勘察单位承担勘察业务工作，委托可采用竞选委托、直接委托或招标三种方式，其中竞选委托可以采取公开竞选或邀请竞选的形式，招标也可采用公开招标和邀请招标形式，但规定了强制招标或竞选的范围。

建设单位原则上应将整个建设工程项目的勘察业务委托给一个勘察单位，也可以根据勘察业务的专业特点和技术要求分别委托几个勘察单位。在选择勘察单位时，监理工程师除重点对其资质进行控制外，还要检查勘察单位的技术管理制度和质量管理程序，考察勘察单位的专职技术骨干素质、业绩及服务意识。

2）勘察工作方案审查和控制。工程勘察单位在实施勘察工作之前，应结合各勘察阶段的工作内容和深度要求，按照有关规范、规程的规定，结合工程的特点编制勘察工作方案（勘察纲要）。勘察工作方案要体现规划、设计意图，如实反映现场的地形和地质概况，满足任务书上深度和合同工期的要求，工程勘察等级明确，勘察方案合理，人员、机具配备满足需要，项目技术管理制度健全，各项工作质量责任明确、勘察工作方案应由项目负责人主持编写，由勘察单位技术负责人审批、签字并加盖公章。

监理工程师应按上述编制要求对勘察工作方案进行认真审查。勘察工作方案除应满足上述要求外，根据不同的勘察阶段及工作性质，尚应提出不同的审查要点，例如对初步勘察阶段，要按工程勘察等级确认勘探点、线、网布置的合理性，控制性勘探孔的位置、数量、孔深、取样数量是否满足规范要求等。

3）勘察现场作业的质量控制。勘察工作期间，监理工程师应重点检查以下几个方面的工作：

①现场作业人员应进行专业培训，重要岗位要实施持证上岗制度，并严格按"勘察工作方案"及有关"操作规程"的要求开展现场工作并留下印证记录。

②原始资料取得的方法、手段及使用的仪器设备应当正确、合理，勘察仪器、设备、试验室应有明确的管理程序，现场钻探、取样、机具应通过计量认证。

③原始记录表格应按要求认真填写清楚，并经有关作业人员检查、签字。

④项目负责人应始终在作业现场进行指导、督促检查，并对各项作业资料检查验收签字。

4）勘察文件的质量控制。监理工程师对勘察成果的审核与评定是勘察阶段质量控制最重要的工作。首先应检查勘察成果是否满足以下条件：

①工程勘察资料、图表、报告等文件要依据工程类别按有关规定执行各级审核、审批程序，并由负责人签字。

②工程勘察成果应齐全、可靠，满足国家有关法规及技术标准和合同规定的要求。

③工程勘察成果必须严格按照质量管理有关程序进行检查和验收，质量合格方能提供使用。对工程勘察成果的检查验收和质量评定应当执行国家、行业和地方有关工程勘察成果检查验收评定的规定，如北京市应执行《工程勘察质量评定标准》。

其次，由于工程勘察的最后结果是工程勘察报告，监理工程师必须详细审查，其报告中不仅要提出勘察场地的工程地质条件和存在的地质问题，更重要的是结合工程设计、施工条件以及地基处理、开挖、支护、降水等工程的具体要求，进行技术论证和评价，提出岩土工程问题及解决问题的决策性具体建议，并提出基础、边坡等工程的设计准则和岩土工程施工的指导性意见，为设计、施工提供依据，服务于工程建设的全过程。

另外，应针对不同的勘察阶段，监理工程师应对工程勘察报告的内容和深度进行检查，看其是否满足勘察任务书和相应设计阶段的要求。如在可行性研究勘察阶段，要得到建筑场地选址的可行性分析报告，对拟建场地的稳定性和适宜性做出评价；在初步勘察阶段，要注明地层、构造、岩土物理力学性质、地下水埋藏条件及冻结深度，描绘出场地不良地质现象的成因、分布、对场地稳定性的影响及其发展趋势，对抗震设防烈度等于或大于 7 度的场地，应判定场地和地基的地震效应；在详细勘察阶段，要提供满足设计、施工所需的岩土技术参数，确定地基承载力，预测地基沉降及其均匀性，并且提出地基和基础设计方案建议。

5）后期服务质量保证。勘察文件交付后，监理工程师应根据工程建设的进展情况，督促勘察单位作好施工阶段的勘察配合及验收工作，对施工过程中出现的地质问题要进行跟踪服务，做好监测、回访。特别是及时参加验槽、基础工程验收和工程竣工验收及与地基基础有关的工程事故处理工作，保证整个工程建设的总体目标得以实现。

6）勘察技术档案管理。工程项目完成后，监理工程师应检查勘察单位技术档案管理情况，要求将全部资料，特别是质量审查、监督主要依据的原始资料，分类编目，归档保存。

3. 设计质量控制

（1）工程设计阶段的划分。工程设计依据工作进程和深度不同，一般按初步设计、施工图设计两个阶段进行。

技术上复杂的工业交通项目可按初步设计、技术设计和施工图设计三个阶段进行。二阶段设计和三阶段设计，是我国工程设计行业长期形成的基本工作模式，各阶段的设计成果包括设计说明、技术文件（见图 2-5 工程设计图纸，图 2-6 建筑设计效果图）和经济文件（概预算）。其目的在于通过不同阶段设计深度的控制来保证设计质量。设计单位的工作模式在实践中因工程规模、性质和特点的不同有较大的灵活性。监理工程师应按设计准备和设计展开两大阶段进行质量控制。

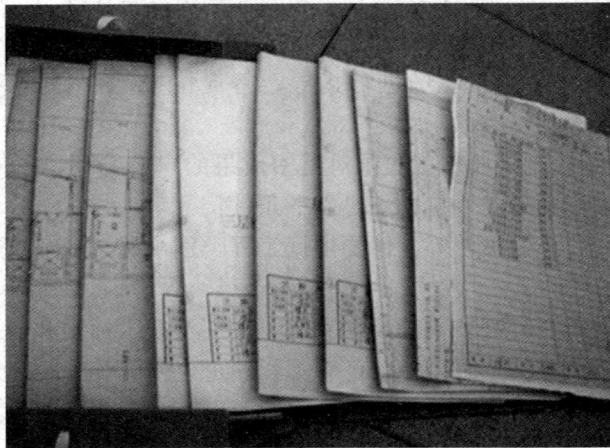

图 2-5　工程设计图纸

（2）设计准备阶段监理工作内容、程序和方法：

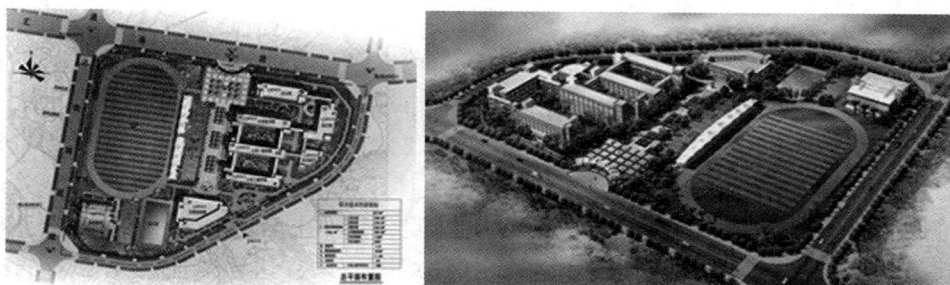

图2-6　建筑设计方案—效果图

1）工作内容：

①组建项目监理机构，明确监理任务、内容和职责，编制监理规划和设计准备阶段投资进度计划并进行控制。

②组织设计招标或设计方案竞赛。协助建设单位编制设计招标文件，会同建设单位对投标单位进行资质审查。组织评标或设计竞赛方案评选。

③编制设计大纲（设计纲要或设计任务书），确定设计质量要求和标准。

④优选设计单位，协助建设单位签订设计合同。

2）工作程序。设计准备阶段监理工作程序如图2-7所示。

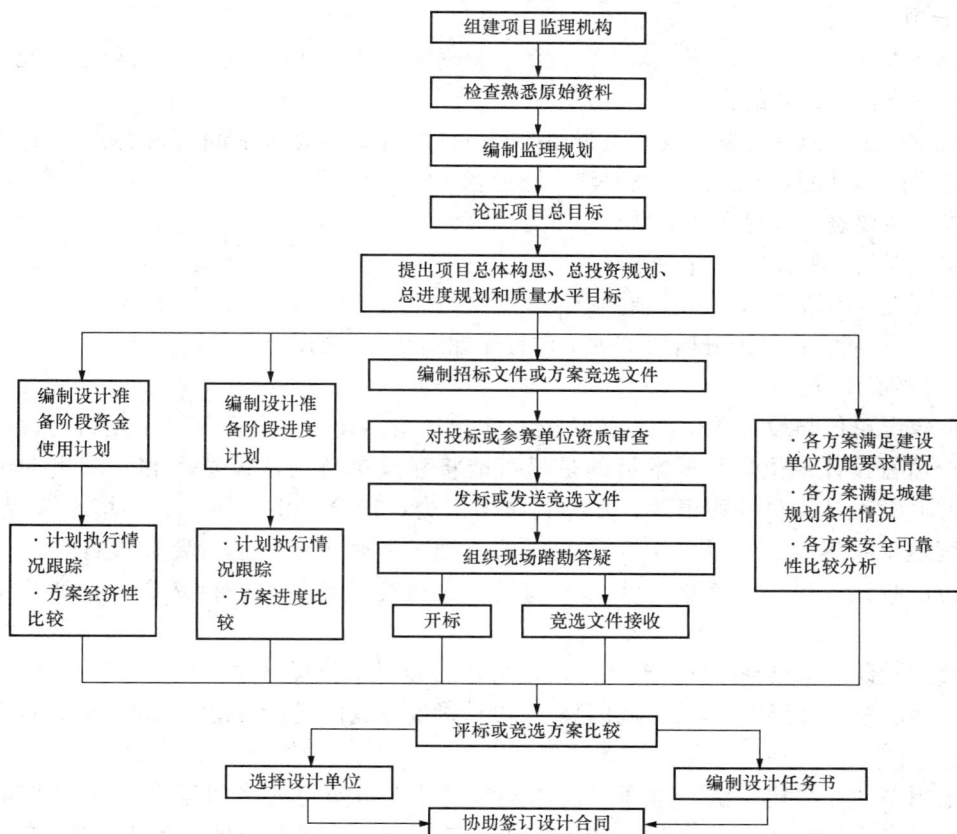

图2-7　设计装备阶段监理工作程序

3）主要工作方法：

①收集和熟悉项目原始资料，充分领会建设单位意图。监理工程师首先要核查已批准的"项目建议书"、"可行性研究报告"、选址报告、城市规划部门的批文、土地使用要求、环境要求；工程地质和水文地质勘察报告、区域图、1/5000～1/1000 地形图；动力、资源、设备、气象、人防、消防、地震烈度、交通运输、生产工艺、基础设施等资料；有关设计规范、标准和技术经济指标等，并分析研究整理出满足设计要求的基本条件。其次要充分掌握和理解建设单位对项目建设的要求、设想和各种意图。只有这样才能找出二者的最佳交汇点。

②项目总目标论证方法。监理工程师对建设单位提出的项目总投资、总进度、总质量目标必须进行分析，论证其可行性。在确定的总投资数额的限定下，分析论证项目的规模、设备标准，装饰标准能否达到建设单位预期水平，进度目标能否实现；在进度目标限定下，要满足建设单位提出的项目规模、设备标准，装饰标准，估算总投资需多少。论证时应依据历史类似工程各种指标和条件与本项目进行差异分析比较，并分析项目建设中可能遇到的风险。

③以初步确定的总建筑规模和质量要求为基础，将论证后所得总投资和总进度切块分解，确定投资和进度规划。

④起草设计合同，并协助建设单位尽量与设计单位达成限额设计条款。

（3）设计展开阶段监理工作内容、程序和方法：

1）工作内容：

①设计方案、图纸、概预算和主要设备、材料清单的审查，发现不符合要求的地方，分析原因，发出修改设计的指令。

②对设计工作协调控制。及时检查和控制设计的进度，做好各部门间的协调工作，使各专业设计之间相互配合、衔接，及时消除隐患。

③参与主要设备、材料的选型。

④组织对设计的评审或咨询。

⑤编写设计阶段监理工作总结。

2）工作程序。设计展开阶段监理工作程序如图 2-8 所示。

3）主要工作方法：

①在建设单位与设计单位间发挥桥梁和纽带作用。设计阶段监理既不是自行设计，也不是完全监督设计单位，其根本目的是尽可能将建设单位的建设意图和要求贯彻至设计人员，并调动设计人员的积极性，发挥其技术潜力，综合经济、技术、环境、资源因素，最大限度地反映落实到设计图上。这就要求监理工程师善于沟通，要通过各种方式了解建设单位的想法，再以书面或口头形式与设计人员交换意见，进行磋商，起到桥梁和纽带作用。

②跟踪设计，审核制度化。对各阶段设置审查点，审核设计文件质量，如规范符合性、结构安全性、施工可行性等，概预算总额，设计进度完成情况，与相应标准和计划值进行分析比较。

③采用多种方案比较法。监理工程师要对设计人员所定的诸如建筑标准、结构方案、水、电、工艺等各种设计方案进行了解和分析，有条件时应进行两种或多种方案比较、判断确定最优方案。

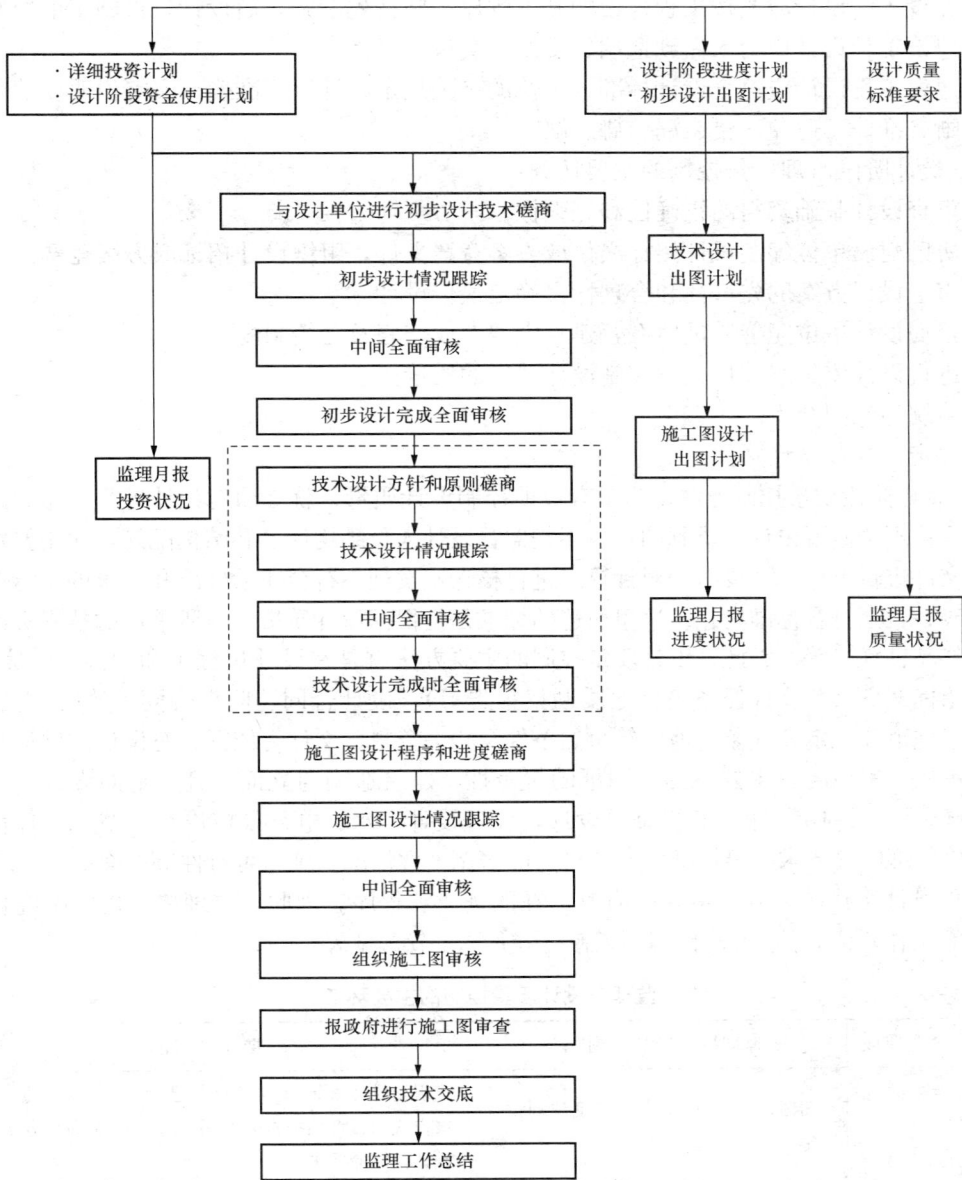

图 2-8 设计展开阶段监理工作程序

④协调各相关单位关系。工程设计过程牵涉很多部门，包括很多设计单位、政府部门等，很多的专业交叉，故监理工程师必须掌握组织协调方法，营造良好的工作氛围，才会事半功倍。

（4）设计阶段质量控制原则、任务和方法：

1）设计质量控制的原则：

①建设工程设计应当与社会、经济发展水平相适应，做到经济效益、社会效益和环境效益相统一。

②建设工程设计应当按工程建设的基本程序，坚持先勘察，后设计，再施工的原则。

③建设工程设计应力求做到适用、安全、美观、经济。

④建设工程设计应符合设计标准、规范的有关规定，计算要准确，文字说明要清楚，图纸要清晰、准确，避免"错、漏、碰、缺"。

2）设计阶段监理质量控制的主要任务：

①审查设计基础资料的正确性和完整性。

②协助建设单位编制设计招标文件或方案竞赛文件，组织设计招标或方案竞赛。

③审查设计方案的先进性和合理性，确定最佳设计方案。

④督促设计单位完善质量体系，建立内部专业交底及会签制度。

⑤进行设计质量跟踪检查，控制设计图纸的质量。

⑥组织施工图会审。

⑦评定、验收设计文件。

3）设计阶段质量控制方法。为了有效地控制设计质量，就必须对设计进行质量跟踪。设计质量跟踪不是监督设计人员画图，也不是监督设计人员结构计算和结构配筋，而是要定期地对设计文件进行审核，必要时，对计算书进行核查，发现不符合质量标准和要求的，指令设计单位修改，直至符合标准为止。这里所述的标准是指根据设计质量目标所采用的技术标准、规范及材料品种规格等。因此，设计质量控制的主要方法就是在设计过程中和阶段设计完成时，以设计招标文件（含设计任务书、地质勘察报告等）、设计合同、监理合同、政府有关批文、各项技术规范和规定、气象、地区等自然条件及相关资料、文件为依据，对设计文件进行深入细致地审核。审核内容主要包括：图纸的规范性，建筑造型与立面设计，平面设计，空间设计，装修设计，结构设计，工艺流程设计，设备设计，水、电、自控设计，城规、环境、消防、卫生等部门的要求满足情况，专业设计的协调一致情况，施工可行性等方面。

工程设计工作的展开和深化，有其内在的规律和程序。因此，监理单位也应围绕着各设计阶段的工作重心，进行设计质量控制，其主要环节参见表2-1。

表2-1　　　　　　　　　　监理对设计质量控制的主要环节

序号	工作阶段	监理控制工作主要内容	要求及说明
1	设计准备阶段	根据项目建设要求，拟定规划设计大纲	规划设计大纲应体现业主建设意图，并根据可行性报告或项目评估报告来编写，其深度应满足方案竞选、设计招标的要求
2		组织方案竞选或设计招标、择优选择设计单位	根据工程性质特点、规模和重要性，可组织公开招标或邀请招标；组织有关专家及主管部门业务人员参加的评审组，对参加竞选或投标的方案进行评选，并据此择优选择设计单位
3		拟定《设计纲要》及设计合同	拟定《设计纲要》。设计合同包括设计总合同及单独委托的专业设计合同，设计合同可以一次签订，也可分设计阶段签订
4		落实有关外部条件，提供设计所需的基础资料	主要是有关供水、供电、供气、供热、通信、运输等方面的资料

续表

序号	工作阶段	监理控制工作主要内容	要求及说明
5	设计阶段	配合设计单位开展技术经济分析，搞好设计方案的比较，优化设计	另详
6		配合设计进度，组织设计与外部有关部门间的协调工作	外部有关部门如消防、人防、环保、地震、防汛以及供水、供电、供气、供热、通信部门。根据当地建设环境，必要时，还需参与项目所在地区公用设施统一建设协调工作
7		各设计单位间的协调工作	指业主直接委托的各设计单位之间的协调配合工作
8		参与主要设备、材料的选型	根据满足功能要求、经济合理的原则，向各设计专业提供有关主要设备、材料的型号、厂家、价格的信息，并参与选型工作
9		检查和控制设计进度	对设计进度的检查和控制，也是对设计合同履行情况进行监督的一项重要内容
10	设计成果验收阶段	组织对设计的评审或咨询	另详
11		审核工程估算、概算	根据项目功能及质量要求，审核估算、概算所含费用及其计算方法的合理性
12		审核主要设备及材料清单	根据所掌握的设备、材料的有关信息，对设计采用的设备、材料提出反馈意见
13		施工图纸审核	除技术质量方面的要求外，其深度应满足施工条件的要求，并应特别注意各专业图纸之间的错、漏、碰、缺
14	施工阶段	处理设计变更	包括设备、材料的变更
15		参与现场质量控制工作	参与工程重点部位及主要设备安装的质量监督等
16		主持处理工程质量问题、参与处理工程质量事故	包括进行危害性分析，提出处理的技术措施，或对处理措施组织技术鉴定等
17		参与工程验收	包括重要隐蔽工程、单位、单项工程的中间验收；整理工程技术档案等

　　表 2-1 中所列编制设计纲要是确保设计质量的重要环节，因为设计纲要是确定工程项目质量目标、水平，反映业主建设意图，编制设计文件的主要依据，是决定工程项目成败的关键。为此，编制和审核设计纲要时，应对可行性报告和设计任务书进行充分地研究、分析，保证设计纲要的内容建立在物质资源和外部建设条件的可靠基础上。

　　（三）施工图设计内容、要求及其监理程序

　　1. 编制施工图设计的目的

　　指导建筑安装的施工，设备、构配件、材料的采购和非标准设备的加工制造，并明确建设工程的合理使用年限。

　　2. 施工图设计内容

　　施工图设计是在初步设计、技术设计或方案设计的基础上进行详细、具体的设计，把工程和设备各构成部分尺寸、布置和主要施工做法等，绘制出正确、完整和详细的建筑和安装详图，并配以必要的详细文字说明。其主要内容如下：

（1）全项目性文件。设计总说明，总平面布置及说明，各专业全项目的说明及室外管线图，工程总概算。

（2）各建筑物、构筑物的设计文件。建筑、结构、水暖、电气、卫生、热机等专业图纸及说明，以及公用设施、工艺设计和设备安装，非标准设备制造详图、单项工程预算等。

（3）各专业工程计算书、计算机辅助设计软件及资料等。各专业的工程计算书，计算机辅助设计软件及资料等应经校审、签字后，整理归档，一般不向建设单位提供。

1）总平面：

①图纸目录。

②一般工程的设计说明可分别写在有关的图纸上，如重复利用某项工程的施工图纸及其说明时，应详细注明其编制单位、资料名称、设计编号和编制日期。

③总平面图。

④竖向布置图。

⑤土方图。

⑥管道综合图。绘出总平面图；场地四界的施工坐标（或标注尺寸）；各管线的平面布置，注明各管线与建筑物、构筑物的距离和管线间距；场外管线接入点的位置及坐标；指北针；当管线布置涉及范围少于三个设备专业时，可在总平面蓝图上绘制草图，不出正式图纸，如涉及范围在三个或三个以上设备专业时，须正式出图；管线密集的地段宜适当增加断面图，表明管线与建筑物、构筑物、绿化之间及管线之间的距离，并注出各交叉点上下管线的标高；说明栏内：尺寸单位、比例、补充图例。

⑦绿化布置图。

⑧详图。

⑨计算书（供内部使用）。

设计依据、简图、计算公式、计算过程及成果资料均作为技术文件归档。

2）结构。

①结构计算。结构计算时，应绘出平面布置简图和计算简图，结构计算书应完整、清楚、整洁，计算步骤要有条理，引用数据要有依据，采用计算图表及不常用的计算公式应注明其来源或出处，构件编号、计算结构（确定的截面、配筋等）应与图纸一致，以便核对。当采用计算机计算时，应在计算书中注明所采用的计算机软件名称及代号，计算机软件必须经过审定（或鉴定）才能在工程设计中推广应用，电算结构应经分析认可，荷载简图、原始数据和电算结果应整理成册，与其他计算书一并归档。采用标准图时，应根据图集的说明，进行必要的选用计算，作为结构计算书的内容之一；采用重复利用图时，应进行必要的核算和因地制宜的修改，以切合工程的具体情况。计算书应经校审，并由设计、校对、审核分别签字，作为技术文件归档（供内部使用）。

②设计图纸。图纸目录；首页（设计说明）；基础平面图；基础详图；结构平面布置图；钢筋混凝土构件详图；节点构造详图；其他图纸，如楼梯，应绘出楼梯结构平面布置剖面图，楼梯与梯梁详图，栏杆预埋件或预留孔位置、大小等；特种结构和构筑物（如水池、水箱、烟囱、挡土墙、设备基础、操作平台等）详图宜分别单独绘制，以方便施工；预埋件详

图，大型工程的预埋件详图可集中绘制，应绘出平面、剖面、注明钢材种类、焊缝要求等；钢结构构件详图（指主要承重结构为钢筋混凝土、部分为钢结构的钢屋架、钢支撑等的构件详图）应单独绘制，其深度要求应视工程所在地区金属结构厂或承担制作任务的加工厂的条件而定。

3. 施工图设计的深度要求

（1）能据以编制施工图预算。

（2）能据以安排材料、设备订货和非标准设备的制作。

（3）能据以进行施工和安装。

（4）能据以进行工程验收。

4. 施工图设计阶段监理工作

（1）督促并控制设计单位按照委托设计合同约定的日期，保质、保量、准时交付施工图及概（预）算文件。

（2）对设计过程进行跟踪监理，必要时，会同建设单位组织对单位工程施工图的中间检查验收，并提出评估报告。其主要检查内容为：

1）设计标准及主要技术参数是否合理。

2）是否满足使用功能要求。

3）地基处理与基础形式的选择。

4）结构选型及抗震设防体系。

5）建筑防火、安全疏散、环境保护及卫生的要求。

6）特殊的要求，如工艺流程、人防、暖通、防腐蚀、防尘、防噪声、防微振、防辐射、恒温、恒湿、防磁、防电波等。

7）其他需要专门审查的内容。

（3）审核设计单位交付的施工图及概（预）算文件，并提出评审验收报告。

（4）根据国家有关法规的规定，将施工图报送当地政府建设行政主管部门指定的审查机构进行审查，并根据审查意见对施工图进行修正。

（5）编写工作总结报告，整理归档监理资料。

5. 施工图设计阶段监理质量控制程序

施工图设计阶段监理质量控制程序如图 2-9 所示。

二、实训部分

（一）概念

1. 施工图审核

施工图审核是指监理工程师对施工图的审核。审核的重点是使用功能及质量要求是否得到满足，并应按有关国家和地方验收标准及设计任务书、设计合同的约定质量标准，针对施工图设计成品，特别是其主要质量特性做出验收评定，签发监理验收结论文件。

施工图是对建筑物、设备、管线等工程对象的尺寸、布置、选用材料、构造、相互关系、施工及安装质量要求的详细图纸和说明，是指导施工的直接依据，从而也是设计阶段质量控制的一个重点。因此，监理单位应重视施工图纸的审核。施工图纸的审核主要由项目总监理工程师负责组织各专业监理工程师进行，必要时应组织专家会审或邀请有关专业专家参加。审查设计单位提交的设计图纸和设计文件内容是否准确完整，是否符合编制深度的要

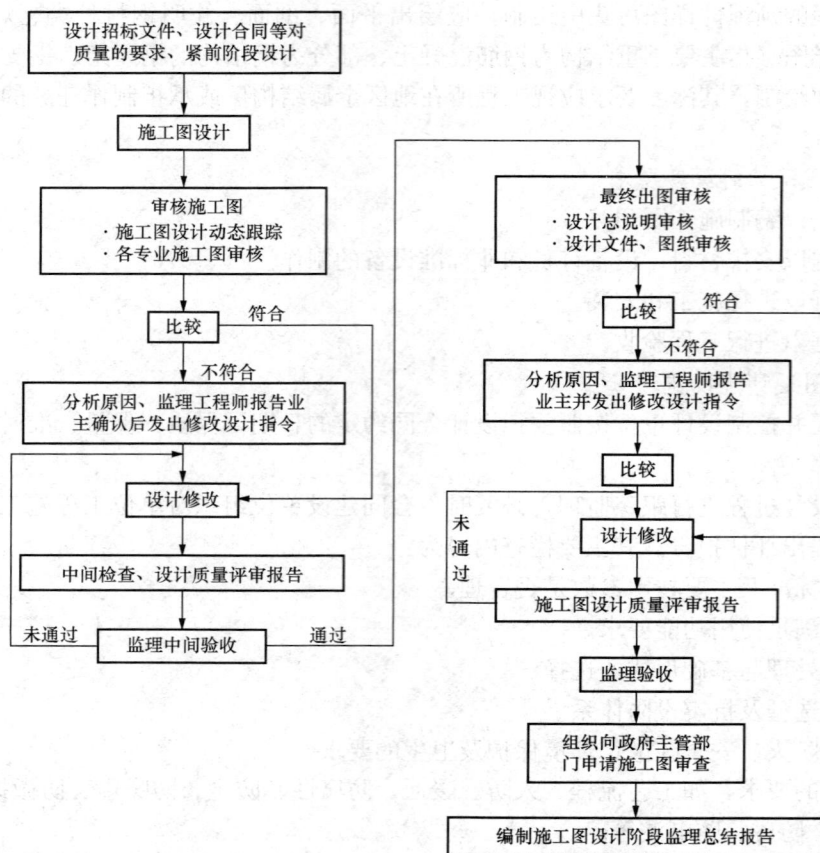

图 2-9   施工图设计阶段监理质量控制程序

求，特别是应侧重于使用功能及质量要求是否满足设计文件和合同中关于质量目标的具体描述，并应提出书面的监理审核验收意见。如果不能满足要求，应监督设计单位予以修改后再进行审核验收。

（1）监理工程师施工图审核的主要原则：

1）是否符合有关部门对初步设计的审批要求。

2）是否对初步设计进行了全面、合理的优化。

3）安全可靠性、经济合理性是否有保证，是否符合工程总造价的要求。

4）设计深度是否符合设计阶段的要求。

5）是否满足使用功能和施工工艺要求。

（2）监理工程师进行施工图审核的主要内容。按上述原则监理工程师对施工图应主要审核以下方面内容：

1）图纸的规范性。

2）建筑造型与立面设计。

3）平面设计。

4）空间设计。

5）装修设计。

6）结构设计。

7）工艺流程设计。

8）设备设计。

9）水、电、自控等设计。

10）城规、环境、消防、卫生等要求满足情况。

11）各专业设计的协调一致情况。

12）施工可行性。

并特别注意过分设计、不足设计两种极端情况。下面以建筑造型与立面设计、结构设计、给排水设计为例说明应审核的具体内容：

建筑施工图，主要应审核房间、车间尺寸及布置情况，门窗及内外装修，材料选用，要求的建筑功能是否满足等；结构施工图，主要应审核承重结构布置情况，结构材料的选择，施工质量的要求等；给排水施工图，主要应审核水处理工艺设备及管道布置和走向，加工安装的质量要求等。

2. 设计交底与图纸会审

（1）设计交底的目的和内容。设计交底是指在施工图完成并经审查合格后，设计单位在设计文件交付施工时，按法律规定的义务就施工图设计文件向施工单位和监理单位做出详细的说明。其目的是对施工单位和监理单位正确贯彻设计意图，使其加深对设计文件特点、难点、疑点的理解，掌握关键工程部位的质量要求，确保工程质量。

设计交底的主要内容一般包括：

施工图设计文件总体介绍，设计的意图说明，特殊的工艺要求，建筑、结构、工艺、设备等各专业在施工中的难点、疑点和容易发生的问题说明，对施工单位、监理单位、建设单位等对设计图纸疑问的解释等。

（2）图纸会审的目的和内容。图纸会审是指承担施工阶段监理的监理单位组织施工单位以及建设单位、材料、设备供货等相关单位，在收到审查合格的施工图设计文件后，在设计交底前进行的全面、细致、熟悉和审查施工图纸的活动。图2-10为某工程图纸会审现场。

其目的有两方面，一是使施工单位和各参建单位熟悉设计图纸，了解工程特点和设计意图，找出需要解决的技术难题，并制定解决方案；二是为了解决

图2-10　图纸会审现场

图纸中存在的问题，减少图纸的差错，将图纸中的质量隐患消灭在萌芽之中。图纸会审的内容一般包括：

1）是否无证设计或越级设计；图纸是否经设计单位正式签署。

2）地质勘探资料是否齐全。

3）设计图纸与说明是否齐全，有无分期供图的时间表。

4）设计地震烈度是否符合当地要求。

5）几个设计单位共同设计的图纸相互间有无矛盾；专业图纸之间、平立剖面图之间有无矛盾；标注有无遗漏。

6）总平面与施工图的几何尺寸、平面位置、标高等是否一致。

7）防火、消防是否满足要求。

8）建筑结构与各专业图纸本身是否有差错及矛盾；结构图与建筑图的平面尺寸及标高是否一致；建筑图与结构图的表示方法是否清楚；是否符合制图标准；预埋件是否表示清楚；有无钢筋明细表；钢筋的构造要求在图中是否表示清楚。

9）施工图中所列各种标准图册，施工单位是否具备。

10）材料来源有无保证，能否代换；图中所要求的条件能否满足；新材料、新技术的应用有无问题。

11）地基处理方法是否合理，建筑与结构构造是否存在不能施工、不便于施工的技术问题，或容易导致质量、安全、工程费用增加等方面的问题。

12）工艺管道、电气线路、设备装置、运输道路与建筑物之间或相互间有无矛盾，布置是否合理。

13）施工安全、环境卫生有无保证。

14）图纸是否符合监理大纲所提出的要求。

（3）组织设计交底与图纸会审的法律、法规依据。设计交底与图纸会审不仅是工程建设中的惯例，而且是法律、法规规定的相关各方的义务。《中华人民共和国建筑法》、国务院《建设工程质量管理条例》、《建设工程勘察设计管理条例》以及国家发改委、原建设部和各地方政府的相关配套法规、规章均对此有明文规定和具体要求。特别是《建设工程勘察设计管理条例》第二十八条规定"施工单位、监理单位发现建设工程勘察、设计文件不符合工程建设强制性标准、合同约定的质量要求，应当报告建设单位，建设单位有权要求建设工程勘察、设计单位对建设工程勘察设计文件进行补充、修改"，第三十条规定"建设工程勘察、设计单位应当在建设工程施工前，向施工单位和监理单位说明建设工程勘察、设计，解释建设工程的勘察、设计文件"，并应及时解决施工中出现的勘察、设计问题。这些是图纸会审和设计交底的直接法律依据。

（4）设计交底与图纸会审的组织。设计交底由建设单位负责组织，设计单位向施工单位和承担施工阶段监理任务的监理单位等相关参建单位进行交底。图纸会审由承担施工阶段监理任务的监理单位负责组织，施工单位、建设单位、设计单位等相关参建单位参加。

设计交底与图纸会审通常做法是，设计文件完成后，设计单位将设计图纸移交建设单位，报经有关部门批准后建设单位发给承担施工监理的监理单位和施工单位。由施工阶段监理单位组织参建各方进行图纸会审，并整理成会审问题清单，在设计交底前一周交设计单位。承担设计阶段监理的监理单位组织设计单位做交底准备，并对会审问题清单拟定解答。

设计交底一般以会议形式进行，先进行设计交底，后转入图纸会审问题解释，通过设计、监理、施工三方或参建多方研究协商，确定存在的图纸和各种技术问题的解决方案。设计交底应在施工开始前完成。

设计交底应由设计单位整理会议纪要，图纸会审应由施工单位整理会议纪要，与会各方会签。设计交底与图纸会审中涉及设计变更的尚应按监理程序办理设计变更手续。设计交底会议纪要、图纸会审会议纪要一经各方签认，即成为施工和监理的依据。

3. 设计变更控制

在施工图设计文件交与建设单位投入使用前或使用后，均会出现由于建设单位要求，或现场施工条件的变化，或国家政策法规的改变等原因而引起设计变更。设计变更可能由设计单位自行提出，也可能由建设单位提出，还可能由承包单位提出，不论谁提出都必须征得建设单位同意并且办理书面变更手续，凡涉及施工图审查内容的设计变更还必须报请原审查机构审查后再批准实施。

为了保证建设工程的质量，监理工程师应对设计变更进行严格控制，并注意以下几点：

1) 应随时掌握国家政策法规的变化，特别是有关设计、施工的规范、规程的变化，有关材料或产品的淘汰或禁用，并将信息尽快通知设计单位和建设单位，避免产生设计变更的潜在因素。

2) 加强对设计阶段的质量控制。特别是施工图设计文件的审核，对施工图节点做法的可施工性要根据自己的经验给予评判，对各专业图纸的交叉要严格控制会签工作，力争将矛盾和差错解决在出图之前。

3) 对建设单位和承包单位提出的设计变更要求要进行统筹考虑，确定其必要性，同时将设计变更对建设工期和费用的影响分析清楚并通报给建设单位，非改不可的要调整施工计划，以尽可能减少对工程的不利影响。

4) 要严格控制设计变更的签批手续，以明确责任，减少索赔。现将施工图设计文件投入使用前和使用后两种情况列出监理工程师对设计变更的控制程序，见图 2-11 和图 2-12，设计阶段设计变更由该阶段监理单位负责控制，施工阶段设计变更由承担施工阶段监理任务的监理单位负责控制。

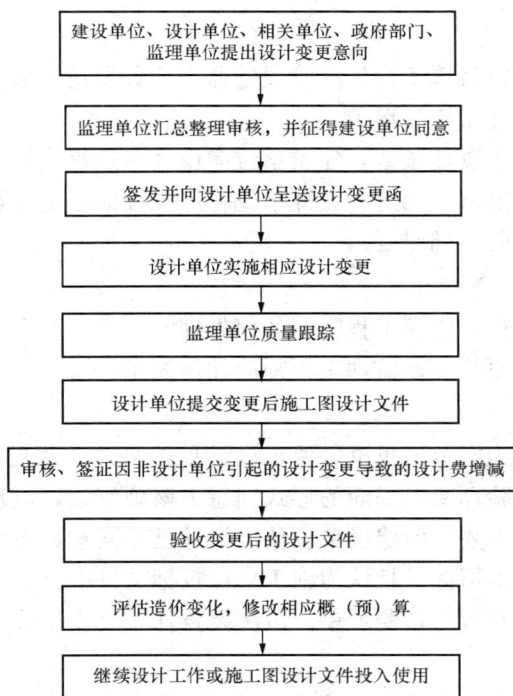

图 2-11　施工图设计文件投入使用前或设计阶段设计变更控制程序

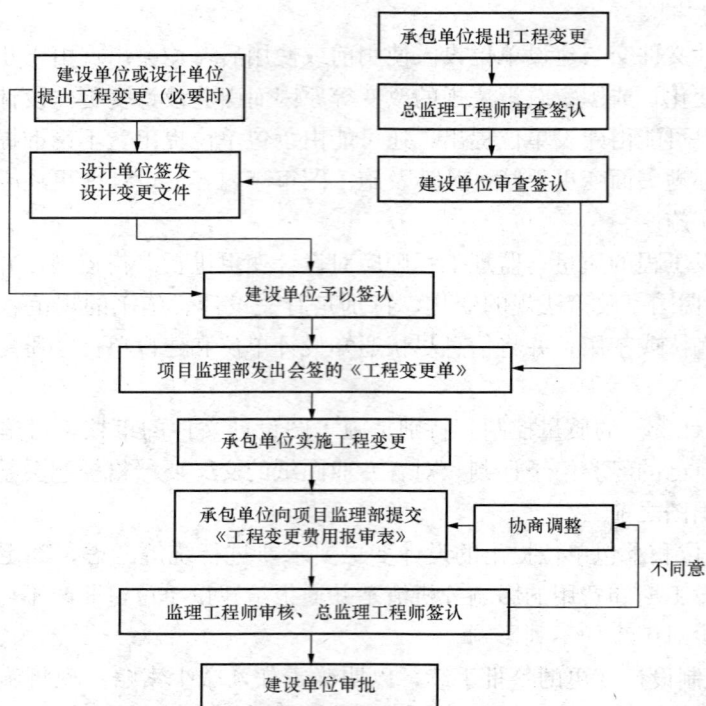

图 2-12 施工阶段设计变更控制程序

（二）实训案例

实训案例一

某工程项目的建设单位将该工程施工阶段的监理任务委托给某监理公司进行监理，并通过招标将施工承包合同委托某施工单位。

在施工准备阶段，由于资金紧缺，建设单位向设计单位提出修改设计方案、降低设计标准，以便降低工程投资的要求。为此，设计单位将该工程的基础工程及装饰工程的设计标准降低，减少了原设计方案的基础厚度。

问题：

（1）通常对于设计变更，监理工程师应如何处理？

（2）针对上述设计变更情况，监理工程师应如何控制？

实训案例二

某工程项目建设单位为了节省投资，要求设计单位将该工程的桩长缩短 2m，该桩基设计人员由于工作忙未进行验算便以书面的形式同意了该项修改，监理单位在施工前熟悉设计文件的过程中发现此修改不妥，但建设单位认为设计已经同意，应该没有问题，没有必要进行修改，并以此进行了施工招标，且认为施工单位投标文件中已经承诺按图施工，如出现质量问题应由施工单位负主要责任，监理单位负次要责任，建设单位没有任何损失。

问题：

（1）监理单位在施工前熟悉设计文件的过程中发现设计问题应如何处理？

（2）如果由于该设计单位原因造成施工质量问题而导致返工，分析建设单位、设计单位、监理单位和施工单位各方的责任，以及索赔关系。

（3）如果在施工中由于设计单位原因造成施工单位提出费用索赔，总监理工程师应依据什么内容进行处理？

实训案例三

某工程建设单位委托监理单位承担施工阶段的监理任务，总承包单位按照施工合同约定选择了设备安装分包单位。工程开工前，总承包单位在编制施工组织设计时认为修改部分施工图设计可以使施工更方便、质量和安全更易保证，遂向项目监理机构提出了设计变更的要求。

问题：

（1）针对总承包单位提出的设计变更要求，写出项目监理机构的处理程序。

（2）简述施工图设计主要包括哪些内容。

（3）总包单位对分包单位应承担哪些管理责任？

项目二 设备采购与制造安装的质量控制

一、应知部分

（一）设备采购的质量控制

生产设备及各种配套附属设备，均是建设项目的组成部分，为确保建设项目的整体质量，监理工程师也要做好设备质量的控制工作。图 2-13 为某工厂车间生产设备。

设备的购置是直接影响设备质量的关键环节，设备能否满足生产工艺要求、配套投产、正常运转、充分发挥效能、确保精度和质量；设备是否技术先进、经济适用、操作灵活、安全可靠、维修方便、经久耐用；这些均与设备的采购密切相关。

图 2-13 某工厂车间生产设备

采购设备，可采取市场采购，向制造厂商订货或招标采购等方式，采购质量控制主要是采购方案的审查及工作计划中明确的质量要求。

1. 市场采购设备的质量控制

市场采购这种方式由于局限性大，不易达到设备采购的目的，而且采购的设备质量和花费的设备费用往往受到采购人员的业务经验和工作作风的影响，因而一般用于小型通用设备的采购上。

（1）设备采购方案的质量控制。建设单位直接采购，监理工程师要协助编制设备采购方案，总包单位或设备安装单位采购，监理工程师要对总承包单位或安装单位编制的采购方案进行审查。

1）设备采购方案的编制。编制设备采购方案，要根据建设项目的总体计划和相关设计文件的要求，采购的设备必须符合设计要求。方案要明确设备采购的原则、范围和内容、程序、方式和方法，采购方案中要包括采购设备的类型、数量、质量要求、周期要求、市场供货情况、价格控制要求等因素。从而使整个设备采购过程符合项目建设的总体计划，设备满足质量要求，设备采购方案最终需获得建设单位的批准。

2）设备采购的原则：

①向有良好信誉，供货质量稳定合格的供货商采购；

②所采购设备的质量是可靠的，满足设计文件所确定的各项技术要求，能保证整个项目生产或运行的稳定性；

③所采购设备和配件的价格是合理的，技术相对先进，交货及时，维修和保养能得到充分保障；

④符合国家对特定设备采购的政策法规。

3）设备采购的范围和内容。根据设计文件，对需采购编制的设备表，以及相应的备品配件表，包括名称、型号、规格、数量，主要技术性能，要求交货期，以及这些设备相应的图纸、数据表、技术规格、说明书、其他技术附件等。

（2）市场采购设备的质量控制要点：

1）为使采购的设备满足要求，负责设备采购质量控制的监理工程师应熟悉和掌握设计文件中设备的各项要求、技术说明和规范标准。这些要求、说明和标准包括采购设备的名称、型号、规格、数量、技术性能、适用的制造和安装验收标准，要求的交货时间及交货方式与地点，以及其他技术参数、经济指标等各种资料和数据，并对存在的问题通过建设单位向设备设计单位提出意见和建议。

2）总承包单位或设备安装单位负责设备采购的人员应有设备的专业知识，了解设备的技术要求，市场供货情况，熟悉合同条件及采购程序。

3）由总包单位或安装单位采购的设备，采购前要向监理工程师提交设备采购方案，经审查同意后方可实施。对设备采购方案的审查，重点应包括的内容为采购的基本原则、保证设备质量的具体措施、依据的图纸、规范标准、质量标准、检查及验收程序，质量文件要求等。

2. 向生产厂家订购设备的质量控制

选择一个合格的供货厂商，是向厂家订购设备质量控制工作的首要环节。为此，设备订购前要做好厂商的评审与实地考察。

（1）合格供货厂商的评审。按照建设单位、监理单位或设备采购代理单位规定的评审内容，在各同类厂商中，进行横向比较，以确定认可的厂商。在评审过程中，对于以往的工程项目中有业务来往且实践表明能充分合作的厂商可优先考虑。

对供货厂商进行评审的内容可包括以下几项：

1）供货厂商的资质。供货厂商的营业执照、生产许可证，经营范围是否涵盖了拟采购设备，注册资金能否满足采购设备的需要。对需要承担设计并制造专用设备的供货厂商或承担制造并安装设备的供货厂商，则还应审查设计资格证书或安装资格证书。

2）设备供货能力。包括企业的生产能力、装备条件、技术水平、工艺水平、人员组成、生产管理、质量的优劣、财务状况的好坏、售后服务的优劣及企业的信誉，检测手段、人员素质、生产计划调度和文明生产的情况、工艺规程执行情况、质量管理体系运转情况、原材料和配套零部件及元器件采购渠道，以前是否生产过这种设备等。

3）近几年供应、生产、制造类似设备的情况；目前正在生产的设备情况、生产制造设备情况、产品质量状况。

4）过去若干年的资金平衡表和负债表；下一年度财务预测报告。

5）要另行分包采购的原材料、配套零部件及元器件的情况。

6）各种检验检测手段及试验室资质；企业的各项生产、质量、技术、管理制度的执行情况。

（2）作出调查结论。在初选确定供货厂商名单后，项目监理机构应和建设单位或采购单位一起对供货厂商做进一步的现场实地考察调研，提出监理单位的看法，与建设单位一起作出考察结论。

3. 招标采购设备的质量控制

设备招标采购一般用于大型、复杂、关键设备和成套设备及生产线设备的订货。

选择合适的设备供应单位是控制设备质量的重要环节。在设备招标采购阶段，监理单位应该当好建设单位的参谋和帮手，把好设备订货合同中技术标准、质量标准的审查关。

（1）掌握设计对设备提出的要求，协助建设单位起草招标文件、审查投标单位的资质情况和投标单位的设备供货能力，做好资格预审工作。

（2）参加对设备供货制造厂商或投标单位的考察，提出建议，与建设单位一起作出考察结论。

（3）参加评标、定标会议，帮助建设单位进行综合比较和确定中标单位。评标时对设备的制造质量、设备的使用寿命和成本、维修的难易及备件的供应、安装调试、投标单位的生产管理、技术管理、质量管理和企业的信誉等几个方面做出评价。

（4）协助建设单位向中标单位或设备供货厂商移交必要的技术文件。

（二）设备制造的质量控制

设备的制造过程是形成设备实体并使之具备所需要的技术性能和使用价值的过程。设备的监造就是要督促和协调设备制造单位的工作，使制造出来的设备在技术性能上和质量上全面符合订货的要求，使设备的交货时间和价格符合合同的规定，并为以后的设备运输储存与安装调试打下良好的基础。

1. 设备制造的质量监控方式

对于某些重要的设备，要对设备制造厂生产制造的全过程实行监造。设备监造是指有资质的监理单位依据委托监理合同和设备订货合同对设备制造过程进行的监督活动。监造人员原则上是由设备采购单位派出。建设单位直接采购或招标采购，则委托监理工程师实施。由总包单位或建筑安装单位采购可自己安排监造人员，也可能由项目监理机构派出，此时，项目监理机构将设备制造厂作为工程项目总包单位的分包单位实施管理，特别是对主要或关键设备则往往如此。

（1）驻厂监造。采取这种方式实施设备监造，监造人员直接进入设备制造厂的制造现场，成立相应的监造小组，编制监造规划，实施设备制造全过程的质量监控。驻厂监造人员及时了解设备制造过程质量的真实情况，审批设备制造工艺方案，实施过程控制，进行质量检查与控制，对设备最后出厂签署相应的质量文件。

（2）巡回监控。对某些设备（如制造周期长的设备），则可采用巡回监控的方式。质量控制的主要任务是监督管理制造厂商不断完善质量管理体系，监督检查材料进厂使用的质量控制、工艺过程、半成品的质量控制，复核专职质检人员质量检验的准确性、可靠性。监造人员根据设备制造计划及生产工艺安排，当设备制造进入某一特定部位或某一阶段时，监造人员对完成的零件、半成品的质量进行复核性检验，参加整机装配及整机出厂前的检查验收，检查设备包装、运输的质量措施。在设备制造过程中，监造人员要定期及不定期地到制造现场，检查了解设备制造过程的质量状况，发现问题及时处理。

（3）设置质量控制点监控。针对影响设备制造质量的诸多因素，设置质量控制点，做好预控及技术复核，实现制造质量的控制。

1）质量控制点的设置。质量控制点应设置在对设备制造质量有明显影响的特殊或关键工序处，或针对设备的主要、关键部件、加工制造的薄弱环节及易产生质量缺陷的工艺过程。

①设备制造图纸的复核；

②制造工艺流程安排，加工设备精度的审查；

③原材料、外购配件、零部件的进厂、出库，使用前的检查；

④零部件、半成品的检查设备、检查方法、采用的标准；试验人员岗位职责及技术水平；

⑤专职质检人员、试验人员、操作人员的上岗资格；

⑥工序交接见证点；

⑦成品零件的标识入库、出库管理；

⑧零部件的现场装配；

⑨出厂前整机性能检测（或预拼装）；

⑩出厂前装箱的检查确认。

2）质量控制点设置示例。钢结构焊接部件、机械类部件、电气自动化部件均是设备制造中的关键部件，其质量控制点设置如下：

①钢结构焊接部件。放样，切割下料尺寸、坡口焊接、部件组装、变形校正、油漆、无损探伤等工序及工艺过程。

②机械类部件。质量控制点应设置在调直处理、机械加工精度、组装等工序及工艺过程。

③电气自动化部件。元件、组件、部件组装前的检查，组装过程，仪表安装，线路布线，空载和负荷试验等。

2. 设备制造前的质量控制

（1）熟悉图纸、合同，掌握标准、规范、规程，明确质量要求。在总监理工程师的组织和指导下，监理工程师应熟悉和掌握设备制造图纸及有关技术说明和规范标准，掌握设计意图和各项设备制造的工艺规程要求以及采购订货合同中有关设备制造的各项规定。为确保设备质量，对可能存在的问题要通过建设单位向设备设计单位提出意见和建议。

（2）明确设备制造过程的要求及质量标准。参加建设单位组织的设备制造图纸的设计交底或制造图纸会审时，进一步明确设备制造过程的要求及质量标准。对图纸中存在的差错或问题通过建设单位向设计单位提出意见或建议。督促制造单位认真进行图纸核对，尤其是尺寸、公差、各种配合精度要求及时进行技术澄清。

（3）审查设备制造的工艺方案。设备制造单位必须根据设备制造图纸和技术文件的要求，采用先进合理并适合制造单位实际的工艺技术与流程，运用科学管理的方法，将加工设备、工艺设备、操作技术、检测手段和材料、能源劳动力等合理地组织起来，为设备制造做好生产技术准备。这种生产技术准备包括工艺设计、工艺装备设计与制造、主要及关键部件检验工艺设计和专用监测工具设计及制造、试车作业指导、包装作业指导、生产计划、外协作加工计划、原材料和毛坯准备、外购配件及元器件准备等。此外，当采用新工艺、新材料和新的工艺设备时，有时还需要先做试验，只有经过试验验证表明的确是新工艺、新材料、新包装才能运用于正式产品的生产中去。

（4）对设备制造分包单位的审查。总监理工程师应严格审查设备制造过程中分包单位的资质情况，分包的范围和内容，分包单位的实际生产能力和质量管理体系，试验、检验手段从资历符合的要求方面予以确认。

（5）检验计划和检验要求的审查。审查内容包括设备制造各阶段的检验部位、内容、方法，标准及检测手段、检测设备和仪器，制造厂的试验室资质，管理制度，符合要求后予以确认。

（6）对生产人员上岗资格的检查。监理工程师对设备制造的生产人员是否具有相应的技术操作证书、技术水平进行检查，符合要求的人员方可上岗。尤其是一些特殊作业工种，如电焊工、模具钳工、装配钳工、专用设备的操作人员（如靠模铣床、仿形铣床、立式车床、数控车床等的操作人员）。

（7）用料的检查。监理工程师应对设备制造过程中使用的原材料、外购配套件、元器件、标准件以及坯料的材质证明书、合格证书等质量证明文件及制造厂自检的检验报告进行审查，并对外购器件、外协作加工件和材料进行质量验收，符合规定后予以签认。

3. 设备制造过程的质量监控

制造过程的质量控制，是设备制造质量控制的重点，制造过程涉及到一系列不同的工序工艺作业，不同加工制造工艺形成的工序产品、零件、半成品。

（1）制造过程的监督和检验：

1）加工作业条件的控制。加工制造作业条件，包括作业开始前编制的工艺卡片、工艺流程、工艺要求，对操作者的技术交底，加工设备的完好情况及精度，加工制造车间的环境，生产调度安排，作业管理等，做好这些方面的控制，就为加工制造打下了一个好的基础。

2）工序产品的检查与控制。设备制造涉及诸多工艺过程或不同的工序。一般每一设备要经过铸造、锻造、机械加工、热处理、焊接、连接及组装等工序。控制零件加工制造中每道工序的加工质量是零件制造的基本要求，也是设备整体质量的保证。所以，在每道工序中都要进行加工质量的检验。

检验是对零件制造的质量特性进行测量、检查、试验和计量，并将检验的数据与设计图纸或者工艺流程规定的数据比较，判断质量特性符合性，从而鉴别零件是否合格，为每道工序把好关。同时，零件检验还要及时汇总和分析质量信息，为采取纠正措施提供依据。

因此，这种监督和检查包括：监督零件加工制造是否按工艺规程的规定进行、零件制造是否经检验合格后才转入下一道工序、主要及关键零件的材质和主要及关键零件的关键工序以及它的检验是否严格执行图纸和工艺的规定。这种检查要包括操作者自检与下道工序操作者的交检，车间或工厂质检科专业质检员的专业检查及监理工程师的抽检，复验或检查。

　　3）不合格零件的处置。监理工程师应掌握不合格零件的情况，分析产生的原因并指令设备制造单位消除造成不合格的因素。

　　监理工程师还应掌握返修零件的情况，检查返修工艺和返修文件的签署，检查返修件的质量是否符合要求。

　　当监理工程师认为设备制造单位的制造活动不符合质量要求时，应指令设备制造单位进行整改、返修或返工，当发生质量失控或重大质量事故时，由总监理工程师下达暂停制造指令，提出处理意见，并及时报建设单位。

　　4）设计变更。在设备制造过程中，如由于设备订货方、原设计单位、监造单位或设备制造单位需要对设备的设计提出修改时，应由原设计单位进行设计变更，并由总监理工程师审核设计变更，以及因变更引起的费用增减和制造工期的变化，尤要注意设计变更不得降低设备质量，设计变更应得到建设单位的同意。

　　5）零件、半成品、制成品的保护。监督设备制造单位对已合格的零部件做好储存、保管，防止遭受污染、锈蚀及控制系统的失灵，避免配件、备件的遗失。做好零件入库、出库的管理（领用及登记等）。

　　（2）设备的装配和整机性能检测。设备的试车和整机性能检测是设备制造质量的综合评定，是设备出厂前质量控制的重要检测阶段。

　　1）设备装配过程的监督。装配是指将合格的零件和外购配套件、元器件按设计图纸的要求和装配工艺的规定进行配合、定位和连接，将它们装配在一起并调整零件之间的关系，使之形成具有规定的技术性能的设备。

　　监理工程师应监督整个装配过程，检查配合面的配合质量、零部件的定位质量及它们的连接质量、运动件的运动精度等，当符合装配质量要求时予以签认。

　　2）监督设备的调整试车和整机性能检测。按设计要求及合同规定，如设备需进行出厂前的试车或整机性能检测，监理工程师在接到制造厂的申请后，经审查，如认为已达到条件，则应批准制造厂的申请，此时，总监理工程师应组织专业监理工程师参加设备的调整试车和整机性能检测，记录数据，验证设备是否达到合同规定的技术质量要求，是否符合设计和设备制造规程的规定，符合要求后予以签认。

　　（3）设备出厂的质量控制：

　　1）出厂前的检查。为了防止零件锈蚀、使设备美观协调以及为满足其他方面的要求，设备制造单位必须要对零件和设备涂防锈油脂或涂装漆，此项工作也常穿插在零件制造和装配中进行。

　　在设备运往现场前，监理工程师应按设计要求检查设备制造单位对待运设备采取的防护和包装措施，并应检查是否符合运输、装卸、储存、安装的要求，以及相关的随机文件、装箱单和附件是否齐全，符合要求后由总监理工程师签认同意后方可出厂。

　　2）设备运输的质量控制。为保证设备的质量，制造单位在设备运输前应做好包装工作和制订合理的运输方案。监理工程师要对设备包装质量进行检查、审查设备运输方案。

　　①包装的基本要求。设备在运输过程中要经受多次装卸和搬运，为此，必须采取良好的防湿、防潮、防尘、防锈和防振等保护措施进行运输、包装，确保设备安全无损运抵安装现场。

必须按照国家或国际包装标准及订货合同规定的某些特殊运输包装条款进行包装，满足验箱机构的检验。

运输前应对放置形式、装卸起重位置等进行标识。

运输前应核对、检查设备及其配件的相关随机文件、装箱单和附件等资料。

②运输方案的审查。审查设备运输方案，特别是大型、关键设备的运输，包括运输前的准备工作，运输时间、运输方式、人员安排、起重和加固方案，是整机运输，还是分部件拆装运输。

对承运单位的审查，包括考察其承运实力、技术水平、运输条件及服务、信誉等。

审查办理海关、保险业务的情况。

审查运货台账、运输状态报告的准备情况。

运输安全措施。

3）设备运输中重点环节的控制：

①检查整个运输过程是否按审批后的运输方案执行，督促运输措施的落实。

②监督主要设备和进口设备的装卸工作并做好记录，若发现问题应及时提出并会同有关单位做好文件签署手续。

③检查运输过程中设备储存场所的环境和储存条件是否符合要求，督促设备保管部门定期检查和维护储存的设备。

④在装卸、运输、储存过程中，检查是否根据包装标志的示意及存放要求处理。

4）设备交货地点的检查与清点：

①现场接货准备工作的检查。

②设备交货的检查和清点。

审查制定的开箱检验方案，以及检查措施的落实情况。

应在开箱前按合同规定确定是否需要由设备制造单位、订货单位、建设单位代表、设计单位代表参加。进口设备还需海关、商检等部门共同参加。

（4）质量记录资料的监控。质量记录资料是设备制造过程质量状况的记录，它不但是设备出厂验收的内容，对今后的设备使用及维修也有意义。质量记录资料包括质量管理资料，设备制造依据，制造过程的检查、验收资料，设备制造原材料、构配件的质量资料。

1）制作单位质量管理检查资料。包括质量管理制度、质量责任制、试验检验制度，试验、检测仪器设备质量证明资料，特殊工种、试验检测人员上岗证书，分包制造单位的资质及总制造单位的管理制度，原材料进场复验检查规定，零件、外购部件进场检查制度。

2）设备制造依据及工艺资料。包括制造检验技术标准，设计图审查记录，制造图、零件图、装配图、工艺流程图，工艺设计，工艺设备设计及制造资料，主要及关键部件检验工艺设计和专用检测工具设计制造资料。

3）设备制造材料的质量记录。包括原材料进厂合格资料，进厂后材料理化性能检测复验报告，外购零部件的质量证明资料。

4）零部件加工检查验收资料。包括工序交接检查验收记录，焊接探伤检测报告，监理工程师检查验收资料，设备试装、试拼记录，整机性能检测资料，设计变更记录，不合格零配件处理返修记录。

5）监理工程师对质量记录资料的要求。质量资料要真实、齐全完整，相关人员的签字齐备，结论要准确；质量资料与制造过程要同步；组卷、归档要符合接收及安装单位的规定。

（三）设备安装的质量控制

设备安装要按设计文件实施，要符合有关的技术要求和质量标准。设备安装应从设备开箱起，直至设备的空载试运转，必须带负荷才能试运转的应进行负荷试运转。在安装过程中，监理工程师要做好安装过程的质量监督与控制，对安装过程中每一个分项、分部工程和单位工程进行检查质量验收。

1. 设备安装准备阶段的质量控制

（1）审查安装单位提交的设备安装施工组织设计和安装施工方案。

（2）检查作业条件。如运输道路、水、电、气、照明及消防设施；主要材料、机具及劳动力是否落实，土建施工是否已满足设备安装要求。安装工序中有恒温、恒湿、防振、防尘、防辐射要求时是否有相应的保证措施。当气象条件不利时是否有相应的措施。

（3）采用建筑结构作为起吊、搬运设备的承力点时是否对结构的承载力进行了核算，是否征得设计单位的同意。

（4）设备安装中采用的各种计量和检测器具、仪器、仪表和设备是否符合计量规定（精度等级不得低于被检对象的精度等级）。

（5）检查安装单位的质量管理体系是否建立及健全，督促其不断完善。

2. 设备安装过程的质量控制

设备安装过程的质量控制主要包括设备基础检验、设备就位、调平与找正、二次灌浆等不同工序的质量控制。

（1）质量控制要点：

1）安装过程中的隐蔽工程，隐蔽前必须进行检查验收，合格后方可进入下道工序。

2）设备安装中要坚持施工人员自检，安装单位专职质检人员及监理工程师的复检（和抽检），并对每道工序进行检查和记录。

3）安装过程使用的材料，如各种清洗剂、油脂、润滑剂、紧固件等必须符合设计和产品标准的规定，有出厂合格证明及安装单位自检结果。

图 2-14 设备基础的安装现场

（2）设备基础的质量控制。设备在安装就位前，安装单位应对设备基础进行检验，在其自检合格后提请监理工程师进行检查。一般检查基础的外形几何尺寸、位置、混凝土强度等项。对大型设备基础应审核土建部门提供的预压及沉降观测记录，如无记录时，应进行基础预压，以免设备在安装后出现基础下沉和倾斜。图 2-14 为设备基础的安装现场。

监理工程师对设备基础检查验收时还应注意：

1）所在基础表面的模板、地脚螺栓、固定架及露出基础外的钢筋等必须拆除，基础表面及地脚螺栓预留孔内油污、碎石、泥土及杂物、积水等，应全部清除干净，预埋地脚螺栓的螺纹和螺母应保护完好，放置垫铁部位的表面应凿平。

2）所有预埋件的数量和位置要正确。对不符合要求的质量问题，应指令承包单位立即进行处理，直至检验合格为止。

（3）设备就位和调平找正：

1）设备就位的质量控制。正确地找出并划定设备安装的基准线，然后根据基准线将设备安放到正确位置上，统称就位。这个"位置"是指平面的纵、横向位置和标高。监理工程师的质量控制，就是对安装单位的测量结果进行复核，并检查其测量位置是否符合要求。此外，监理工程师还应注意，设备就位应平稳，防止摇晃位移；对重心较高的设备，应要求安装单位采取措施预防失稳倾覆。

2）设备调平找正的质量控制。设备调平找正分为设备找正、设备初平及设备精平三个步骤。

设备找正调平时需要有相应的基准面和测点。安装单位所选择的测点应有足够的代表性（能代表其所在的侧面和线），且数量也不宜太多，以保证调整的效率；选择的测点数应保证安装的最小误差。一般情况下，对于刚性较大的设备，测点数可较小；对于易变形的设备，测点应适当增多。监理工程师要对安装单位选择的测点进行检查及确认，对设备调平找正使用工具、量具的精度进行审核，以保证精度满足质量要求。

对安装单位进行设备初平、精平的方法进行审核或复验（如安装水平度的检测，垂直度的检测，直线度的拉测，平面度的检测，平行度的检测，同轴度的检测，跳动检测，对称度的检测等），以保证设备调平找正达到规范的要求。图 2-15 为设备调平与找正施工现场。

图 2-15　设备调平与找正施工现场

（4）设备的复查与二次灌浆。每台设备在安装定位、找正调平以后，安装单位要进行严格的复查工作，使设备的标高、中心和水平及螺栓调整垫铁的紧度完全符合技术要求，并将实测结果记录在质量表格中。安装单位经自检确认符合安装技术标准后，应提请监理工程师进行检验，经监理工程师检查合格，安装单位方可进行二次灌浆工作。图 2-16 为设备安装时的二次灌浆。

（5）设备安装质量记录资料的控制。同设备制造类似，设备安装的质量记录资料反映了整个设备安装过程，对今后的设备运行及维修也具有一定意义。

1）安装单位质量管理检查资料。安装单位的质量管理制度，质量责任制，安装工程施工组织设计，安装方案；分包单位的资质及总包单位的管理制度；特殊作业人员上岗证书；安装作业安全制度。

图 2-16　设备安装二次灌浆

2）安装依据。设备安装图，图纸审查记录；作业技术标准；安装设备质量文件资料；安装作业交底资料。

3）设备、材料的质量证明资料。如原材料、构配件进厂复验资料；试验检测资料；设备的验收资料。

4）安装设备验收资料。安装施工过程隐蔽工程验收记录（如基础、管道等）；工序交接验收记录；设备安装后整机性能检测报告；试装、试拼记录，安装过程中设计变更资料；安装过程不合格品处理及返修、返工记录。

5）监理工程师对资料的要求：

①安装的质量记录资料要真实、齐全完整，签字齐备；

②所有资料结论要明确；

③质量记录资料要与安装过程的各阶段同步；

④组卷、归档要符合建设单位及接收使用单位的要求，国际投资的大型项目，资料应符合国际重点工程对验收资料的要求。

3. 设备试运行的质量控制

设备安装经检验合格后，还必须进行试运转，这是确保设备配套投产正常运转的重要环节。

（1）设备试运行条件的控制。设备安装单位认为达到试运行条件时，应向项目监理机构提出申请。经现场监理工程师检查并确认满足设备试运行条件时，由总监理工程师批准设备安装承包单位进行设备试运行。试运行时，建设单位及设计单位应有代表参加。

生产设备试运行条件有以下几点：

1）设备及其附属装置、管路等全部施工安装完毕，施工记录及质量控制资料齐备，并经监理工程师检查符合要求；设备的精平和几何精度检验合格；润滑、液压、冷却、水、气（汽）、电气（仪器）控制等附属装置按系统检验完毕、符合试运行的要求；

2）需要的能源、介质、材料、工机具、检测仪器、安全防护设施及用具等符合试运行的要求；

3）大型、复杂、精密仪器，试运行方案或操作规程已由安装单位编制完成，并经总监理工程师及建设单位审查批准；

4）参加试运行的施工人员熟悉设备的构造、性能、设备技术文件，掌握操作规程及试运行操作，安装单位完成了相关的技术交底；

5）经现场检查设备及周围环境已清扫干净，设备附近没有粉尘或噪声较大的作业。

（2）试运行过程的质量控制。监理工程师在设备试运行过程的质量控制主要是监督安装单位按规定的步骤和内容进行试运行。

1）设备试运行的步骤及内容。一般中小型单体设备如机械加工设备，可只进行单机试车后即可交付生产。对复杂的、大型的机组、生产作业线等，特别是化工、石油、冶金、化纤、电力等连续生产的企业，必须进行单机、联动、投料等试车阶段。

试运行一般可分为准备工作、单机试车、联动试车、投料试车和试生产四个阶段来进行。前一阶段是后一阶段试车的准备，后一阶段的试车必须在前一阶段完成后才能进行。

大型项目设备试运行的顺序，要根据安装施工的情况而定，但一般是公用工程的各个项目先试车，然后再对产品生产系统的各个装置进行试车。试运行中，应坚持下述步骤：

①先无负荷到有负荷；

②由部件到组件，由组件到单机，由单机到机组；

③分系统进行，先主动系统后从动系统；

④先低速逐级增至高速；

⑤先手控、后遥控运转，最后进行自控运转。

2）设备试运行过程的质量控制。监理工程师应参加试运行的全过程，督促安装单位做好各种检查及记录，如传动系统、电气系统、润滑、液压、气动系统的运行状况，试车中如出现异常，应立即进行分析并指令安装单位采取相应措施。

二、实训部分

（一）概念

设备质量是设备安装质量的前提，为确保设备质量，监理工程师需做好设备检查验收的质量控制。设备的检查验收包括供货单位出厂前的自查检验，以及用户或安装单位在进入安装现场后的检查验收。

1. 设备检验的要求

设备进场时，要按清单对设备的名称、型号、规格、数量逐一检查验收，其检查的要求如下：

（1）对整机装运的新购设备，应进行运输质量及供货情况的检查。对有包装的设备，应检查包装是否受损；对无包装的设备，则可直接进行设备外观检查及附件、备品的清点。对进口设备，则要进行开箱全面检查。若发现设备有较大损伤，应做好详细记录或照相，并尽快与运输部门或供货厂家交涉处理。

（2）对解体装运的自组装设备，在对总成、部件及随机附件、备品进行外观检查后，应尽快组织工地组装并进行必要的检测试验。因为该类设备在出厂时抽样检查的比例很小，一般不超过3％左右，其余的只做部件及组件的分项检验，而不做总装试验。

关于保修期及索赔期的规定为：一般国产设备从发货日起12～18个月；进口设备6～12个月。有合同规定者按合同执行。对进口设备，应力争在索赔期的上半年或迟至9个月内安装调试完毕，以争取3～6个月的时间进行生产考验，发现问题及时提出索赔。

（3）工地交货的机械设备，一般都由制造厂在工地进行组装、调试和生产性试验，自检合格后才提请订货单位复验，待试验合格后，才能签署验收。

（4）调拨的旧设备的测试验收，应基本达到"完好设备"的标准。全部验收工作，应在调出单位所在地进行，若测试不合格就不装车发运。

（5）对于永久性或长期性的设备改造项目，应按原批准方案的性能要求，经一定的生产实践考验并鉴定合格后才予验收。

（6）对于自制设备，在经过 6 个月的生产考验后，按试验大纲的性能指标测试验收，决不允许擅自降低标准。

2. 设备检验的质量控制

设备的检验是一项专业性、技术性较强的工作，需要求建设、设计、施工、安装、制造、监理等有关部门参加。重要的关键性大型设备，应由建设单位组织鉴定小组进行检验。一切随机的原始材料、自制设备的设计计算资料、图纸、测试记录、验收鉴定结论等应全部清点，整理归档。

（1）制订设备检验计划：

1）设备检查验收前，设备安装单位要提交设备检查验收方案，包括验收方法，质量标准，检查验收的依据，经监理工程师审查同意后进行实施。

2）监理工程师要做好质量控制计划，质量计划要包括设备检查验收的程序，检查项目、标准、检验、试验要求，设备合格证等质量控制资料的要求，是否应具有权威性的质量认证等。

（2）执行设备检验程序：

1）设备进入安装现场前，总承包单位或安装单位应向项目监理机构提交《工程材料/构配件/设备报审表》，同时附有设备出厂合格证及技术说明书、质量检验证明、有关图纸及技术资料，经监理工程师审查，如符合要求，则予以签认，设备方可进入安装现场。

2）设备进场后，监理工程师应组织设备安装单位在规定时间内进行检查，此时供货方或设备制造单位应派人参加，按供货方提供的设备清单及技术说明书、相关质量控制资料进行检查验收，经检查确认合格，则验收人员签署验收单。如发现供货方质量控制资料有误，或实物与清单不符，或对质量文件资料的正确有怀疑，或设计文件及验收规程规定必须复验合格后才可安装，应由有关部门进行复验。

3）如经检验发现设备质量不符合要求时，则监理工程师拒绝签认，由供货方或制造单位予以更换或进行处理，合格后再进行检查验收。

4）工地交货的大型设备，一般由厂方运至工地后组装、调整和试验，经自检合格后再由监理工程师组织复核，复验合格后才予以验收。

5）进口设备的检查验收，应会同国家商检部门进行。

3. 设备检验方法

（1）设备开箱检查。设备出厂时，一般都要进行良好的包装，运到安装现场后，再将包装箱打开予以检查。设备开箱检查，建设单位和设计单位应派代表参加。设备开箱应按下列项目进行检查并做好记录。

1）箱号、箱数以及包装情况；

2）设备的名称、型号和规格；

3）装箱清单、设备的技术文件、资料及专用工具；

4）设备有无缺损件，表面有无损坏和锈蚀等；

5）其他需要记录的情况。

在设备开箱检查中，设备及其零部件和专用工具，均应妥善保管，不得使其变形、损坏、锈蚀、错乱和丢失。

（2）设备的专业检查。设备的开箱检查，主要是检查外表，初步了解设备的完整程度，零部件、备品是否齐全；而对设备的性能、参数、运转情况的全面检验，则应根据设备类型的不同进行专项的检验和测试，如承压设备的水压试验、气压试验、气密性试验。

（3）单机无负荷试车或联动试车。

4. 不合格设备的处理

（1）大型或专用设备。检验及鉴定其是否合格均有相应的规定，一般要经过试运转及一定时间的运行方能进行判断，有的则需要组成专门的验收小组或经权威部门鉴定。

（2）一般通用或小型设备：

1）出厂前装配不合格的设备，不得进行整机检验，应拆卸后找出原因制定相应的方案后再行装配。

2）整机检验不合格的设备不能出厂。由制造单位的相关部门进行分析研究，找出原因、提出处理方案，如是零部件原因，则应进行拆换；如是装配原因，则重新进行装配。

3）进场验收不合格的设备不得安装，由供货单位或制造单位返修处理。

4）试车不合格的设备不得投入使用，并由建设单位组织相关部门进行研究处理。

（二）实训案例

实训案例一

某监理单位承担了一工业项目的施工监理工作。经过招标，建设单位选择了甲、乙施工单位分别承担 A、B 标段工程的施工，并按照《建设工程施工合同（示范文本）》分别和甲、乙施工单位签订了施工合同。建设单位与乙施工单位在合同中约定，B 标段所需的部分设备由建设单位负责采购。乙施工单位按照正常的程序将 B 标段的安装工程分包给丙施工单位。在施工过程中，专业监理工程师对 B 标段进场的配电设备进行检验时，发现由建设单位采购的某设备不合格，建设单位对该设备进行了更换，从而导致丙施工单位停工。因此，丙施工单位致函监理单位，要求补偿其被迫停工所遭受的损失并延长工期。

问题：

丙施工单位的索赔要求是否应该向监理单位提出？为什么？对该索赔事件应如何处理？

实训案例二

某工业厂房工程于 1998 年 3 月 12 日开工，1998 年 10 月 27 日竣工验收合格。该厂房供热系统于 2001 年 2 月出现部分管道漏水，业主检查发现原施工单位所用管材与向监理工程师报验的不符。全部更换厂房供热管道需要人民币 30 万元，将造成该厂部分车间停产，损失人民币 20 万元。

业主就此事件提出如下要求：

（1）要求施工单位全部返工更换厂房供热管道，并赔偿停产损失的 60%（计人民币 12 万元）。

（2）要求监理公司对全部返工工程免费监理，并对停产损失承担连带赔偿责任，赔偿停产损失的 40%（计人民币 8 万元）。

施工单位答复如下：

该厂房供热系统已经超过国家规定的保修期，不予保修，也不同意返工，更不同意赔偿停产损失。

　　监理单位答复如下：

　　监理工程师已经对施工单位报验的管材进行了检查，符合质量标准，已经履行了监理职责。施工单位擅自更换管材，由施工单位负责，监理单位不承担任何责任。

　　问题：

　　(1) 依据现行法律、行政法规，请指出业主的要求和施工单位、监理单位的答复中各有哪些错误，为什么？

　　(2) 简述施工单位和监理单位各应负什么责任，为什么？

复习思考与训练题

一、单选题

1. (　　) 质量控制审核应侧重于生产工艺的安排是否先进、合理，生产技术是否先进等。

　　A. 初步设计　　　　　B. 总体设计　　　　　C. 技术设计　　　　　D. 方案设计

2. 设计方案招标，投标文件应由具有相应资格的 (　　) 签章，并加盖单位公章。

　　A. 注册结构工程师　　　　　　　　　B. 设计单位技术负责人

　　C. 设计单位法人代表　　　　　　　　D. 注册建筑师

3. 设计招标的评标原则，主要看方案的技术先进性，所达技术指标、方案的合理性，以及对工作项目投资的影响，不过分追求完成设计任务的 (　　)。

　　A. 时间长短　　　　　　　　　　　　B. 图纸详细程度

　　C. 报价高低　　　　　　　　　　　　D. 完成者的注册资格

4. 施工图的审核，应注重于反映 (　　)。

　　A. 技术方案要求是否得到满足

　　B. 各专业设计的质量标准和要求是否得到满足

　　C. 使用功能及质量要求是否得到满足

　　D. 是否使施工组织与生产操作得到满足

5. 施工图审核主要由项目总监理工程师负责组织 (　　) 进行。

　　A. 建设项目技术负责人　　　　　　　B. 施工技术负责人

　　C. 专业监理工程师　　　　　　　　　D. 项目设计负责人

6. 进口设备的保修期及索赔期一般规定从 (　　) 起 6~12 个月。

　　A. 发货日　　　　　B. 到货日　　　　　C. 订货日　　　　　D. 验收日

7. 对于进口设备的检查验收，监理工程师应会同 (　　) 进行检验。

　　A. 施工单位　　　　　　　　　　　　B. 建设单位代表

　　C. 国家商检部门　　　　　　　　　　D. 设计单位代表

8. 下面有关大型或专用设备的不合格处理的说法错误的是 (　　)。

　　A. 检验及鉴定其是否合格均有相应的规定

　　B. 一般要经过试运转及一定时间的运行方能进行判断

　　C. 如有争议应提交总监理工程师处理

D. 有时需要组成专门的验收小组或经权威部门鉴定

9. 工地交货的机械设备，一般由（　　）进行生产性试验。

  A. 承建单位　　　　B. 制造厂　　　　C. 使用单位　　　　D. 供货单位

二、多选题

1. 设计阶段监理工程师审核设计方案时，包括（　　）的内容。

  A. 总体方案审核　　　　　　　　B. 设计规模审核

  C. 建筑设计方案审核　　　　　　D. 结构设计方案审核

  E. 各专业设计方案审核

2. 施工图设计阶段的监理工作包括（　　）。

  A. 监督设计人员画图

  B. 对设计过程进行跟踪监理

  C. 审核设计单位交付的施工图及概（预）算文件

  D. 督促并控制设计单位按照委托设计合同约定的日期准时交付使用

  E. 监督设计人员结构计算

3. 在工程项目施工阶段，监理工程师对生产设备质量控制的主要内容包括（　　）。

  A. 设备的购置　　　　　　　　B. 设备加工制造方式

  C. 设备的检查验收　　　　　　D. 设备的安装

  E. 设备包装发运方式

4. 设备检验方法通常分为（　　）。

  A. 设备开箱检查　　　　　　　B. 设备的专业检查

  C. 单机无负荷试车或联动试车　D. 设备的资料检查

  E. 设备的外观检查

5. 设备试运行步骤为（　　）。

  A. 从无负荷到负荷　　　　　　B. 部件→组件→单机→机组

  C. 高速→低速　　　　　　　　D. 先主动系统后从动系统

  E. 自动→遥控→手控

三、问答题

1. 简述勘察设计质量的概念。

2. 勘察设计质量控制的依据是什么？

3. 施工图设计的深度要求是什么？

4. 简述施工图设计阶段监理质量控制程序。

5. 监理工程师施工图审核的主要内容是什么？

6. 设计交底的目的和主要内容是什么？

7. 图纸会审一般包括的主要内容有哪些方面？

8. 监理工程师控制设计变更应注意哪些主要问题？

9. 设备采购的方式有哪几种？分别适用于什么情况？

10. 设备制造的质量监控方式有哪几种？

11. 试述设备安装的质量控制工作。

12. 简述设备试运行的质量控制工作。

单元三 工程施工质量控制

项目一 施工质量控制概述

应知部分

工程施工是使工程设计意图最终实现并形成工程实体的阶段，也是最终形成工程产品质量和工程项目使用价值的重要阶段。因此施工阶段的质量控制不但是施工监理重要的工作内容，也是工程项目质量控制的重点。监理工程师对工程施工的质量控制，就是按合同赋予的权利，围绕影响工程质量的各种因素，对工程项目的施工进行有效的监督和管理。

（一）施工质量控制的系统过程

由于施工阶段是使工程设计意图最终实现并形成工程实体的阶段，是最终形成工程实体质量的过程，所以施工阶段的质量控制是一个由对投入的资源和条件的质量控制，进而对生产过程及各环节质量进行控制，直到对所完成的工程产出品的质量检验与控制为止的全过程的系统控制过程。这个过程可以根据在施工阶段工程实体质量形成的时间阶段不同来划分，也可以根据施工阶段工程实体形成过程中物质形态的转化来划分，或者是将施工的工程项目作为一个大系统，按施工层次加以分解来划分。

1. 按工程实体质量形成过程的时间阶段划分

施工阶段的质量控制可以分为以下三个环节。

（1）施工准备控制。施工准备控制指在各工程对象正式施工活动开始前，对各项准备工作及影响质量的各因素进行控制，这是确保施工质量的先决条件。

（2）施工过程控制。施工过程控制指在施工过程中对实际投入的生产要素质量及作业技术活动的实施状态和结果所进行的控制，包括作业者发挥技术能力过程的自控行为和来自有关管理者的监控行为。

（3）竣工验收控制。竣工验收控制指对通过施工过程所完成的具有独立的功能和使用价值的最终产品（单位工程或整个工程项目），及有关方面（例如质量文档）的质量进行控制。

上述三个环节的质量控制系统过程及其所涉及的主要方面如图3-1所示。

2. 按工程实体形成过程中物质形态转化的阶段划分

由于工程对象的施工是一项物质生产活动，所以施工阶段的质量控制系统过程也是一个经由以下三个阶段的系统控制过程。

（1）对投入的物质资源质量的控制。

（2）施工过程质量控制。即在使投入的物质资源转化为工程产品的过程中，对影响产品质量的各因素、各环节及中间产品的质量进行控制。

（3）对完成的工程产出品质量的控制与验收。

在上述三个阶段的系统过程中，前两阶段对于最终产品质量的形成具有决定性的作用，而所投入的物质资源的质量控制对最终产品质量又具有举足轻重的影响。所以，质量控制的系统过程中，无论是对投入物质资源的控制，还是对施工及安装生产过程的控制，都应当对

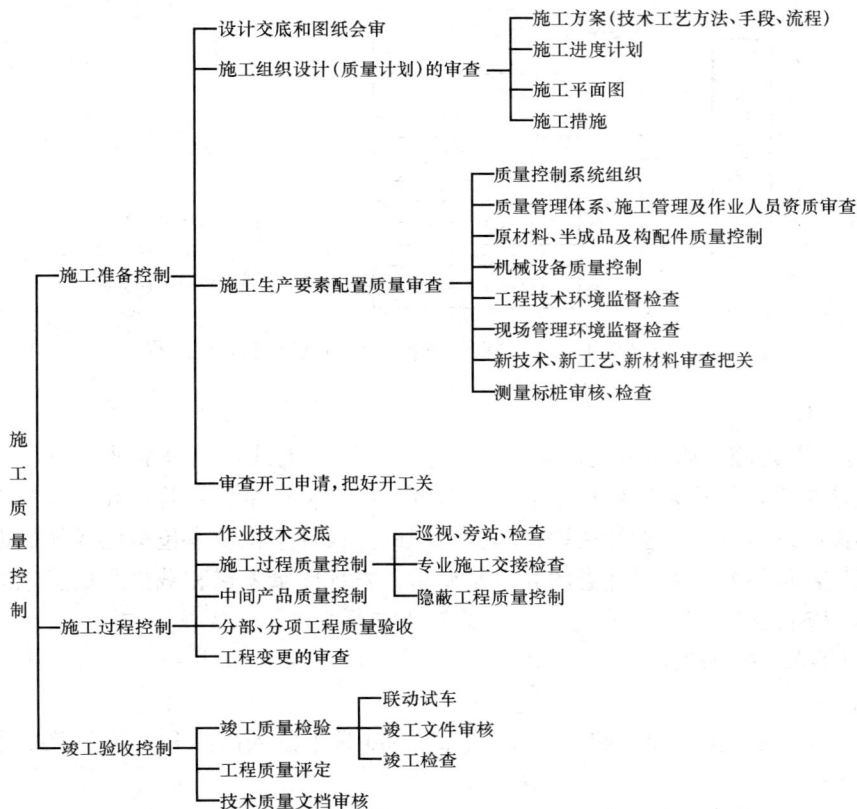

图 3-1　施工阶段质量控制的系统过程

影响工程实体质量的五个重要因素方面，即对施工有关人员因素、材料（包括半成品、构配件）因素、机械设备因素（生产设备及施工设备）、施工方法（施工方案、方法及工艺）因素以及环境因素等进行全面的控制。

3. 按工程项目施工层次划分的系统控制过程

通常任何一个大中型工程建设项目可以划分为若干层次。例如，对于建筑工程项目按照国家标准可以划分为单位工程、分部工程、分项工程、检验批等层次；而对于诸如水利水电、港口交通等工程项目则可划分为单项工程、单位工程、分部工程、分项工程等几个层次。各组成部分之间的关系具有一定的施工先后顺序的逻辑关系。显然，施工作业过程的质量控制是最基本的质量控制，它决定了有关检验批的质量；而检验批的质量又决定了分项工程的质量……各层次间的质量控制系统过程如图 3-2 所示。

（二）施工质量控制的依据

施工阶段监理工程师进行质量控制的依据，大体上有以下四类：

1. 工程合同文件

工程施工承包合同文件和委托监理合同文件中分别规定了参与建设各方在质量控制方面的权利和义务，有关各方必须履行在合同中的承诺。对于监理单位，既要履行委托监理合同的条款，又要督促建设单位、监督承包单位、设计单位履行有关的质量控制条款。因此，监理工程师要熟悉这些条款，据以进行质量监督和控制。

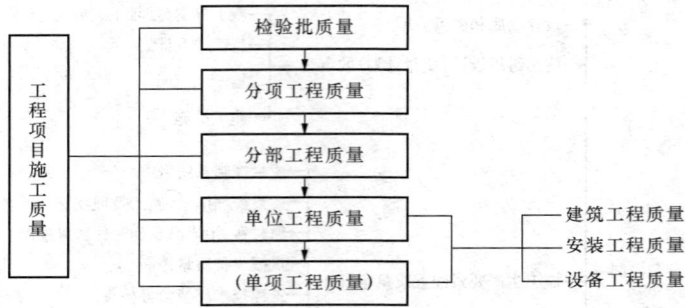

图 3-2　按工程项目施工层次划分的质量控制系统过程

2. 设计文件

"按图施工"是施工阶段质量控制的一项重要原则。因此，经过批准的设计图纸和技术说明书等设计文件，无疑是质量控制的重要依据。但是从严格质量管理和质量控制的角度出发，监理单位在施工前还应参加由建设单位组织的，设计单位及承包单位参加的设计交底及图纸会审工作，以达到了解设计意图和质量要求，发现图纸差错和减少质量隐患的目的。

3. 国家及政府有关部门颁布的有关质量管理方面的法律、法规性文件

(1)《中华人民共和国建筑法》(1997 年 11 月 1 日中华人民共和国主席令第 91 号发布，2011 年修订)；

(2)《建设工程质量管理条例》(2000 年 1 月 30 日中华人民共和国国务院令第 279 号发布)；

(3)《建筑业企业资质管理规定》(2007 年 6 月建设部令第 159 号)。

以上列举的是国家及建设主管部门所颁发的有关质量管理方面的法规性文件。这些文件都是建设行业质量管理方面所应遵循的基本法规文件。此外，其他各行业，如交通、能源、水利、冶金、化工等的政府主管部门和省、市、自治区的有关主管部门，也均根据本行业及地方的特点，制定和颁发了有关的法规性文件。

4. 有关质量检验与控制的专门技术法规性文件

这类文件一般是针对不同行业、不同的质量控制对象而制定的技术法规性的文件，包括各种有关的标准、规范、规程或规定。

技术标准有国际标准、国家标准、行业标准、地方标准和企业标准之分。它们是建立和维护正常的生产和工作秩序应遵守的准则，也是衡量工程、设备和材料质量的尺度。例如：工程质量检验及验收标准；材料、半成品或构配件的技术检验和验收标准等。技术规程或规范，一般是执行技术标准，保证施工有序地进行，而为有关人员制定的行动的准则，通常也与质量的形成有密切关系，应严格遵守。各种有关质量方面的规定，一般是由有关主管部门根据需要而发布的带有方针目标性的文件，它对于保证标准和规程、规范的实施和改善实际存在的问题，具有指令性和及时性的特点。此外，对于大型工程，特别是对外承包工程和外资、外贷工程的质量监理与控制中，可能还会涉及国际标准和国外标准或规范，当需要采用这些标准或规范进行质量控制时，还需要熟悉它们。

概括起来，属于这类专门的技术法规性的依据主要有以下几类：

(1) 工程项目施工质量验收标准。这类标准主要是由国家或部统一制定的，用以作为检

验和验收工程项目质量水平所依据的技术法规性文件。例如，评定建筑工程质量验收的《建筑工程施工质量验收统一标准》（GB 50300—2013）、《混凝土结构工程施工质量验收规范》（GB 50204—2002）（2010 年版）、《建筑装饰装修工程质量验收规范》（GB 50210—2001）等。对于其他行业，如水利、电力、交通等工程项目的质量验收，也有与之类似的相应的质量验收标准。

（2）有关工程材料、半成品和构配件质量控制方面的专门技术法规性依据：

1）有关材料及其制品质量的技术标准。诸如水泥、木材及其制品、钢材、砖瓦、砌块、石材、石灰、砂、玻璃、陶瓷及其制品；涂料、保温及吸声材料、防水材料、塑料制品；建筑五金、电缆电线、绝缘材料以及其他材料或制品的质量标准。

2）有关材料或半成品等的取样、试验等方面的技术标准或规程。例如木材的物理力学试验方法总则，钢材的机械及工艺试验取样法，水泥安定性检验方法等。

3）有关材料验收、包装、标志方面的技术标准和规定。例如型钢的验收、包装、标志及质量证明书的一般规定；钢管验收、包装、标志及质量证明书的一般规定等。

（3）控制施工作业活动质量的技术规程。例如电焊操作规程、砌砖操作规程、混凝土施工操作规程等。它们是为了保证施工作业活动质量在作业过程中应遵照执行的技术规程。

（4）凡采用新工艺、新技术、新材料的工程，事先应进行试验，并应有权威性技术部门的技术鉴定书及有关的质量数据、指标，在此基础上制定有关的质量标准和施工工艺规程，以此作为判断与控制质量的依据。

（三）施工质量控制的工作程序

在施工阶段全过程中，监理工程师要进行全过程、全方位的监督、检查与控制，不仅涉及最终产品的检查、验收，而且涉及施工过程的各环节及中间产品的监督、检查与验收。这种全过程、全方位的质量监理一般程序简要框图如图 3-3 所示。在每项工程开始前，承包单位须做好施工准备工作，然后填报《工程开工/复工报审表》（表 3-1），附上该项工程的开工报告、施工方案以及施工进度计划、人员及机械设备配置、材料准备情况等，报送监理工程师审查。若审查合格，则由总监理工程师批复准予施工。否则，承包单位应进一步做好施工准备，待条件具备时，再次填报开工申请。

在施工过程中，监理工程师应督促承包单位加强内部质量管理，严格质量控制。施工作业过程均应按规定工艺和技术要求进行。在每道工序完成后，承包单位应进行自检，自检合格后，填报《＿＿＿＿报验申请表》（表 3-2）交监理工程师检验。监理工程师收到检查申请后应在合同规定的时间内到现场检验，检验合格后予以确认。

只有上一道工序被确认质量合格后，方能准许下道工序施工，按上述程序完成每道工序。当一个检验批、分项、分部工程完成后，承包单位首先对检验批、分项、分部工程进行自检，填写相应质量验收记录表，确认工程质量符合要求，然后向监理工程师提交《＿＿＿＿报验申请表》（表 3-2）附上自检的相关资料，经监理工程师现场检查及对相关资料审核后，符合要求予以签认验收，反之，则指令承包单位进行整改或返工处理。

在施工质量验收过程中，涉及结构安全的试块、试件以及有关材料，应按规定进行见证取样检测；如混凝土抗渗试块、混凝土抗压强度试块等，如图 3-4、3-5 所示；对涉及结构安全和使用功能的重要分部工程，应进行抽样检测，承担见证取样检测及有关结构安全检测的单位应具有相应资质。

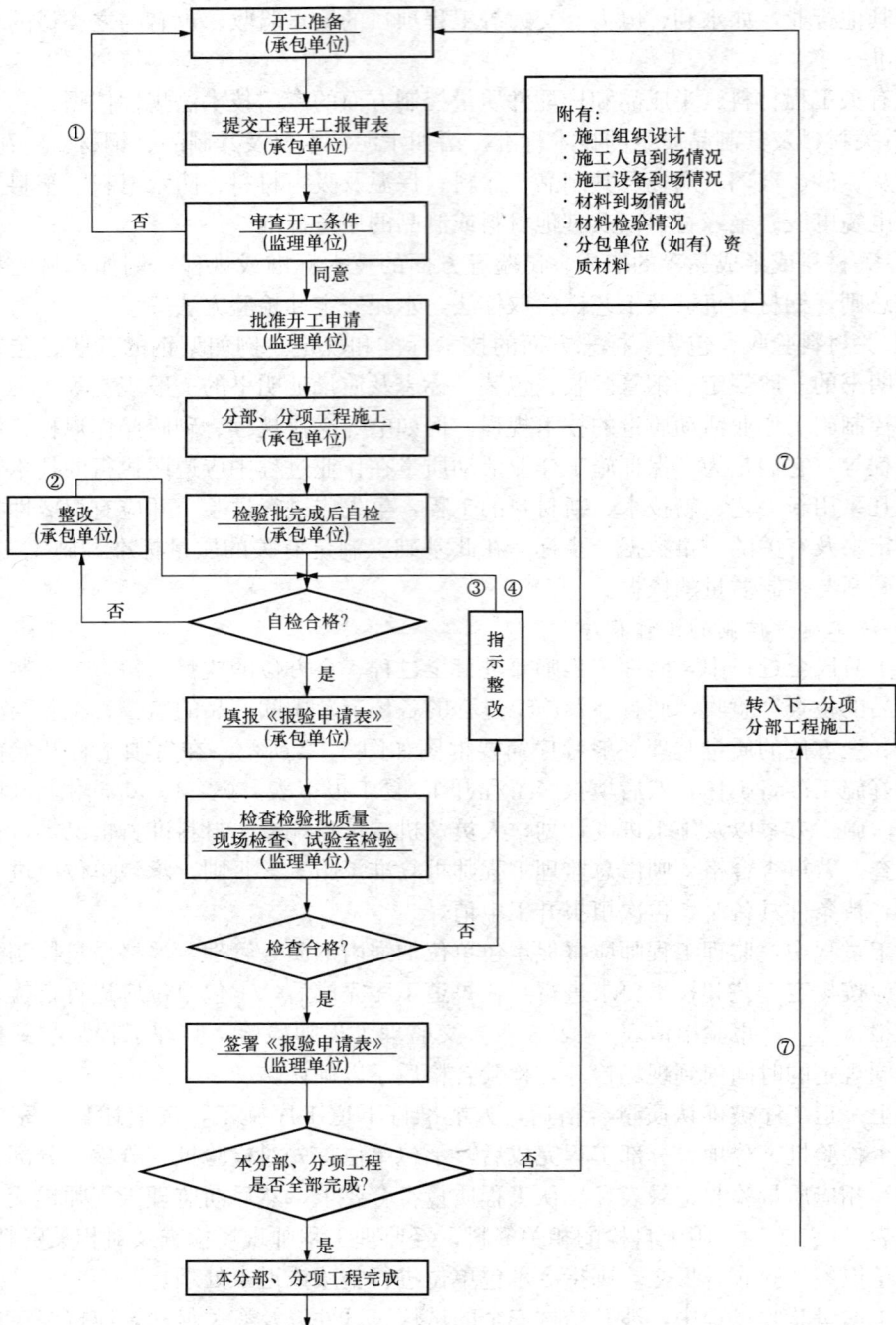

图 3-3　施工阶段工程质量控制工作流程图（一）

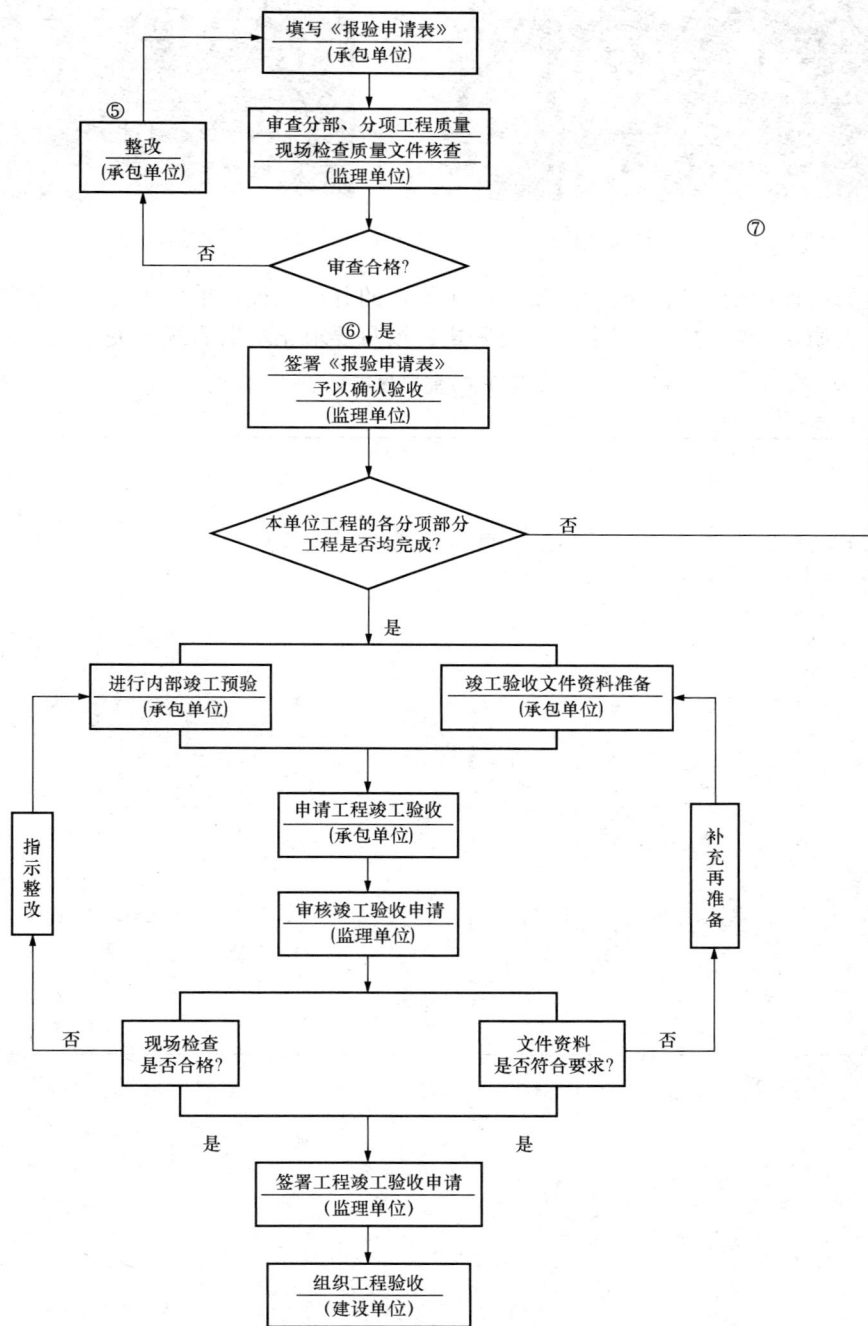

图 3-3　施工阶段工程质量控制工作流程图（二）

图 3-4 混凝土抗渗试块

图 3-5 混凝土抗压强度试块

通过返修或加固处理仍不能满足安全使用要求的分部工程、单位工程严禁验收。

关于施工质量验收的详细规定、有关表式、填写要求见本书后续有关单元。

表 3-1   **工程开工/复工报审表**

工程名称：   编号：

致：   （监理单位）

    我方承担的_____工程，已完成了以下各项工作，具备了开工/复工条件，特此申请施工，请核查并签发开工/复工指令。

    附件：1. 开工报告

           2.（证明文件）

        承包单位（章）_____

           项目经理 _____

           日   期 _____

审查意见：

        项目监理机构 _____

           总监理工程师 _____

           日   期 _____

表 3 - 2　　　　　　　　　　　_____报验申请表

工程名称：　　　　　　　　　　　　　　　　　　　　　　　　　　　　编号：

致：　　　　　　　　　　　　　　　　　　　　　　　　　　　　（监理单位） 　　我单位已完成了_____工作，现报上该工程报验申请表，请予以审查和验收。 　　附件：   　　　　　　　　　　　　　　　　　　　　　　　承包单位（章）_____ 　　　　　　　　　　　　　　　　　　　　　　　项目经理_____ 　　　　　　　　　　　　　　　　　　　　　　　日　　期_____
审查意见：   　　　　　　　　　　　　　　　　　　　　　　　项目监理机构_____ 　　　　　　　　　　　　　　　　　　　　　　　总/专业监理工程师_____ 　　　　　　　　　　　　　　　　　　　　　　　日　　期_____

项目二　施工准备的质量控制

一、应知部分

（一）施工承包单位资质的核查

1. 施工单位资质的分类

国务院建设行政主管部门为了维护建筑市场的正常秩序，加强管理，保障承包单位的合法权益和保证工程质量，制订了建筑业企业资质等级标准。承包单位必须在规定的范围内进行经营活动，且不得超范围经营。建设行政主管部门对承包单位的资质实行动态管理，建立相应的考核，资质升降及审查规定。

施工承包企业按照其承包工程能力，划分为施工总承包、专业承包和劳务分包三个序列。这三个序列按照工程性质和技术特点分别划分为若干资质类别，各资质类别按照规定的条件划分为若干等级。

（1）施工总承包企业。获得施工总承包资质的企业，可以对工程实行施工总承包或者对主体工程实行施工承包，施工总承包企业可以将承包的工程全部自行施工，也可以将非主体工程或者劳务作业分包给具有相应专业承包资质或者劳务分包资质的其他建筑业企业。施工总承包企业的资质按专业类别共分为 12 个资质类别，每一个资质类别又分成特级、一级、二级、三级。如图 3 - 6 为施工总承包企业的资质证书样式。

（2）专业承包企业。获得专业承包资质的企业，可以承接施工总承包企业分包的专业工程或者建设单位按照规定发包的专业工程。专业承包企业可以对所承接的工程全部自行施

图 3-6　施工总承包企业资质证书样式

工，也可以将劳务作业分包给具有相应劳务分包资质的劳务分包企业。专业承包企业资质按专业类别共分为 60 个资质类别，每一个资质类别又分为一、二、三级。如图 3-7 为专业承包企业资质证书样式。

（3）劳务分包企业。获得劳务分包资质的企业，可以承接施工总承包企业或者专业承包企业分包的劳务作业。劳务承包企业有十三个资质类别，如木工作业、砌筑作业、钢筋作业、架线作业等。有的资质类别分成若干级，有的则不分级，如木工、砌筑、钢筋作业劳务分包企业资质分为一级、二级。油漆、架线等作业劳务分包企业则不分级。如图 3-8 为劳务分包企业资质证书样式。

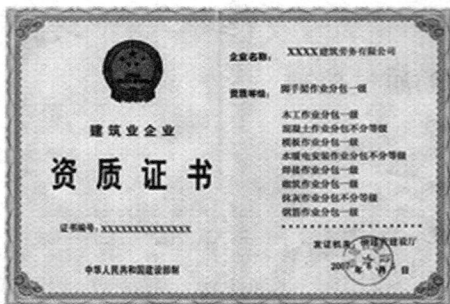

图 3-7　专业承包企业资质证书样式　　　　图 3-8　劳务分包企业资质证书样式

2. 监理工程师对施工承包单位资质的审核

（1）招投标阶段对承包单位资质的审查。

1）根据工程的类型、规模和特点，确定参与投标企业的资质等级，并取得招投标管理部门的认可。

2）对符合参与投标承包企业的考核。

①查对《营业执照》及《建筑业企业资质证书》，并了解其实际的建设业绩、人员素质、管理水平、资金情况、技术装备等。

②考核承包企业近期的表现，查对年检情况，资质升降级情况，了解其有否工程质量、施工安全、现场管理等方面的问题，企业管理的发展趋势，质量是否是上升趋势，选择向上发展的企业。

③查对近期承建工程，实地参观考核工程质量情况及现场管理水平。在全面了解的基础

上，重点考核与拟建工程类型、规模和特点相似或接近的工程。优先选取创出名牌优质工程的企业。

（2）对中标进场从事项目施工的承包企业质量管理体系的核查。

1）了解企业的质量意识，质量管理情况，重点了解企业质量管理的基础工作、工程项目管理和质量控制的情况。

2）贯彻 ISO9000 标准、体系建立和通过认证的情况。

3）企业领导班子的质量意识及质量管理机构落实、质量管理权限实施的情况等。

4）审查承包单位现场项目经理部的质量管理体系。

承包单位健全的质量管理体系，对于取得良好的施工效果具有重要作用，因此，监理工程师做好承包单位质量管理体系的审查，是搞好监理工作的重要环节，也是取得好的工程质量的重要条件。

①承包单位向监理工程师报送项目经理部的质量管理体系的有关资料，包括组织机构、各项制度、管理人员、专职质检员、特种作业人员的资格证、上岗证、试验室。

②监理工程师对报送的相关资料进行审核，并进行实地检查。

③经审核，承包单位的质量管理体系满足工程质量管理的需要，总监理工程师予以确认；对于不合格人员，总监理工程师有权要求承包单位予以撤换，不健全、不完善之处要求承包单位尽快整改。

（二）施工组织设计（质量计划）的审查

1. 质量计划与施工组织设计

质量计划是质量策划结果的一项管理文件。对工程建设而言，质量计划主要是针对特定的工程项目为完成预定的质量控制目标，编制专门规定的质量措施、资源和活动顺序的文件。其作用是：对外作为针对特定工程项目的质量保证，对内作为针对特定工程项目质量管理的依据。根据质量管理的基本原理，质量计划包含为达到质量目标、质量要求的计划、实施、检查及处理这四个环节的相关内容，即 PDCA 循环，其示意图如图 3-9 所示。具体而言，质量计划应包括下列内容：编制依据；项目概况；质量目标；组织机构；质量控制及管理组织协调的系统描述；必要的质量控制手段，检验和

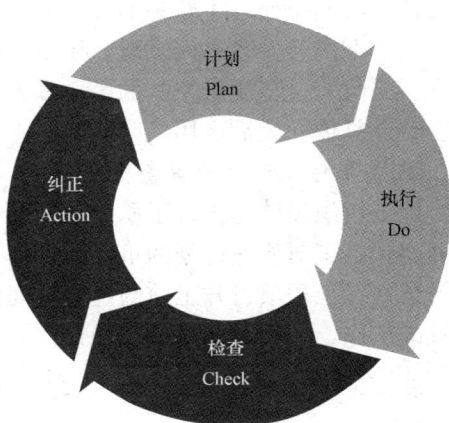

图 3-9 PDCA 循环示意图

试验程序等；确定关键过程和特殊过程及作业的指导书；与施工过程相适应的检验、试验、测量、验证要求；更改和完善质量计划的程序等。

（1）P——计划。计划主要是确定为达到预期的各项质量目标，通过施工组织设计文件的编制，提出作业技术活动方案，即施工方案，包括施工工艺、方法、机械设备、脚手模具等施工手段配置的技术方案和施工区段划分、施工流向、工艺顺序及劳动组织等组织方案。

（2）D——实施。进行质量计划目标和施工方案的交底，落实相关条件并按质量计划的目标所确定的程序和方法展开作业技术活动。

（3）C——检查。首先是检查有没有严格按照预定的施工方案认真执行，其次是检查实际的施工结果是否达到预定的质量要求。

（4）A——处理。对检查中发现偏离目标值的纠偏及改正，出现质量不合格的处置及不合格的预防。包括应急措施和预防措施与持续改进的途径。

国外工程项目中，承包单位要提交施工计划及质量计划。施工计划是承包单位进行施工的依据，包括施工方法、工序流程、进度安排、施工管理及安全对策、环保对策等。在我国现行的施工管理中，施工承包单位要针对每一特定工程项目进行施工组织设计，以此作为施工准备和施工全过程的指导性文件。为确保工程质量，承包单位在施工组织设计中加入了质量目标、质量管理及质量保证措施等质量计划的内容。

质量计划与现行施工管理中的施工组织设计有相同的地方，又存在着差别：

（1）对象相同。质量计划和施工组织设计都是针对某一特定工程项目而提出的。

（2）形式相同。二者均为文件形式。

（3）作用既相同又存在区别。投标时，投标单位向建设单位提供的施工组织设计或质量计划的作用是相同的，都是对建设单位作出工程项目质量管理的承诺；施工期间承包单位编制的详细的施工组织设计仅供内部使用，用于具体指导工程项目的施工，而质量计划的主要作用是向建设单位作出保证。

（4）编制的原理不同。质量计划的编制是以质量管理标准为基础的，从质量职能上对影响工程质量的各环节进行控制；而施工组织设计则是从施工部署的角度，着重于技术质量形成规律来编制全面施工管理的计划文件。

（5）在内容上各有侧重点。质量计划的内容按其功能包括：质量目标、组织结构和人员培训、采购、过程质量控制的手段和方法；而施工组织设计是建立在对这些手段和方法结合工程特点具体而灵活运用的基础上。

2. 施工组织设计的审查程序

施工组织设计已包含了质量计划的主要内容，因此，监理工程师对施工组织设计的审查也同时包括了对质量计划的审查。

（1）在工程项目开工前约定的时间内，承包单位必须完成施工组织设计的编制及内部自审批准工作，填写《施工组织设计（方案）报审表》（表3-3）报送项目监理机构。

表3-3　　　　　　　　　　施工组织设计（方案）报审表

工程名称：　　　　　　　　　　　　　　　　　　　　　　　　　　　编号：

致：　　　　　　　　　　　　　　　　　　　　　　　　　　　（监理单位）

我方已根据施工合同的有关规定完成了＿＿＿＿＿＿＿＿＿工程施工组织设计（方案）的编制，并经我单位上级技术负责人审查批准，请予以审查。

附件：施工组织设计（方案）

承包单位（章）＿＿＿＿

项目经理＿＿＿＿

日　期＿＿＿＿

专业监理工程师审查意见：

专业监理工程师_____
日　　期_____

总监理工程师审核意见：

项目监理机构_____
总监理工程师_____
日　　期_____

（2）总监理工程师在约定的时间内，组织专业监理工程师审查，提出意见后，由总监理工程师审核签认。需要承包单位修改时，由总监理工程师签发书面意见，退回承包单位修改后再报审，总监理工程师重新审查。

（3）已审定的施工组织设计由项目监理机构报送建设单位。

（4）承包单位应按审定的施工组织设计文件组织施工。如需对其内容做较大的变更，应在实施前将变更内容书面报送项目监理机构审核。

（5）规模大、结构复杂或属新结构、特种结构的工程，项目监理机构对施工组织设计审查后，还应报送监理单位技术负责人审查，提出审查意见后由总监理工程师签发，必要时与建设单位协商，组织有关专业部门和有关专家会审。

（6）规模大、工艺复杂的工程、群体工程或分期出图的工程，经建设单位批准可分阶段报审施工组织设计；技术复杂或采用新技术的分项、分部工程，承包单位还应编制该分项、分部工程的施工方案，报项目监理机构审查。

3. 审查施工组织设计时应掌握的原则

（1）施工组织设计的编制、审查和批准应符合规定的程序。

（2）施工组织设计应符合国家的技术政策，充分考虑承包合同规定的条件、施工现场条件及法规条件的要求，突出"质量第一、安全第一"的原则。

（3）施工组织设计的针对性。承包单位是否了解并掌握了本工程的特点及难点，施工条件是否分析充分。

（4）施工组织设计的可操作性。承包单位是否有能力执行并保证工期和质量目标；该施工组织设计是否切实可行。

（5）技术方案的先进性。施工组织设计采用的技术方案和措施是否先进适用，技术是否成熟。

（6）质量管理和技术管理体系，质量保证措施是否健全且切实可行。

（7）安全、环保、消防和文明施工措施是否切实可行并符合有关规定。

（8）在满足合同和法规要求的前提下，对施工组织设计的审查，应尊重承包单位的自主技术决策和管理决策。

4. 施工组织设计审查的注意事项

（1）重要的分部、分项工程的施工方案，承包单位在开工前，向监理工程师提交的详细说明为完成该项工程的施工方法、施工机械设备及人员配备与组织、质量管理措施以及进度安排等，报请监理工程师审查认可后方能实施。

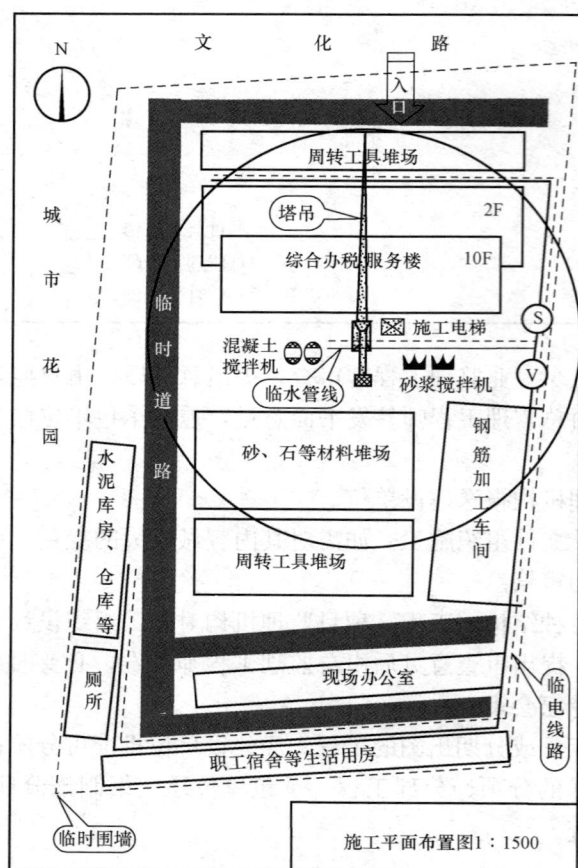

图 3-10　某工程施工现场平面布置图

（2）在施工顺序上应符合先地下、后地上；先土建、后设备；先主体、后围护的基本规律。

所谓先地下、后地上是指地上工程开工前，应尽量把管道、线路等地下设施和土方与基础工程的施工，以避免干扰，造成浪费，影响质量。此外，施工流向要合理，即平面和立面上都要考虑施工的质量保证与安全保证；考虑使用的先后和区段的划分，与材料、构配件的运输不发生冲突。

（3）施工方案与施工进度计划的一致性。施工进度计划的编制应以确定的施工方案为依据，正确体现施工的总体部署、流向顺序及工艺关系等。

（4）施工方案与施工平面图布置的协调一致。施工平面图的静态布置内容，如临时施工供水供电供热、供气管道、施工道路、临时办公房屋、物资仓库等，以及动态布置内容，如施工材料、模板、工具器具等，应做到布置有序，有利于各阶段施工方案的实施。图 3-10 为某工程施工现场平面布置图。

（三）现场施工准备的质量控制

1. 工程定位及标高基准控制

工程施工测量放线是建设工程产品由设计转化为实物的第一步。施工测量的质量好坏，直接影响工程产品的综合质量，并且制约着施工过程中有关工序的质量，图 3-11 为某工程定位放线示意图。例如，测量控制基准点或标高有误，会导致建筑物或结构的位置或高程出现差误，从而影响整体质量；又如长隧道采用两端或多端同时掘进时，若洞的中心线测量失准发生较大偏差，则会造成不能准确对接的质量问题；永久设备的基础预埋件定位测量失准，则会造成设备难以正确安装的质量问题等。因此，工程测量控制可以说是施工中事前质量控制的一项基础工作，它是施工准备阶段的一项重要内容。监理工程师应将其作为保证工程质量的一项重要的内容，在监理工作中，应由测量专业监理工程师负责工程测量的复核控制工作。图 3-12 为测量工作中水准点的设置示意图。

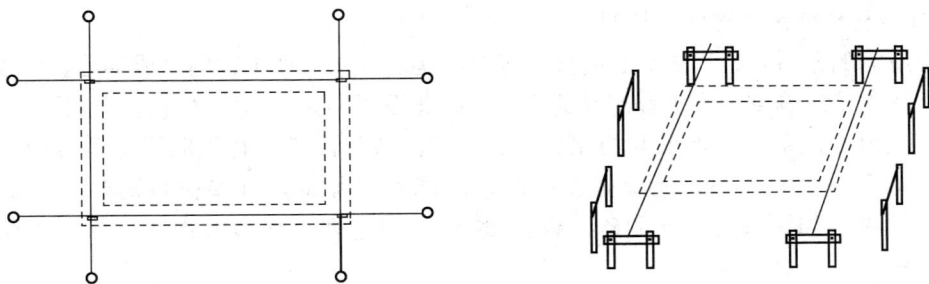

图 3-11 某工程定位放线示意图

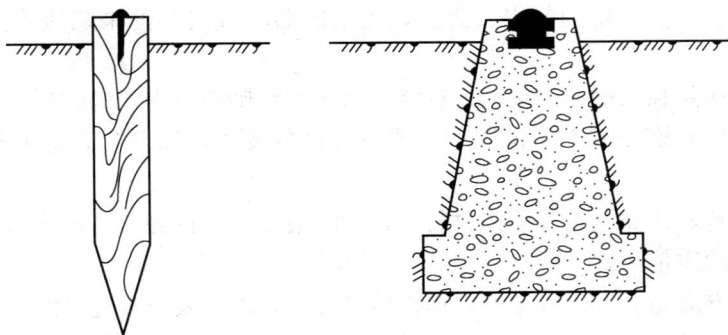

图 3-12 测量工作中水准点的设置

（1）监理工程师应要求施工承包单位，对建设单位（或其委托的单位）给定的原始基准点、基准线和标高等测量控制点进行复核，并将复测结果报监理工程师审核，经批准后施工承包单位才能据以进行准确的测量放线，建立施工测量控制网，并应对其正确性负责，同时做好基桩的保护。

（2）复测施工测量控制网。在工程总平面图上，各种建筑物或构筑物的平面位置是用施工坐标系统的坐标来表示的。施工测量控制网的初始坐标和方向，一般是根据测量控制点测定的，测定好建筑物的长向主轴线即可作为施工平面控制网的初始方向，以后在控制网加密或建筑物定位时，即不再用控制点定向，以免使建筑物发生不同的位移及偏转。复测施工测量控制网时，应抽检建筑方格网、控制高程的水准网点以及标桩埋设位置等。

2. 施工平面布置的控制

为了保证承包单位能够顺利施工，监理工程师应督促建设单位按照合同约定并结合承包单位施工的需要，事先划定并提供给承包单位占有和使用现场有关部分的范围。如果在现场的某一区域内需要不同的施工承包单位同时或先后施工、使用，就应根据施工总进度计划的安排，规定他们各自占用的时间和先后顺序，并在施工总平面图中详细注明各工作区的位置及占用顺序，监理工程师要检查施工现场总体布置是否合理，是否有利于保证施工的正常、顺利地进行，是否有利于保证质量，特别是要对场区的道路、防洪排水、器材存放、给水及供电、混凝土供应及主要垂直运输机械设备布置等方面予以重视。

3. 材料构配件采购订货的控制

工程所需的原材料、半成品、构配件等都将构成为永久性工程的组成部分。所以，它们的质量好坏直接影响到未来工程产品的质量，因此需要事先对其质量进行严格控制。

（1）凡由承包单位负责采购的原材料、半成品或构配件，在采购订货前应向监理工程师申报；对于重要的材料，还应提交样品，供试验或鉴定，有些材料则要求供货单位提交理化试验单（如预应力钢筋的硫、磷含量等），经监理工程师审查认可后，方可进行订货采购。

（2）对于半成品或构配件，应按经过审批认可的设计文件和图纸要求采购订货，质量应满足有关标准和设计的要求，交货期应满足施工及安装进度安排的需要。

（3）供货厂家是制造材料、半成品、构配件主体，所以通过考查，优选合格的供货厂家，是保证采购、订货质量的前提。为此，大宗的器材或材料的采购应当实行招标采购的方式。

（4）对于半成品和构配件的采购、订货，监理工程师应提出明确的质量要求、质量检测项目及标准；出厂合格证或产品说明书等质量文件的要求，以及是否需要权威性的质量认证等。

（5）某些材料，诸如瓷砖等装饰材料，订货时最好一次订齐，备足货源，以免由于分批而出现色泽不一的质量问题。

（6）供货厂方应向需方（订货方）提供质量文件，用以表明其提供的货物能够完全达到需方提出的质量要求。此外，质量文件也是承包单位（当承包单位负责采购时）将来在工程竣工时应提供的竣工文件的一个组成部分，用以证明工程项目所用的材料或构配件等的质量符合要求。

质量文件主要包括：产品合格证及技术说明书；质量检验证明；检测与试验者的资格证明；关键工序操作人员资格证明及操作记录（例如大型预应力构件的张拉应力工艺操作记录）；不合格品或质量问题处理的说明及证明；有关图纸及技术资料；必要时，还应附有权威性认证资料。

4. 施工机械配置的控制

（1）施工机械设备的选择，除应考虑施工机械的技术性能、工作效率、工作质量、可靠性及维修难易、能源消耗，以及安全、灵活等方面对施工质量的影响与保证外，还应考虑其数量配置对施工质量的影响与保证条件。例如，为保证混凝土连续浇筑，应配备有足够的搅拌机和运输设备；在一些城市建筑施工中，有防止噪声的限制，必须采用静力压桩等。此外，要注意设备型式应与施工对象的特点及施工质量要求相适应。例如，对于黏性土的压实,可以采用羊足碾进行分层碾压;但对于砂性土的压实则宜采用振动压实机等类型的机械。在选择机械性能参数方面,也要与施工对象特点及质量要求相适应,例如选择起重机械进行吊装施工时,其起重量、起重高度及起重半径均应满足吊装要求。图3-13为附着式自升塔式起重机构造示意图。

(2)审查施工机械设备的数量是否足够。例如在进行就地灌注桩施工时,是否有备用的混凝土搅拌机和振捣设备,以防止由于机械发生故障,使混凝土浇注工作中断,造成断桩质量事故等。在浇筑混凝土时,要审查是否有足够数量的泵送设备以保证泵送浇筑能连续进行。如图3-14为混凝土拖式泵,图3-15为混凝土泵车。

(3)审查所需的施工机械设备,是否按已批准的计划备妥;所准备的机械设备是否与监理工程师审查认可的施工组织设计或施工计划中所列者相一致;所准备的施工机械设备是否都处于完好的可用状态等。对于与批准的计划中所列施工机械不一致,或机械设备的类型、规格、性能不能保证施工质量者,以及维护修理不良,不能保证良好的可用状态者,都不准使用。

5. 分包单位资质的审核确认

保证分包单位的质量,是保证工程施工质量的一个重要环节和前提。因此,监理工程师应对分包单位资质进行严格控制。

(1)分包单位提交《分包单位资质报审表》。总承包单位选定分包单位后,应向监理工程师提交《分包单位资格报审表》(表3-4),其内容一般应包括以下几方面:

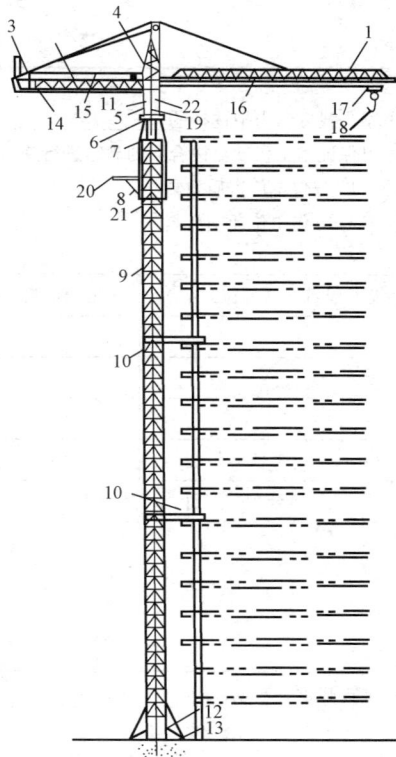

图3-13 某工程附着式自升塔式起重机构造
1—起重臂;2—平衡臂;3—配重;4—操作室;5—转塔;
6—旋转支承装置;7—液压缸;8—套塔;9—塔身;
10—拉撑;11—电缆卷筒;12—塔身底座;13—地脚
螺栓;14—起重卷扬机;15—起重位移绞车;
16—小车运行绞车;17—起重小车;18—吊钩;
19—旋转机构;20—悬臂和安装小车;
21—油压顶升操纵机构;22—中央集电环

图3-14 混凝土拖式泵

图3-15 混凝土泵车

表 3 - 4   **分包单位资格报审表**

工程名称：   编号：

致：   （监理单位）

    经考察，我方认为拟选择的＿＿＿＿＿＿＿＿＿＿＿＿＿＿＿＿＿（分包单位）具有承担下列工程的施工资质和施工能力，可以保证本工程项目按合同的规定进行施工。分包后，我方仍承担总包单位的全部责任。请予以审查和批准。

    附件：1. 分包单位资质材料

           2. 分包单位业绩材料

分包工程名称（部位）	工程数量	拟分包工程合同额	分包工程占全部工程
合　计			

承包单位（章）＿＿＿＿＿＿＿

项目经理＿＿＿＿＿＿＿

日　期＿＿＿＿＿＿＿

专业监理工程师审查意见：

专业监理工程师＿＿＿＿＿＿＿

日　期＿＿＿＿＿＿＿

总监理工程师审核意见：

项目监理机构＿＿＿＿＿＿＿

总监理工程师＿＿＿＿＿＿＿

日　期＿＿＿＿＿＿＿

    1）关于拟分包工程的情况。说明拟分包工程名称（部位）、工程数量、拟分包合同额，分包工程占全部工程额的比例。

    2）关于分包单位的基本情况，包括该分包单位的企业简介；资质材料；技术实力；企业过去的工程经验与业绩；企业的财务资本状况；施工人员的技术素质和条件等。

    3）分包协议草案。包括总承包单位与分包单位之间责、权、利、分包项目的施工工艺、分包单位设备和到场时间、材料供应；总包单位的管理责任等。

    （2）监理工程师审查总承包单位提交的《分包单位资质报审表》。审查时，主要是审查施工承包合同是否允许分包，分包的范围和工程部位是否可进行分包，分包单位是否具有按工程承包合同规定的条件完成分包工程任务的能力。如果认为该分包单位不具备分包条件，则不予以批准。若监理工程师认为该分包单位基本具备分包条件，则应在进一步调查后由总监理工程师予以书面确认。审查、控制的重点一般是分包单位施工组织者、管理者的资格与质量管理水平，特殊专业工种和关键施工工艺或新技术、新工艺、新材料等应用方面操作者的素质与能力。

（3）对分包单位进行调查。调查的目的是核实总承包单位申报的分包单位情况是否属实。如果监理工程师对调查结果满意，则总监理工程师应以书面形式批准该分包单位承担分包任务。总承包单位收到监理工程师的批准通知后，应尽快与分包单位签订分包协议，并将协议副本报送监理工程师备案。

6. 设计交底与施工图纸的现场核对

施工阶段，设计文件是监理工作的依据。因此，监理工程师应认真参加由建设单位主持的设计交底工作，以透彻地了解设计原则及质量要求；同时，要督促承包单位认真做好审核及图纸核对工作，对于审图过程中发现的问题，及时以书面形式报告给建设单位。

（1）监理工程师参加设计交底应着重了解的内容：

1）有关地形、地貌、水文气象、工程地质及水文地质等自然条件方面。

2）主管部门及其他部门（如规划、环保、农业、交通、旅游等）对本工程的要求、设计单位采用的主要设计规范、市场供应的建筑材料情况等。

3）设计意图方面。诸如设计思想、设计方案比选的情况、基础开挖及基础处理方案、结构设计意图、设备安装和调试要求、施工进度与工期安排等。

4）施工应注意事项方面。如基础处理的要求、对建筑材料方面的要求、主体工程设计中采用新结构或新工艺对施工提出的要求、为实现进度安排而应采用的施工组织和技术保证措施等。

（2）施工图纸的现场核对。施工图是工程施工的直接依据，为了使施工承包单位充分了解工程特点、设计要求，减少图纸的差错，确保工程质量，减少工程变更，监理工程师应要求施工承包单位做好施工图的现场核对工作。

施工图纸现场核对主要包括以下几个方面：

1）施工图纸合法性的认定。施工图纸是否经设计单位正式签署，是否按规定经有关部门审核批准，是否得到建设单位的同意。

2）图纸与说明书是否齐全，如分期出图，图纸供应是否满足需要。

3）地下构筑物、障碍物、管线是否探明并标注清楚。

4）图纸中有无遗漏、差错或相互矛盾之处（例如：漏画螺栓孔、漏列钢筋明细表；尺寸标注有错误、平面图与相应的剖面图相同部位的标高不一致；工艺管道、电气线路、设备装置等是否相互干扰、矛盾）。图纸的表示方法是否清楚和符合标准（例如：对预埋件、预留孔的表示以及钢筋构造要求是否清楚）等。

5）地质及水文地质等基础资料是否充分、可靠，地形、地貌与现场实际情况是否相符。

6）所需材料的来源有无保证，能否替代；新材料、新技术的采用有无问题。

7）所提出的施工工艺、方法是否合理，是否切合实际，是否存在不便于施工之处，能否保证质量要求。

8）施工图或说明书一中所涉及的各种标准、图册、规范、规程等，承包单位是否具备。

对于存在的问题，要求承包单位以书面形式提出，在设计单位以书面形式进行解释或确认后，才能进行施工。

7. 严把开工关

在总监理工程师向承包单位发出开工通知书时，建设单位即应及时按计划保证质量地提供承包单位所需的场地和施工通道以及水、电供应等条件，以保证及时开工，防止承担补偿工期和费用损失的责任。为此，监理工程师应事先检查工程施工所需的场地征用，以及道路和水、电是否开通；否则，应敦促建设单位努力实现。

总监理工程师对于与拟开工工程有关的现场各项施工准备工作进行检查并认为合格后，方可发布书面的开工指令。对于已停工程，则需有总监理工程师的复工指令始能复工。对于合同中所列工程及工程变更的项目，开工前承包单位必须提交《工程开工报审表》，经监理工程师审查前述各方面条件具备并由总监理工程师予以批准后，承包单位才能开始进行正式施工。

8. 监理组织内部的监控准备工作

建立并完善项目监理机构的质量监控体系，做好监控准备工作，使之能适应工程项目质量监控的需要，这是监理工程师做好质量控制的基础工作之一。例如，针对分部、分项工程的施工特点拟定监理实施细则，配备相应人员，明确分工及职责，配备所需的检测仪器设备并使之处于良好的可用状态，熟悉有关的检测方法和规程等。

二、实训部分

实训案例一

某业主开发建设一栋高层综合办公大楼，委托某监理公司进行监理。业主通过招标选择某建筑公司承担该工程项目施工任务。该建筑公司拟将桩基工程分包给某基础施工公司，拟将暖通、水电工程分包给某安装施工公司。

在总监理工程师组织的现场监理机构工作会议上，总监理工程师要求监理人员在该建筑公司进入施工现场到工程开工这一段时间内，要熟悉有关资料，认真审核该建筑公司提交的有关文件、资料等。

问题：

（1）在这段时间内，监理工程师应熟悉哪些主要资料？

（2）在这段时间内，监理工程师应重点审核建筑公司的哪些技术文件与资料？

实训案例二

某工程项目为一栋25层高层建筑，建设单位（业主）委托某监理公司承担该工程施工阶段的监理任务。业主通过公开招标选择了某施工总承包单位承包本项目的施工任务，并同意施工总承包单位将桩基础工程分包给某基础工程公司。

在总监理工程师组织的现场监理机构工作会议上，总监理工程师要求监理人员熟悉设计文件，并在开工前审查施工总承包单位报送的施工组织设计报审表，以及基础工程公司的资质情况，并准备落实召开第一次工地例会。

问题：

（1）监理人员对设计文件中可能存在的问题如何处理？

（2）对施工总承包单位提交的施工组织设计由谁组织审查？审查的基本程序是什么？

（3）开工前总监理工程师应审查施工总承包单位的哪些质量、技术管理和保证体系？审查的主要内容有哪些？

（4）对基础工程公司的资质审查的程序和内容是什么？

实训案例三

某实施监理的工程项目，监理工程师对施工单位报送的施工组织设计审核时发现两个问题：一是施工单位为方便施工，将设备管道竖井的位置做了移位处理；二是工程的有关试验主要安排在施工单位试验室进行。总监理工程师分析后认为，管道竖井移位方案不会影响工程使用功能和结构安全，因此，签认了该施工组织设计报审表并送达建设单位；同时指示专业监理工程师对施工单位试验室资质等级及其试验范围等进行考核。

问题：

（1）总监理工程师应如何组织审批施工组织设计？总监理工程师对施工单位报送的施工组织设计内容的审批处理是否妥当？说明理由。

（2）专业监理工程师对施工单位试验室除考核资质等级及其试验范围外，还应考核哪些内容？

项目三　施工过程的质量控制

一、应知部分

施工过程体现在一系列的作业活动中，作业活动的效果将直接影响到施工过程的施工质量。因此，监理工程师质量控制工作应体现在对作业活动的控制上。

为确保施工质量，监理工程师要对施工过程进行全过程全方位的质量监督、控制与检查。就整个施工过程而言，可按事前、事中、事后进行控制。就一个具体作业而言，监理工程师控制管理仍涉及到事前、事中及事后。监理工程师的质量控制主要围绕影响工程施工质量的因素进行。

（一）作业技术准备状态的控制

所谓作业技术准备状态，是指各项施工准备工作在正式开展作业技术活动前，是否按预先计划的安排落实到位的状况，包括配置的人员、材料、机具、场所环境、通风、照明、安全设施等。做好作业技术准备状况的检查，有利于实际施工条件的落实，避免计划与实际两张皮，承诺与行动相脱离，在准备工作不到位的情况下贸然施工。

作业技术准备状态的控制，应着重抓好以下环节的工作：

1. 质量控制点的设置

（1）质量控制点的概念。质量控制点是指为了保证作业过程质量而确定的重点控制对象、关键部位或薄弱环节。设置质量控制点是保证达到施工质量要求的必要前提，监理工程师在拟定质量控制工作计划时，应予以详细地考虑，并以制度来保证落实。对于质量控制点，一般要事先分析可能造成质量问题的原因，再针对原因制定对策和措施进行预控。

承包单位在工程施工前应根据施工过程质量控制的要求，列出质量控制点明细表，表中详细地列出各质量控制点的名称或控制内容、检验标准及方法等，提交监理工程师审查批准后，在此基础上实施质量预控。

（2）选择质量控制点的一般原则。可作为质量控制点的对象涉及面广，它可能是技术要求高、施工难度大的结构部位，也可能是影响质量的关键工序、操作或某一环节。总之，不论是结构部位、影响质量的关键工序、操作、施工顺序、技术、材料、机械、自然条件、施工环境等均可作为质量控制点来控制。概括地说，应当选择那些保证质量难度大的、对质量影响大的或者是发生质量问题时危害大的对象作为质量控制点。

1）施工过程中的关键工序或环节以及隐蔽工程，例如预应力结构的张拉工序（见图

3-16），钢筋混凝土结构中的钢筋架立；

2）施工中的薄弱环节，或质量不稳定的工序、部位或对象，例如地下防水层施工（见图 3-17）；

图 3-16　某预应力工程千斤顶进行现场张拉 　　　图 3-17　某工程地下防水卷材铺贴

3）对后续工程施工或对后续工序质量或安全有重大影响的工序、部位或对象，例如预应力结构中的预应力钢筋质量、模板的支撑与固定等；

4）采用新技术、新工艺、新材料的部位或环节；

5）施工上无足够把握的、施工条件困难的或技术难度大的工序或环节，例如复杂曲线模板的放样等。

显然，是否设置为质量控制点，主要是视其对质量特性影响的大小、危害程度以及其质量保证的难度大小而定。表 3-5 为建筑工程质量控制点设置的一般位置示例。

表 3-5　　　　　　　　　　建筑工程质量控制点的设置位置表

分项工程	质量控制点
工程测量定位	标准轴线桩、水平桩、龙门板、定位轴线、标高
地基、基础（含设备基础）	基坑（槽）尺寸、标高、土质、地基承载力，基础垫层标高，基础位置、尺寸、标高，预留洞孔、预埋件的位置、规格、数量，基础标高、杯底弹线
砌体	砌体轴线，皮数杆，砂浆配合比，预留洞孔、预埋件位置、数量，砌块排列
模板	位置、尺寸、标高，预埋件位置，预留洞孔尺寸、位置，模板强度及稳定性，模板内部清理及润湿情况
钢筋混凝土	水泥品种、强度等级，砂石质量，混凝土配合比，外加剂比例，混凝土振捣，钢筋品种、规格、尺寸、搭接长度，钢筋焊接，预留洞、孔及预埋件规格、数量、尺寸、位置，预制构件吊装或出场（脱模）强度，吊装位置、标高、支承长度、焊缝长度
吊装	吊装设备起重能力、吊具、索具、地锚
钢结构	翻样图，放大样
焊接	焊接条件、焊接工艺
装修	视具体情况而定

（3）作为质量控制点重点控制的对象：

1）人的行为。对某些作业或操作，应以人为重点进行控制。例如高空、高温、水下、危险作业等，对人的身体素质或心理应有相应的要求；技术难度大或精度要求高的作业，如复杂模板放样，精密、复杂的设备安装，以及重型构件吊装等对人的技术水平均有相应的较高要求。

2）物的质量与性能。施工设备和材料是直接影响工程质量和安全的主要因素，对某些工程尤为重要，常作为控制的重点。例如基础的防渗灌浆，灌浆材料细度及可灌性，作业设备的质量、计量仪器的质量都是直接影响灌浆质量和效果的主要因素。

3）关键的操作。如预应力钢筋的张拉工艺操作过程及张拉力的控制，是可靠地建立预应力值和保证预应力构件质量的关键过程。

4）施工技术参数。例如对填方路堤进行压实时，对填土含水量等参数的控制是保证填方质量的关键；对于岩基水泥灌浆，灌浆压力和吃浆率是质量保证的关键；冬期施工混凝土受冻临界强度等技术参数是质量控制的重要指标。

5）施工顺序。对于某些工作必须严格作业之间的顺序，例如对于冷拉钢筋应当先对焊、后冷拉，否则会失去冷强；对于屋架固定一般应采取对角同时施焊，以免焊接应力使已校正的屋架发生变位等。

6）技术间歇。有些作业之间需要有必要的技术间歇时间，例如砖墙砌筑后与抹灰工序之间，以及抹灰与粉刷或喷涂之间，均应保证有足够的间歇时间；混凝土浇筑后至拆模之间也应保持一定的间歇时间；混凝土大坝坝体分块浇筑时，相邻浇筑块之间也必须保持足够的间歇时间等。

7）新工艺、新技术、新材料的应用。由于缺乏经验，施工时可作为重点进行严格控制。

8）产品质量不稳定、不合格率较高及易发生质量通病的工序应列为重点，仔细分析、严格控制。例如防水层的铺设，供水管道接头的渗漏等。

9）易对工程质量产生重大影响的施工方法。例如，液压滑模施工中的支承杆失稳问题、升板法施工中提升差的控制等，都是一旦施工不当或控制不严，即可能引起重大质量事故问题，也应作为质量控制的重点。

10）特殊地基或特种结构。如大孔性湿陷性黄土、膨胀土等特殊土地基的处理、大跨度和超高结构等难度大的施工环节和重要部位等都应予以特别重视。

总之，质量控制点的选择要准确、有效。为此，一方面需要有经验的工程技术人员来进行选择，另一方面也要集思广益，集中群体智慧由有关人员充分讨论，在此基础上进行选择。选择时要根据对重要的质量特性进行重点控制的要求，选择质量控制的重点部位、重点工序和重点的质量因素作为质量控制点，进行重点控制和预控，这是进行质量控制的有效方法。

（4）质量预控对策的检查。所谓工程质量预控，就是针对所设置的质量控制点或分部、分项工程，事先分析施工中可能发生的质量问题和隐患，分析可能产生的原因，并提出相应的对策，采取有效的措施进行预先控制，以防在施工中发生质量问题。

质量预控及对策的表达方式主要有：文字表达；用表格形式表达；解析图形式表达。

下面举例说明。

1）钢筋电焊焊接质量的预控——文字表达。列出可能产生的质量问题，以及拟定的质量预控措施。①可能产生的质量问题，见图3-18。焊接接头偏心弯折；焊条型号或规格不符合要求；焊缝的长、宽、厚度不符合要求；凹陷、焊瘤、裂纹、烧伤、咬边、气孔、夹渣等缺陷。②质量预控措施。根据对电焊钢筋质量上可能产生的质量问题的估计，分析产生上述电焊质量问题的重要原因，不外乎两个方面，一是施焊人员技术不良，二是焊条质量不符合要求。所以监理工程师可以有针对性地提出质量预控的措施如下：检查焊接人员有无上岗合格证明，禁止无证上岗；焊工正式施焊前，必须按规定进行焊接工艺试验；每批钢筋焊完后，承包单位自检并按规定对焊接接头见证取样进行力学性能试验；在检查焊接质量时，应同时抽检焊条的型号。

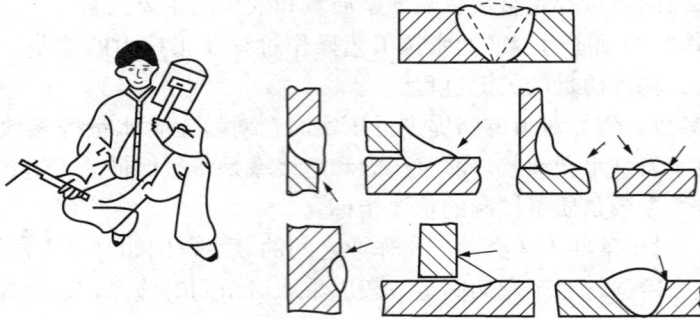

图 3-18　电弧焊可能产生的质量问题

2）混凝土灌注桩质量预控——用表格形式表达。用简表形式分析其在施工中可能发生的主要质量问题和隐患，并针对各种可能发生的质量问题，提出相应的预控措施，见表 3-6。图 3-19 为某工程混凝土灌注桩钢筋笼下放。

表 3-6　　　　　　　　　　　　　混凝土灌注桩质量预控表

可能发生的质量问题	质 量 预 控 措 施
孔斜	督促承包单位在钻孔前对钻机认真整平
混凝土强度达不到要求	随时抽查原料质量；混凝土配合比经监理工程师审批确认；评定混凝土强度；按月向监理报送评定结果
缩颈、堵管	督促承包单位每桩测定混凝土坍落度 2 次，每 30～50cm 测定一次混凝土浇筑高度，随时处理
断桩	准备足够数量的混凝土供应机械（拌和机等），保证连续不断地灌注
钢筋笼上浮	掌握泥浆比重和灌注速度，灌注前做好钢筋笼固定

图 3-19　灌注桩施工钢筋笼下放

3）混凝土工程质量预控及质量对策——用解析图的形式表示。用解析图的形式表示质量预控及措施对策是用两份图表表达的：

①工程质量预控图。在该图中间按该分部工程的施工各阶段划分，即从准备工作至完工后质量验收与中间检查以及最后的资料整理；右侧列出各阶段所需进行的与质量控制有关的技术工作，用框图的方式分别与工作阶段相连接；左侧列出各阶段所需进行的与质量控制有关的管理工作要求。图3-20为一混凝土工程的质量预控图。

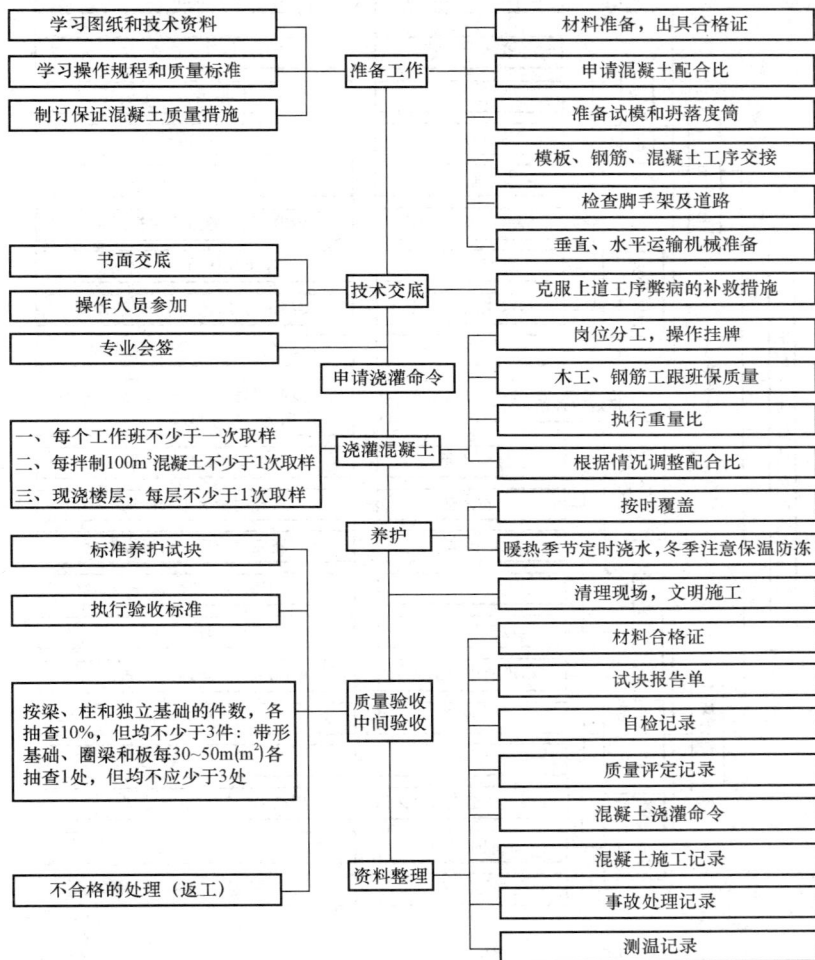

图3-20 混凝土工程质量预控图

②质量控制对策图。该图分为两部分，一部分是列出某一分部分项工程中各种影响质量的因素；另一部分是列出对应于各种质量问题影响因素所采取的对策或措施。图3-21和图3-22为一混凝土工程的质量对策图。

2. 作业技术交底的控制

承包单位做好技术交底，是取得好的施工质量的条件之一。为此，每一分项工程开始实施前均要进行交底。作业技术交底是对施工组织设计或施工方案的具体化，是更细致、明确、更加具体的技术实施方案，是工序施工或分项工程施工的具体指导文件。为做好技术交

影响混凝土工程质量因素(一)	对策表

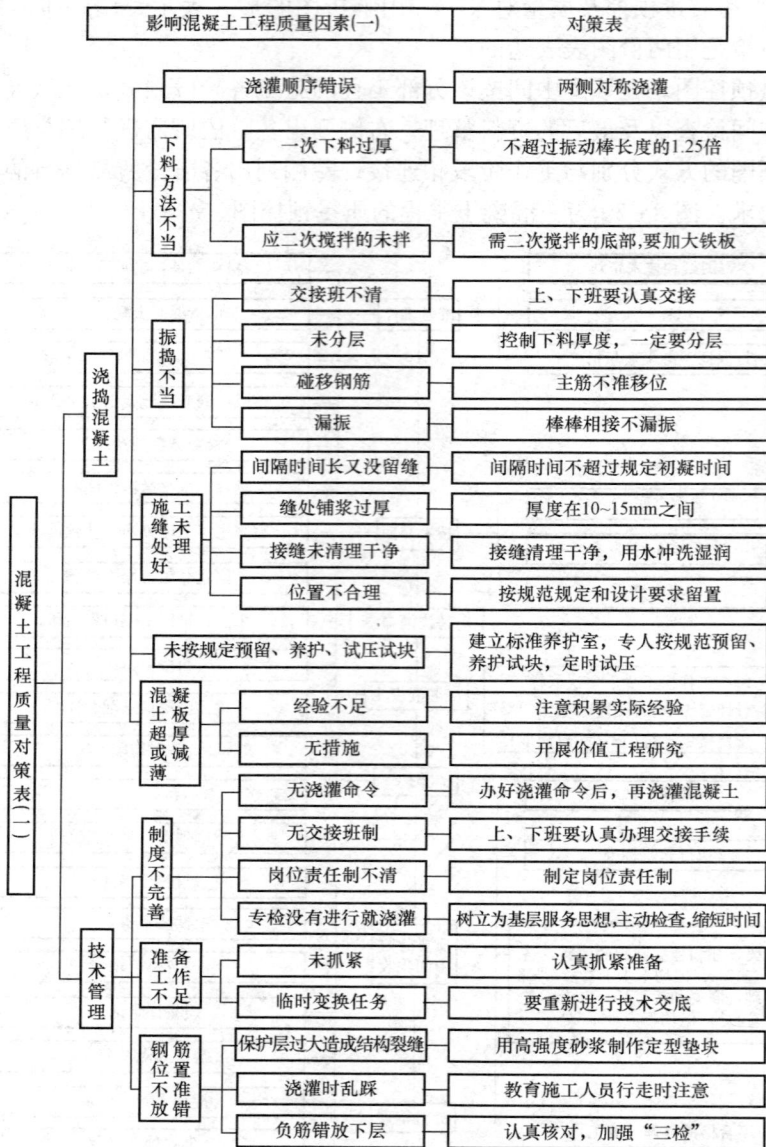

図 3-21　混凝土工程质量对策图（一）

底，项目经理部必须由主管技术人员编制技术交底书，并经项目总工程师批准。技术交底的内容包括施工方法、质量要求和验收标准，施工过程中需注意的问题，可能出现意外的措施及应急方案。技术交底要紧紧围绕与具体施工有关的操作者、机械设备、使用的材料、构配件、工艺、工法、施工环境、具体管理措施等方面进行，交底中要明确做什么、谁来做、如何做、作业标准和要求、什么时间完成等。

关键部位或技术难度大、施工复杂的检验批，分项工程施工前，承包单位的技术交底书（作业指导书）要报监理工程师。经监理工程师审查后，如技术交底书不能保证作业活动的质量要求，承包单位要进行修改补充。没有做好技术交底的工序或分项工程，不得进入正式

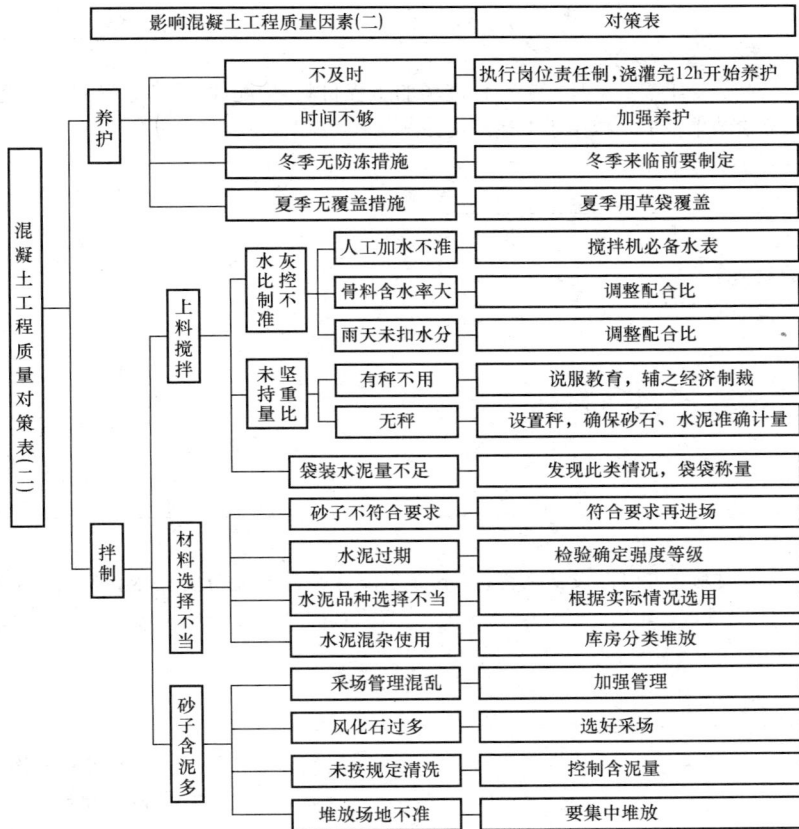

图 3-22 混凝土工程质量对策图（二）

实施。

3. 进场材料构配件的质量控制

（1）凡运到施工现场的原材料、半成品或构配件，进场前应向项目监理机构提交《工程材料/构配件/设备报审表》（表 3-7），同时附有产品出厂合格证及技术说明书，由施工承包单位按规定要求进行检验的检验报告或试验报告，经监理工程师审查并确认其质量合格后，方准进场。凡是没有产品出厂合格证明及检验不合格者，不得进场。如果监理工程师认为承包单位提交的有关产品合格证明的文件以及施工承包单位提交的检验和试验报告，仍不足以说明到场产品的质量符合要求时，监理工程师可以再行组织复检或见证取样试验，确认其质量合格后方允许进场。图 3-23 为某厂袋装水泥包装。

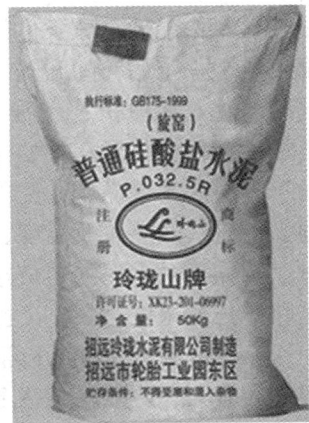

图 3-23 某厂袋装水泥包装

表 3 - 7   **工程材料/构配件/设备报审表**

工程名称：   编号：

致：   （监理单位）

    我方于_____年____月____日进场的工程材料/构配件/设备数量如下（见附件）。现将质量证明文件及自检结果报上，拟用于下述部位：

_____

_____

    请予以审核。

    附件：1. 数量清单

          2. 质量证明文件

          3. 自检结果

承包单位（章）_____

项目经理_____

日　期_____

审查意见：

    经检查上述工程材料/构配件/设备，符合/不符合设计文件和规范的要求，准许/不准许进场，同意/不同意使用于拟定部位。

项目监理机构_____

总/专业监理工程师_____

日　期_____

（2）进口材料的检查、验收，应会同国家商检部门进行。如在检验中发现质量问题或数量不符合规定要求时，应取得供货方及商检人员签署的商务记录，在规定的索赔期内进行索赔。

（3）材料构配件存放条件的控制。质量合格的材料、构配件进场后，到其使用或安装时通常都要经过一定的时间间隔。在此时间内，如果对材料等的存放、保管不良，可能导致质量状况的恶化，如损伤、变质、损坏，甚至不能使用。因此，监理工程师对承包单位的材料、半成品、构配件的存放、保管条件及时间也应实行监控。

对于材料、半成品、构配件等，应当根据它们的特点、特性以及对防潮、防晒、防锈、防腐蚀、通风、隔热以及温度、湿度等方面的不同要求，安排适宜的存放条件，以保证其存放质量。例如，对水泥的存放应当防止受潮，存放时间一般不宜超过3个月，以免受潮结块；硝胺炸药的湿度达3%以上时即易结块、拒爆，存放期间应注意防潮；胶质炸药（硝化甘油）冰点温度高（+13℃以下），冻结后极为敏感易爆，存放温度应予以控制；某些化学原材料应当避光、防晒；某些金属材料及器材应防锈蚀等。

如果存放、保管条件不良，监理工程师有权要求施工承包单位加以改善并达到要求。

对于按要求存放的材料，监理工程师在存入后每隔一定时间（例如一个月）可检查一次，随时掌握它们的存放质量情况。此外，在材料、器材等使用前，也应经监理工程师对其质量再次检查确认后，方可允许使用；经检查质量不符合要求者（例如水泥存放时间超过规定期限或受潮结块、强度等级降低），则不准使用，或降低等级使用。

（4）对于某些当地材料及现场配制的制品，一般要求承包单位事先进行试验，达到要求的标准方准施工。除应达到规定的力学强度等指标外，还应注意以下方面的检验与控制。

1）材料的化学成分。例如使用开采、加工的天然卵石或碎石作为混凝土粗骨料时，其内在的化学成分至关重要，因为如果其中含有无定形氧化硅（如蛋白石、白云石、燧石等），而水泥中的含碱（Na_2O，K_2O）量也较高（$>0.6\%$）时，混凝土中将发生化学反应生成碱—硅酸凝胶（碱—集料反应），并吸水膨胀，从而导致混凝土开裂。

2）充分考虑到施工现场加工条件与设计、试验条件不同而可能导致的材料或半成品质量差异。例如某工程混凝土所用的砂是由当地的河砂，经过现场加工清洗后使用，按原设计的混凝土配合比进行混凝土试配，其单位体积重量指标值达不到设计要求的标准。究其原因，是由于现场清洗加工工艺条件使加工后的砂料组成发生了较大变化，其中细砂部分流失量较大，这与设计阶段进行室内配合比试验时所用的砂组分有较大的差异，因而导致混凝土密度指标值达不到原设计要求。因此，就需要先找出原因，设法妥善解决后（例如调整配合比，改进加工工艺），经监理工程师认可才能允许进行施工。

4. 环境状态的控制

（1）施工作业环境的控制。所谓作业环境条件主要是指诸如水、电或动力供应、施工照明、安全防护设备、施工场地空间条件和通道，以及交通运输和道路条件等。这些条件是否良好，直接影响到施工能否顺利进行，以及施工质量。例如：施工照明不良，会给要求精密度高的施工操作造成困难，施工质量不易保证；交通运输道路不畅，干扰、延误多，可能造成运输时间加长，运送的混凝土拌和料质量发生变化（如水灰比、坍落度变化）；路面条件差，可能加重运送的混凝土拌和料的离析，水泥浆流失等。此外，当同一个施工现场有多个承包单位或多个工种同时施工或平行立体交叉作业时，更应注意避免它们在空间上的相互干扰，影响效率及质量、安全。

所以，监理工程师应事先检查承包单位对施工作业环境条件方面的有关准备工作是否已做好安排和准备妥当；当确认其准备可靠、有效后，方准许其进行施工。

（2）施工质量管理环境的控制。施工质量管理环境主要是指：施工承包单位的质量管理体系和质量控制自检系统是否处于良好的状态；系统的组织结构、管理制度、检测制度、检测标准、人员配备等方面是否完善和明确；质量责任制是否落实；监理工程师做好承包单位施工质量管理环境的检查，并督促其落实，是保证作业效果的重要前提。

（3）现场自然环境条件的控制。监理工程师应检查施工承包单位对于未来的施工期间，自然环境条件可能出现对施工作业质量的不利影响时，是否事先已有充分的认识并已做好充足的准备和采取了有效措施与对策以保证工程质量。例如，对严寒季节的防冻；夏季的防高温；高地下水位情况下基坑施工的排水或细砂地基防止流砂；施工场地的防洪与排水；风浪对水上打桩或沉箱施工质量影响的防范等。又如，深基础施工中主体建筑物完成后是否可能出现不正常的沉降，影响建筑的综合质量；现场因素对工程施工质量与安全的影响（例如邻近有易爆、有毒气体等危险源，或邻近高层、超高层建筑，深基础施工质量及安全保证难度大等），有无应对方案及有针对性的质量及安全的保证措施等。

5. 进场施工机械设备性能及工作状态的控制

保证施工现场作业机械设备的技术性能及工作状态，对施工质量有重要的影响。因此，监理工程师要做好现场控制工作，不断检查并督促承包单位，只有状态良好，性能满足施工需要的机械设备才允许进入现场作业。

（1）施工机械设备的进场检查。机械设备进场前，承包单位应向项目监理机构报送进场设备清单，列出进场机械设备的型号、规格、数量、技术性能（技术参数）、设备状况、进场时间。

机械设备进场后，监理工程师根据承包单位报送的清单进行现场核对，是否和施工组织设计中所列的内容相符。

（2）机械设备工作状态的检查。监理工程师应审查作业机械的使用、保养记录，检查其工作状况；重要的工程机械，如大马力推土机、大型凿岩设备、路基碾压设备等，应在现场实际复验（如开动，行走等），以保证投入作业的机械设备状态良好。

监理工程师还应经常了解施工作业中机械设备的工作状况，防止带病运行。发现问题，指令承包单位及时修理，以保持良好的作业状态。

（3）特殊设备安全运行的审核。对于现场使用的塔吊及有特殊安全要求的设备，进入现场后在使用前，必须经当地劳动安全部门鉴定，符合要求并办好相关手续后方允许承包单位投入使用。

（4）大型临时设备的检查。在跨越大江大河的桥梁施工中，经常会涉及到承包单位在现场组装的大型临时设备，如轨道式龙门吊机、悬灌施工中的挂篮、架梁吊机、吊索塔架、缆索吊机等。这些设备使用前，承包单位必须取得本单位上级安全主管部门的审查批准，办好相关手续后，监理工程师方可批准投入使用。

6. 施工测量及计量器具性能、精度的控制

（1）试验室。工程项目中，承包单位应建立试验室。如确因条件限制，不能建立试验室，则应委托具有相应资质的专门试验室。

如是新建的试验室，应按国家有关规定，经计量主管部门进行认证，取得相应资质；如是本单位中心试验室的派出部分，则应有中心试验室的正式委托书。

（2）监理工程师对试验室的检查：

1）工程作业开始前，承包单位应向项目监理机构报送试验室（或外委试验室）的资质证明文件，列出本试验室所开展的试验、检测项目、主要仪器、设备，法定计量部门对计量器具的标定证明文件；试验检测人员上岗资质证明；试验室管理制度等。

2）监理工程师的实地检查。监理工程师应检查试验室资质证明文件、试验设备、检测仪器能否满足工程质量检查要求，是否处于良好的可用状态；精度是否符合需要；法定计量部门标定资料，合格证、率定表是否在标定的有效期内；试验室管理制度是否齐全，符合实际；试验、检测人员的上岗资质等。经检查，确认能满足工程质量检验要求，则予以批准，同意使用，否则，承包单位应进一步完善、补充，在没得到监理工程师同意之前，试验室不得使用。

（3）工地测量仪器的检查。施工测量开始前，承包单位应向项目监理机构提交测量仪器的型号、技术指标、精度等级、法定计量部门的标定证明、测量工的上岗证明，监理工程师审核确认后，方可进行正式测量作业。在作业过程中监理工程师也应经常检查了解计量仪器、测量设备的性能、精度状况，使其处于良好的状态之中。图 3-24 为工程中常用的水准仪，图 3-25 为经纬仪。

图 3-24　水准仪

图 3-25　经纬仪

7. 施工现场劳动组织及作业人员上岗资格的控制

（1）现场劳动组织的控制。劳动组织涉及到从事作业活动的操作者及管理者，以及相应的各种制度。

1）操作人员。从事作业活动的操作者数量必须满足作业活动的需要，相应工种配置能保证作业有序持续进行，不能因人员数量及工种配置不合理而造成停顿。

2）管理人员到位。作业活动的直接负责人（包括技术负责人）、专职质检人员、安全员、与作业活动有关的测量人员、材料员、试验员必须在岗。

3）相关制度要健全。如管理层及作业层各类人员的岗位职责；作业活动现场的安全、消防规定；作业活动中环保规定；试验室及现场试验检测的有关规定；紧急情况的应急处理规定等。同时要有相应措施及手段以保证制度、规定的落实和执行。

（2）作业人员上岗资格。从事特殊作业的人员（如电焊工、电工、起重工、架子工、爆破工），必须持证上岗。对此监理工程师要进行检查与核实。

（二）作业技术活动运行过程的控制

工程施工质量是在施工过程中形成的，而不是最后检验出来的；施工过程由一系列相互联系与制约的作业活动所构成，因此，保证作业活动的效果与质量是施工过程质量控制的基础。

1. 承包单位自检与专检工作的监控

（1）承包单位的自检系统。承包单位是施工质量的直接实施者和责任者。监理工程师的质量监督与控制就是使承包单位建立起完善的质量自检体系并运转有效。

承包单位的自检体系表现在以下几方面：

1）作业活动的作业者在作业结束后必须自检；

2）不同工序交接、转换必须由相关人员交接检查；

3）承包单位专职质检员的专检。

为实现上述三方面，承包单位必须有整套的制度及工作程序；具有相应的试验设备及检测仪器，配备数量满足需要的专职质检人员及试验检测人员。

（2）监理工程师的检查。监理工程师的质量检查与验收，是对承包单位作业活动质量的复核与确认；监理工程师的检查决不能代替承包单位的自检，而且，监理工程师的检查必须是在承包单位自检并确认合格的基础上进行的。专职质检员没检查或检查不合格不能报监理工程师，不符合上述规定，监理工程师一律拒绝进行检查。

2. 技术复核工作监控

凡涉及施工作业技术活动基准和依据的技术工作，都应该严格进行专人负责的复核性检查，以避免基准失误给整个工程质量带来难以补救的或全局性的危害。例如工程的定位、轴线、标高，预留孔洞的位置和尺寸，预埋件，管线的坡度，混凝土配合比，变电、配电位置，高低压进出口方向、送电方向等。技术复核是承包单位应履行的技术工作责任，其复核结果应报送监理工程师复验确认后，才能进行后续相关的施工。监理工程师应把技术复验工作列入监理规划及质量控制计划中，并看作是一项经常性的工作任务，贯穿于整个施工过程中。

常见的施工测量复核有：

（1）民用建筑的测量复核。建筑物定位测量、基础施工测量、墙体皮数杆检测、楼层轴线检测、楼层间高层传递检测等。

（2）工业建筑测量复核。厂房控制网测量、桩基施工测量、柱模轴线与高程检测、厂房结构安装定位检测、动力设备基础与预埋螺栓检测。

（3）高层建筑测量复核。建筑场地控制测量、基础以上的平面与高程控制、建筑物中垂准检测、建筑物施工过程中沉降变形观测等。

（4）管线工程测量复核。管网或输配电线路定位测量、地下管线施工检测、架空管线施工检测、多管线交汇点高程检测等。

3. 见证取样送检工作的监控

见证是指由监理工程师现场监督承包单位某工序全过程完成情况的活动。见证取样则是指对工程项目使用的材料、半成品、构配件的现场取样、工序活动效果的检查实施见证。

为确保工程质量，原建设部规定，在市政工程及房屋建筑工程项目中，对工程材料、承重结构的混凝土试块，承重墙体的砂浆试块、结构工程的受力钢筋（包括接头）实行见证取样。

（1）见证取样的工作程序：

1）工程项目施工开始前，项目监理机构要督促承包单位尽快落实见证取样的送检试验室。对于承包单位提出的试验室，监理工程师要进行实地考察。试验室一般是和承包单位没有行政隶属关系的第三方。试验室要具有相应的资质，经国家或地方计量、试验主管部门认证，试验项目满足工程需要，试验室出具的报告对外具有法定效果。图3-26为能进行见证取样检测的某建设工程质量检测机构资质证书。

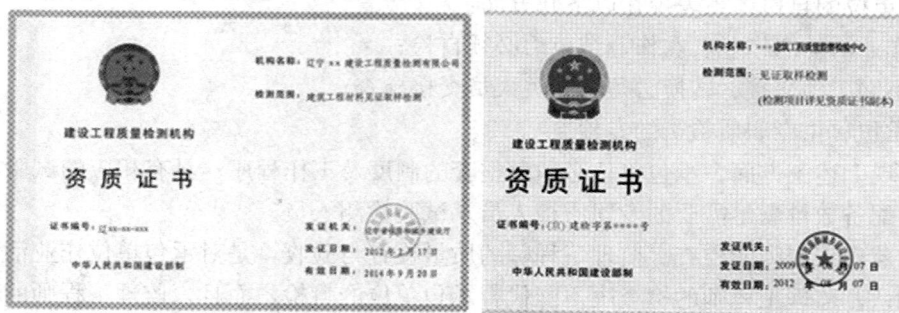

图 3-26　某建设工程质量检测机构资质证书

2）项目监理机构要将选定的试验室到负责本项目的质量监督机构备案并得到认可，同时要将项目监理机构中负责见证取样的监理工程师在该质量监督机构备案。

3）承包单位在对进场材料、试块、试件、钢筋接头等实施见证取样前要通知负责见证取样的监理工程师，在该监理工程师现场监督下，承包单位按相关规范的要求，完成材料、试块、试件等的取样过程。图3-27为某工程基础梁钢筋直螺纹套筒连接施工现场及其接头试样。

图3-27 钢筋直螺纹套筒连接施工现场及接头试样

4）完成取样后，承包单位将送检样品装入木箱，由监理工程师加封，不能装入箱中的试件，如钢筋样品、钢筋接头，则贴上专用加封标志，然后送往试验室。

（2）实施见证取样的要求：

1）试验室要具有相应的资质并进行备案、认可。

2）负责见证取样的监理工程师要具有材料、试验等方面的专业知识，且要取得从事监理工作的上岗资格（一般由专业监理工程师负责从事此项工作）。

3）承包单位从事取样的人员一般应是试验室人员，或专职质检人员担任。

4）送往试验室的样品，要填写"送验单"，送验单要盖有"见证取样"专用章，并有见证取样监理工程师的签字。

5）试验室出具的报告一式两份，分别由承包单位和项目监理机构保存，并作为归档材料，是工序产品质量评定的重要依据。

6）见证取样的频率，国家或地方主管部门有规定的，执行相关规定；施工承包合同中如有明确规定的，执行施工承包合同的规定。见证取样的频率和数量，包括在承包单位自检范围内，一般所占比例为30%。

7）见证取样的试验费用由承包单位支付。

8）实行见证取样，绝不能代替承包单位应对材料、构配件进场时必须进行的自检。自检频率和数量要按相关规范要求执行。

4．工程变更的监控

施工过程中，由于前期勘察设计的原因，或由于外界自然条件的变化，未探明的地下障碍物、管线、文物、地质条件不符等，以及施工工艺方面的限制、建设单位要求的改变，均会涉及到工程变更。做好工程变更的控制工作，也是作业过程质量控制的一项重要内容。

工程变更的要求可能来自建设单位、设计单位或施工承包单位。为确保工程质量，不同情况下，工程变更的实施，设计图纸的澄清、修改，具有不同的工作程序。

（1）施工承包单位的要求及处理。在施工过程中承包单位提出的工程变更要求可能是：要求作某些技术修改或要求作设计变更。

1）对技术修改要求的处理。所谓技术修改，这里是指承包单位根据施工现场具体条件和自身的技术、经验和施工设备等条件，在不改变原设计图纸和技术文件的原则前提下，提出的对设计图纸和技术文件的某些技术上的修改要求，例如对某种规格的钢筋采用替代规格的钢筋、对基坑开挖边坡的修改等。

承包单位提出技术修改的要求时，应向项目监理机构提交《工程变更单》（表3-8），在该表中应说明要求修改的内容及原因或理由，并附图和有关文件。

表3-8　　　　　　　　　　　　　　　　工 程 变 更 单

工程名称：　　　　　　　　　　　　　　　　　　　　　　　　　　　　　　编号：

致：　　　　　　　　　　　　　　　　　　　　　　　　　　　　　（监理单位） 　　由于_____原因，兹提出_____工程变更（内容见附件），请予以审批。 　　附件：   　　　　　　　　　　　　　　　　　　　　　　　　　　提出单位_____ 　　　　　　　　　　　　　　　　　　　　　　　　　　代 表 人_____ 　　　　　　　　　　　　　　　　　　　　　　　　　　日　　期_____
一致意见：   建设单位代表　　　　　　承包单位代表　　　　　　项目监理机构　　　　　　设计单位代表 签字：　　　　　　　　　签字：　　　　　　　　　签字：　　　　　　　　　签字： 日期_____　　　　　日期_____　　　　　日期_____　　　　　日期_____

技术修改问题一般可以由专业监理工程师组织承包单位和现场设计代表参加，经各方同意后签字并形成纪要，作为工程变更单附件，经总监理工程师批准后实施。

2）工程变更的要求。这种变更是指施工期间，对于设计单位在设计图纸和设计文件中所表达的设计标准状态的改变和修改。

首先，承包单位应就要求变更的问题填写《工程变更单》，送交项目监理机构。总监理工程师根据承包单位的申请，经与设计、建设、承包单位研究并作出变更的决定后，签发《工程变更单》，并应附有设计单位提出的变更设计图纸。承包单位签收后按变更后的图纸施工。

　　总监理工程师在签发《工程变更单》之前，应就工程变更引起的工期改变及费用的增减分别与建设单位和承包单位进行协商，力求达成双方均能同意的结果。

　　这种变更，一般均会涉及到设计单位重新出图的问题。

　　如果变更涉及到结构主体及安全，该工程变更还要按有关规定报送施工图原审查单位进行审批，否则变更不能实施。

　　（2）设计单位提出变更的处理：

　　1）设计单位首先将"设计变更通知"及有关附件报送建设单位。

　　2）建设单位会同监理、施工承包单位对设计单位提交的"设计变更通知"进行研究，必要时设计单位尚需提供进一步的资料，以便对变更做出决定。

　　3）总监理工程师签发《工程变更单》，并将设计单位发出的"设计变更通知"作为该《工程变更单》的附件，施工承包单位按新的变更图实施。

　　（3）建设单位（监理工程师）要求变更的处理：

　　1）建设单位（监理工程师）将变更的要求通知设计单位（表3-8），如果在要求中包括有相应的方案或建议，则应一并报送设计单位；否则，变更要求由设计单位研究解决。在提供审查的变更要求中，应列出所有受该变更影响的图纸、文件清单。

　　2）设计单位对《工程变更单》进行研究。如果在"变更要求"中附有建议或解决方案时，设计单位应对建议或解决方案的所有技术方面进行审查，并确定它们是否符合设计要求和实际情况，然后书面通知建设单位，说明设计单位对该解决方案的意见，并将与该修改变更有关的图纸、文件清单返回给建设单位，说明自己的意见。

　　如果该《工程变更单》未附有建议的解决方案，则设计单位应对该要求进行详细的研究，并准备出自己对该变更的建议方案，提交建设单位。

　　3）根据建设单位的授权，监理工程师研究设计单位所提交的建议设计变更方案或其对变更要求所附方案的意见，必要时会同有关的承包单位和设计单位一起进行研究，也可进一步提供资料，以便对变更做出决定。

　　（4）建设单位做出变更的决定后由总监理工程师签发《工程变更单》，指示承包单位按变更的决定组织施工。

　　应当指出的是，监理工程师对于无论哪一方提出的现场工程变更要求，都应持十分谨慎的态度。除非是原设计不能保证质量要求，或确有错误，以及无法施工或非改不可之外，一般情况下即使变更要求可能在技术经济上是合理的，也应全面考虑，将变更以后所产生的效益（质量、工期、造价）与现场变更往往会引起承包单位的索赔等所产生的损失加以比较，权衡轻重后再做出决定。因为往往这种变更并不一定能达到预期的愿望和效果。

　　需注意的是在工程施工过程中，无论是建设单位或者施工及设计单位提出的工程变更或图纸修改，都应通过监理工程师审查并经有关方面研究，确认其必要性后，由总监理工程师发布变更指令方能生效予以实施。

　　5. 见证点的实施控制

　　"见证点"（Witness Point）是国际上对于重要程度不同及监督控制要求不同的质量控制点的一种区分方式。实际上它是质量控制点，只是由于它的重要性或其质量后果影响程度不同于一般质量控制点，所以在实施监督控制时的运作程序和监督要求与一般质量控制点有区别。

　　（1）见证点的概念。见证点监督，也称为 W 点监督。凡是列为见证点的质量控制对象，在规定的关键工序施工前，承包单位应提前通知监理人员在约定的时间内到现场进行见证和对其施工实施监督。如果监理人员未能在约定的时间内到现场见证和监督，则承包单位有权进行该 W 点的相应的工序操作和施工。

（2）见证点的监理实施程序：

1）承包单位应在某见证点施工之前一定时间，例如 24h 前，书面通知监理工程师，说明该见证点准备施工的日期与时间，请监理人员届时到达现场进行见证和监督。

2）监理工程师收到通知后，应注明收到该通知的日期并签字。

3）监理工程师应按规定的时间到现场见证。对该见证点的实施过程进行认真的监督、检查，并在见证表上详细记录该项工作所在的建筑物部位、工作内容、数量、质量及工时等后签字，作为凭证。

4）如果监理人员在规定的时间不能到场见证，承包单位可以认为已获监理工程师默认，可有权进行该项施工。

5）如果在此之前监理人员已到过现场检查，并将有关意见写在"施工记录"上，则承包单位应在该意见旁写明承包单位根据该意见已采取的改进措施，或者写明承包单位的某些具体意见。

在实际工程实施质量控制时，通常是由施工承包单位在分项工程施工前制定施工计划时，就选定设置质量控制点，并在相应的质量计划中再进一步明确哪些是见证点。承包单位应将该施工计划及质量计划提交监理工程师审批。如监理工程师对上述计划及见证点的设置有不同的意见，应书面通知承包单位，要求予以修改，修改后再上报监理工程师审批后执行。

6. 级配管理质量监控

建设工程中，均会涉及到材料的级配，不同材料的混合拌制。如混凝土工程中，砂、石骨料本身的组分级配，混凝土拌制的配合比；交通工程中路基填料的级配、配合及拌制；路面工程中沥青摊铺料的级配配比。由于不同原材料的级配，配合及拌制后的产品对最终工程质量有重要的影响。因此，监理工程师要做好相关的质量控制工作。

（1）拌和原材料的质量控制。使用的原材料除材料本身质量要符合规定要求外，材料本身的级配也必须符合相关规定，如粗骨料的粒径级配，细集料的级配曲线要在规定的范围内。

（2）材料配合比的审查。根据设计要求，承包单位首先进行理论配合比设计，进行试配试验后，确认 2～3 个能满足要求的理论配合比提交监理工程师审查。报送的理论配合比必须附有原材料的质量证明资料（现场复验及见证取样试验报告）、现场试块抗压强度报告及其他必需的资料。

监理工程师经审查后确认其符合设计及相关规范的要求后，予以批准。以混凝土配合比审查为例，应重点审查水泥品种，水泥最大用量；粉煤灰掺入量，水灰比，坍落度，配制强度；使用的外加剂、砂的细度模数、粗骨料的最大粒径限制等。

（3）现场作业的质量控制：

1）拌和设备状态及相关拌和料计量装置，称重衡器的检查。

2）投入使用的原材料（如水泥、砂、外加剂、水、粉煤灰、粗骨料）的现场检查。是否与批准的配合比一致。

3）现场作业实际配合比是否符合理论配合比。作业条件发生变化是否及时进行了调整。例如混凝土工程中，雨后开盘生产混凝土，砂石的含水率发生了变化，对水灰比是否及时进行调整等。

4）对现场所做的调整应按技术复核的要求和程序执行。

5）在现场实际投料拌制时，应做好看板管理。

7. 计量工作质量监控

计量是施工作业过程的基础工作之一，计量作业效果对施工质量有重大影响。监理工程师对计量工作的质量监控包括以下内容：

（1）施工过程中使用的计量仪器、检测设备、称重衡器的质量控制。

（2）从事计量作业人员技术水平资格的审核，尤其是现场从事施工测量的测量工，从事试验、检测的试验工。

（3）现场计量操作的质量控制。作业者的实际作业质量直接影响到作业效果，计量作业现场的质量控制主要是检查其操作方法是否得当。如对仪器的使用，数据的判读，数据的处理及整理方法，以及对原始数据的检查。如检查测量司镜手的测量手簿，检查试验的原始数据，检查现场检测的原始记录等。在抽样检测中，现场检测取点、检测仪器的布置是否正确、合理，检测部位是否有代表性，能否反映真实的质量状况，也是审核的内容，如路基压实度检查中，如果检查点只在路基中部选取，就不能如实反映实际，而必须在路肩、路基中部均有检测点。

8. 质量记录资料的监控

质量资料是施工承包单位进行工程施工或安装期间，实施质量控制活动的记录，还包括监理工程师对这些质量控制活动的意见及施工承包单位对这些意见的答复，它详细地记录了工程施工阶段质量控制活动的全过程。因此，它不仅在工程施工期间对工程质量的控制有重要作用，而且在工程竣工和投入运行后，对于查询和了解工程建设的质量情况以及工程维修和管理也能提供大量有用的资料和信息。

质量记录资料包括以下三方面内容：

（1）施工现场质量管理检查记录资料。主要包括承包单位现场质量管理制度，质量责任制；主要专业工种操作上岗证书；分包单位资质及总包单位对分包单位的管理制度；施工图审查核对资料（记录），地质勘察资料；施工组织设计、施工方案及审批记录；施工技术标准；工程质量检验制度；混凝土搅拌站（级配填料拌和站）及计量设置；现场材料、设备存放与管理等。

（2）工程材料质量记录。主要包括进场工程材料、半成品、构配件、设备的质量证明资料；各种试验检验报告（如力学性能试验、化学成分试验、材料级配试验等）；各种合格证；设备进场维修记录或设备进场运行检验记录。

（3）施工过程作业活动质量记录资料。施工或安装过程可按分项、分部、单位工程建立相应的质量记录资料。在相应质量记录资料中应包含有关图纸的图号、设计要求；质量自检资料；监理工程师的验收资料；各工序作业的原始施工记录；检测及试验报告；材料、设备质量资料的编号、存放档案卷号；此外，质量记录资料还应包括不合格项的报告、通知以及处理及检查验收资料等。

质量记录资料应在工程施工或安装开始前，由监理工程师和承包单位一起，根据建设单位的要求及工程竣工验收资料组卷归档的有关规定，研究列出各施工对象的质量资料清单。以后，随着工程施工的进展，承包单位应不断补充和填写关于材料、构配件及施工作业活动的有关内容，记录新的情况。当每一阶段（如检验批，一个分项或分部工程）施工或安装工作完成后，相应的质量记录资料也应随之完成，并整理组卷。

施工质量记录资料应真实、齐全、完整，相关各方人员的签字齐备、字迹清楚、结论明确，与施工过程的进展同步。在对作业活动效果的验收中，如缺少资料或资料不全，监理工程师应拒绝验收。

9. 工地例会的管理

工地例会是施工过程中参加建设项目各方的沟通情况，解决分歧，形成共识，做出决定的主要渠道，也是监理工程师进行现场质量控制的重要场所。图 3-28 为某标准化工地第一次工地例会及场所布置图。

图 3-28　某标准化工地第一次工地例会现场

通过工地例会，监理工程师检查分析施工过程的质量状况，指出存在的问题，承包单位提出整改的措施，并作出相应的保证。

由于参加工地例会的人员较多，层次也较高，会上容易就问题的解决达成共识。

除了例行的工地例会外，针对某些专门质量问题，监理工程师还应组织专题会议，集中解决较重大或普遍存在的问题。实践表明采用这样的方式比较容易解决问题，使质量状况得到改善。

为开好工地例会及质量专题会议，监理工程师要充分了解情况，判断要准确，决策要正确。此外，要讲究方法，协调处理各种矛盾，不断提高会议质量，使工地例会真正起到解决质量问题的作用。

10. 停、复工令的实施

（1）工程暂停指令的下达。为了确保作业质量，根据委托监理合同中建设单位对监理工程师的授权，出现下列情况需要停工处理时，应下达停工指令：

1）施工作业活动存在重大隐患，可能造成质量事故或已经造成质量事故。

2）承包单位未经许可擅自施工或拒绝项目监理机构管理。

3）在出现下列情况下，总监理工程师有权行使质量控制权，下达停工令，及时进行质量控制。

①施工中出现质量异常情况，经提出后，承包单位未采取有效措施，或措施不力未能扭转异常情况者。

②隐蔽作业未经依法查验确认合格，而擅自封闭者。

③已发生质量问题迟迟未按监理工程师要求进行处理，或者是已发生质量缺陷或问题，如不停工则质量缺陷或问题将继续发展的情况下。

④未经监理工程师审查同意，而擅自变更设计或修改图纸进行施工者。

⑤未经技术资质审查的人员或不合格人员进入现场施工。

⑥使用的原材料、构配件不合格或未经检查确认者；或擅自采用未经审查认可的代用材料者。

⑦擅自使用未经项目监理机构审查认可的分包单位进场施工。

总监理工程师在签发工程暂停令时，应根据停工原因的影响范围和影响程度，确定工程项目停工范围。表 3-9 为某园林景观工程下达的工程暂停令。

表 3-9　　　　　　　　　　　　　工 程 暂 停 令

工程名称	＊＊＊市悦海花园商务区园林景观工程		编　号	监 008
地　点	Ⅲ、Ⅳ标段		日　期	2012.6.10

致：＊＊＊绿化工程有限公司项目部（承包单位）：
　　由于 <u>座墙侧贴及台阶花岗岩厚度不够、报申滞后等</u> 原因，现通知你方必须于<u>2010</u>年<u>6</u>月<u>10</u>日<u>9</u>时起，对本工程的<u>广场 1 座墙、广场 3 台阶</u>部位（工序）实施暂停施工，并按下述要求做好各项工作：

　　1. 进场侧贴花岗岩厚度实测 15mm，达不到设计 20mm 厚度的要求；广场 3 踏步台阶花岗岩厚度设计为 30mm，进场料为 25mm。

　　2. 设计说明要求 20 厚的 1∶2.5 聚合物水泥砂浆（掺建筑胶）；粘贴和粉刷没掺建筑胶的，返工整改并报验。

　　3. 要求施工单位严格执行报审制度，先进行材料报验再进行施工，报验前先进行自检、交接检。

　　监理单位名称：　　　　　　　　　总监理工程师（签字）：

注 本表由监理单位签发，建设单位、监理单位、承包单位各存一份。

（2）恢复施工指令的下达。承包单位经过整改具备恢复施工条件时，承包单位向项目监理机构报送复工申请及有关材料，证明造成停工的原因已消失。经监理工程师现场复查，认为已符合继续施工的条件，造成停工的原因确已消失，总监理工程师应及时签署工程复工报审表，指令承包单位继续施工。表 3-10 为某工程的复工报审表。

（3）总监下达停工令及复工指令，宜事先向建设单位报告。

表 3-10 **工 程 复 工 报 审 表**

工程复工报审表		编号	008
工程名称	1#厂房等8项—产品展示厅、新品开发车间、餐厅及服务设施楼	日期	2012 年 05 月 15 日

致： 北京市＊＊＊＊＊建筑工程监理有限公司 （监理单位）：

1#厂房等8项—产品展示厅、新品开发车间、餐厅及服务设施楼工程，由总监理工程师签发的第（001）号工程暂停令指出的安全隐患已消除，经检查已具备了复工条件，请予复查并批准复工。

附件：具备复工条件的详细说明：

1. 临时用电施工方案以上报，临时用电资料已补齐。

2. 脚手架施工方案已上报。

3. 农民工教育重新使用标准试卷考试。

4. 对木工、混凝土工工人有交底。

5. 电工张某已做相应教育。

6. 场内道路已硬化。

7. 对小型机械设备已验收并做检修记录。

施工单位（章）： 项目经理（签字）：

审批意见：

审批结论：

□具备复工条件，同意复工。

□不具备复工条件，暂不同意复工。

监理单位名称：北京市＊＊＊＊＊建筑工程监理有限公司 总监理工程师（签字）：

年 月 日

注 本表由施工单位填报，建设单位、监理单位、施工单位各存一份。

（三）作业技术活动结果的控制

1. 作业技术活动结果的控制内容

作业活动结果，泛指作业工序的产出品、分项分部工程的已完施工及已完准备交验的单位工程等。

作业技术活动结果的控制是施工过程中间产品及最终产品质量控制的方式，只有作业活动的中间产品质量都符合要求，才能保证最终单位工程产品的质量，主要内容有：

（1）基槽（基坑）验收。基槽开挖是基础施工中的一项内容，由于其质量状况对后续工程质量影响大，故均作为一个关键工序或一个检验批进行质量验收。基槽开挖质量验收主要涉及地基承载力的检查确认；地质条件的检查确认；开挖边坡的稳定及支护状况的检查确认。由于部位的重要，基槽开挖验收均要有勘察设计单位的有关人员参加，并请当地或主管质量监督部门参加，经现场检查、测试（或平行检测），确认其地基承载力是否达到设计要求，地质条件是否与设计

图 3-29　某工程现场基槽验收

相符。如相符，则共同签署验收资料，如达不到设计要求或与勘察设计资料不符，则应采取措施进一步处理或工程变更，由原设计单位提出处理方案，经承包单位实施完毕后重新验收。图 3-29 为某工程基槽验收现场。

（2）隐蔽工程验收。隐蔽工程是指将被其后工程施工所隐蔽的分项、分部工程，在隐蔽前所进行的检查验收。它是对一些已完分项、分部工程质量的最后一道检查，由于检查对象就要被其他工程覆盖，给以后的检查整改造成障碍，故显得尤为重要，它是质量控制的一个关键过程。

1）工作程序：

①隐蔽工程施工完毕，承包单位按有关技术规程、规范、施工图纸先进行自检，自检合格后，填写《报验申请表》，附上相应的工程检查证（或隐蔽工程检查记录）及有关材料证明、试验报告、复试报告等，报送项目监理机构。

②监理工程师收到报验申请后首先对质量证明资料进行审查，并在合同规定的时间内到现场检查（检测或核查），承包单位的专职质检员及相关施工人员应随同一起到现场。

③经现场检查，如符合质量要求，监理工程师在《报验申请表》及工程检查证（或隐蔽工程检查记录）上签字确认，准予承包单位隐蔽、覆盖，进入下一道工序施工。

如经现场检查发现不合格，监理工程师签发"不合格项目通知"，指令承包单位整改，整改后自检合格再报监理工程师复查。

2）隐蔽工程检查验收的质量控制要点。以工业及民用建筑为例，下述工程部位进行隐蔽检查时必须重点控制，防止出现质量隐患。

①基础施工前对地基质量的检查，尤其要检测地基承载力；

②基坑回填土前对基础质量的检查；

③混凝土浇筑前对钢筋的检查（包括模板检查）；

④混凝土墙体施工前，对敷设在墙内的电线管质量检查；

⑤防水层施工前对基层质量的检查；

⑥建筑幕墙施工挂板之前对龙骨系统的检查；

⑦屋面板与屋架（梁）埋件的焊接检查；

⑧避雷引下线及接地引下线的连接；

⑨覆盖前对直埋于楼地面的电缆、封闭前对敷设于暗井道、吊顶、楼板垫层内的设备

管道；

　　⑩易出现质量通病的部位。

　　3）作为示例，以下介绍钢筋隐蔽工程验收要点，如图 3-30 所示。

图 3-30　钢筋隐蔽工程验收

　　①按施工图核查绑扎成型的钢筋骨架，检查钢筋品种、直径、数量、间距、形状；

　　②骨架外形尺寸，其偏差是否超过规定；检查保护层厚度，构造筋是否符合构造要求；

　　③锚固长度，箍筋加密区及加密间距；

　　④检查钢筋接头。如是绑扎搭接，要检查搭接长度，接头位置和数量（错开长度、接头百分率）；焊接接头或机械连接，要检查外观质量，取样试件力学性能试验是否达到要求，接头位置（相互错开）数量（接头百分率）。

　　（3）工序交接验收。工序是指作业活动中一种必要的技术停顿，作业方式的转换及作业活动效果的中间确认。上道工序应满足下道工序的施工条件和要求。对相关专业工序之间也是如此。通过工序间的交接验收，使各工序间和相关专业工程之间形成一个有机整体。

　　（4）检验批、分项工程、分部工程的验收。检验批的质量应按主控项目和一般项目验收。

　　检验批（分项、分部工程）完成后，承包单位应首先自行检查验收，确认符合设计文件、相关验收规范的规定，然后向监理工程师提交申请，由监理工程师予以检查、确认。监理工程师按合同文件的要求，根据施工图纸及有关文件、规范、标准等，从外观、几何尺寸、质量控制资料以及内在质量等方面进行检查、审核。如确认其质量符合要求，则予以确认验收。如有质量问题则指令承包单位进行处理，待质量合乎要求后再予以检查验收。对涉及结构安全和使用功能的重要分部工程应进行抽样检测。

　　（5）单位工程或整个工程项目的竣工验收。在一个单位工程完工后或整个工程项目完成后，施工承包单位应先进行竣工自检，自检合格后，向项目监理机构提交《工程竣工报验单》（表3-11），总监理工程师组织专业监理工程师进行竣工初验，其主要工作包括以下几方面：

1）审查施工承包单位提交的竣工验收所需的文件资料，包括各种质量控制资料、试验报告以及各种有关的技术性文件等。若所提交的验收文件、资料不齐全或有相互矛盾和不符之处，应指令承包单位补充、核实及改正。

2）审核承包单位提交的竣工图，并与已完工程、有关的技术文件（如设计图纸、工程变更文件、施工记录及其他文件）对照进行核查。

表3-11   工程竣工报验单

工程名称：   编号：

致： （监理单位） 我方已按合同要求完成了_____工程，经自检合格，请予以检查和验收。 附件： 承包单位（章）_____ 项目经理_____ 日　　期_____	
审查意见： 经初步验收，该工程 1. 符合/不符合我国现行法律、法规要求； 2. 符合/不符合我国现行工程建设标准； 3. 符合/不符合设计文件要求； 4. 符合/不符合施工合同要求。 综上所述，该工程初步验收合格/不合格，可以/不可以组织正式验收。 项目监理机构_____ 总监理工程师_____ 日　　期_____	

3）总监理工程师组织专业监理工程师对拟验收工程项目的现场进行检查，如发现质量问题应指令承包单位进行处理。

4）对拟验收项目初验合格后，总监理工程师对承包单位的《工程竣工报验单》予以签认，并上报建设单位。同时提出"工程质量评估报告"。"工程质量评估报告"是工程验收中的重要资料，它由项目总监理工程师和监理单位技术负责人签署。主要包括以下主要内容：

①工程项目建设概况介绍，参加各方的单位名称、负责人；

②工程检验批，分项、分部、单位工程的划分情况；

③工程质量验收标准，各检验批、分项、分部工程质量验收情况；

④地基与基础分部工程中，涉及桩基工程的质量检测结论，基槽承载力检测结论；涉及结构安全及使用功能的检测结论；建筑物沉降观测资料；

⑤施工过程中出现的质量事故及处理情况，验收结论；

⑥结论。本工程项目（单位工程）是否达到合同约定；是否满足设计文件要求；是否符合国家强制性标准及条款的规定。

5）参加由建设单位组织的正式竣工验收。

（6）不合格的处理。上道工序不合格，不准进入下道工序施工，不合格的材料、构配件、半成品不准进入施工现场且不允许使用，已经进场的不合格品应及时做出标识、记录，指定专人看管，避免用错，并限期清除出现场；不合格的工序或工程产品，不予计价。

（7）成品保护：

1）成品保护的要求。所谓成品保护一般是指在施工过程中，有些分项工程已经完成，而其他一些分项工程尚在施工；或者是在其分项工程施工过程中，某些部位已完成，而其他部位正在施工。在这种情况下，承包单位必须负责对已完成部分采取妥善措施予以保护，以免因成品缺乏保护或保护不善而造成操作损坏或污染，影响工程整体质量。因此，监理工程师应对承包单位所承担的成品保护工作的质量与效果进行经常性的检查。

对承包单位进行成品保护的基本要求是：在承包单位向建设单位提出其工程竣工验收申请或向监理工程师提出分部、分项工程的中间验收时，其提请验收工程的所有组成部分均应符合与达到合同文件规定的或施工图纸等技术文件所要求的质量标准。

2）成品保护的一般措施。根据需要保护的建筑产品的特点不同，可以分别对成品采取"防护"、"覆盖"、"封闭"等保护措施，以及合理安排施工顺序来达到保护成品的目的。如图3-31为成品保护示例。

图3-31　成品保护示例

具体如下所述：

①防护。就是针对被保护对象的特点采取各种防护的措施。例如，对清水楼梯踏步，可以采取护棱角铁上下连接固定；对于进出口台阶可垫砖或方木搭脚手板供人通过的方法来保护台阶；对于门口易碰部位，可以钉上防护条或槽型盖铁保护；门扇安装后可加楔固定等。图3-32为混凝土阳角部位防止碰撞而进行的成品保护做法。

图 3-32　混凝土阳角部位防护做法

②包裹。就是将被保护物包裹起来，以防损伤或污染。例如，对镶面大理石柱可用立板包裹捆扎保护；铝合金门窗可用塑料布包扎保护等。图 3-33 为铝合金门窗成品保护做法。

图 3-33　铝合金门窗部位成品保护做法

③覆盖。就是用表面覆盖的办法防止堵塞或损伤。例如，对地漏、落水口排水管等安装后可以覆盖，以防止异物落入而被堵塞；预制水磨石或大理石楼梯可用木板覆盖加以保护；地面可用锯末、苫布等覆盖以防止喷浆等污染；其他需要防晒、防冻、保温养护等项目也应采取适当的防护措施。图 3-34 为后浇带覆盖保护方法。

④封闭。就是采取局部封闭的办法进行保护。例如，垃圾道完成后，可将其进口封闭起来，以防止建筑垃圾堵塞通道；房间水泥地面或地面砖完成后，可将该房间局部封闭，防止人们随意进入而损害地面；室内装修完成后，应加锁封闭，防止人们随意进入而受到损伤等。

⑤合理安排施工顺序。主要是通过合理安排不同工作间的施工顺序先后，以防止后道工序损坏或污染已完施工的成品或生产设备。例如，采取房间内先喷浆或喷涂而后装灯具的施工顺序可防止喷浆污染、损害灯具；先做顶棚、装修而后做地坪，也可避免顶棚

图 3-34　后浇带木板覆盖做法

及装修施工污染、损害地坪。

　　2. 作业技术活动结果检验程序与方法

　　（1）检验程序。按一定的程序对作业活动结果进行检查，其根本目的是要体现作业者要对作业活动结果负责，同时也是加强质量管理的需要。

　　作业活动结束，应先由承包单位的作业人员按规定进行自检，自检合格后与下一工序的作业人员交接检查，如满足要求则由承包单位专职质检员进行检查，以上自检、交检、专检均符合要求后则由承包单位向监理工程师提交"报验申请表"，监理工程师收到通知后，应在合同规定的时间内及时对其质量进行检查，确认其质量合格后予以签认验收。

　　作业活动结果的质量检查验收主要是对质量性能的特征指标进行检查。即采取一定的检测手段进行检验，根据检验结果分析、判断该作业活动的质量（效果）。

　　1）实测。采用必要的检测手段，对实体进行的几何尺寸测量、测试或对抽取的样品进行检验，测定其质量特性指标（例如混凝土的抗压强度）。

　　2）分析。是对检测所得数据进行整理、分析、找出规律。

　　3）判断。根据对数据分析的结果，判断该作业活动效果是否达到了规定的质量标准；如果未达到，应找出原因。

　　4）纠正或认可。如发现作业质量不符合标准规定，应采取措施纠正；如果质量符合要求则予以确认。

　　重要的工程部位、工序和专业工程，或监理工程师对承包单位的施工质量状况未能确信者，以及主要材料，半成品、构配件的使用等，还需由监理人员亲自进行现场验收试验或技术复核。例如路基填土压实的现场抽样检验等；涉及结构安全的试块、试件以及有关材料，应按规定进行见证取样检测、抽样检验。

　　（2）质量检验的主要方法。对于现场所用原材料、半成品、工序过程或工程产品质量进行检验的方法，一般可分为三类，即目测法、检测工具量测法以及试验法。

　　1）目测法。即凭借感官进行检查，也可以叫做观感检验。这类方法主要是根据质量要求，采用看、摸、敲、照等手法对检查对象进行检查，"看"就是根据质量标准要求进行外观检查；例如清水墙表面是否洁净，喷涂的密实度和颜色是否良好、均匀，工人的施工操作是否正常，混凝土振捣是否符合要求等。所谓"摸"就是通过触摸手感进行检查、鉴别，例如油漆的光滑度，浆活是否牢固、不掉粉等。所谓"敲"，就是运用敲击方法进行音感检查；例如对拼镶木地板、墙面瓷砖、大理石镶贴、地砖铺砌等的质量均可通过敲击检查，根据声音虚实、脆闷判断有无空鼓等质量问题，图 3 - 35 为施工人员利用伸缩空鼓检验锤对墙面进行检验。所谓"照"就是通过人工光源或反射光照射，仔细检查难以看清的部位，图 3 - 36 为施工人员利用检测镜对门顶进行检验。

　　2）量测法。就是利用量测工具或计量仪表，通过实际量测结果与规定的质量标准或规范的要求相对照，从而判断质量是否符合要求。量测的手法可归纳为：靠、吊、量、套。所谓"靠"，是用直尺检查诸如地面、墙面的平整度等，如图 3 - 37 所示。所谓"吊"是指用托线板线锤检查垂直度，如图 3 - 38 所示。"量"是指用量测工具或计量仪表等检查断面尺寸、轴线、标高、温度、湿度等数值并确定其偏差，例如大理石板拼缝尺寸与超差数量，摊铺沥青拌和料的温度等，图 3 - 39 为利用卷尺对钢筋间距进行测量。所谓"套"，是指以方尺套方辅以塞尺，检查诸如踏角线的垂直度、预制构件的方正，门窗口及构件的对角线等，

图 3-40 为利用对角检测尺检测洞口的方正。

图 3-35　利用伸缩空鼓检验锤对墙面检验

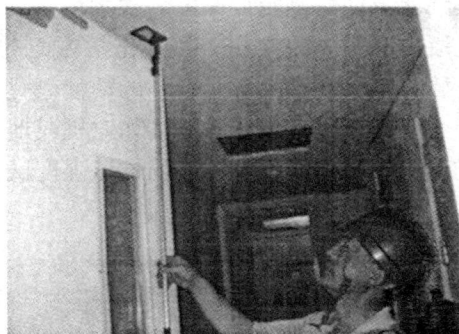

图 3-36　利用检测镜对门顶检验

图 3-37　检测平整度

图 3-38　检测垂直度

图 3-39　检测钢筋间距

图 3-40　检测洞口方正

3）试验法。试验法指通过进行现场试验或试验室试验等理化试验手段，取得数据，分析判断质量情况。包括：

①理化试验工程中常用的理化试验包括各种物理力学性能方面的检验和化学成分及含量的测定等两个方面。力学性能的检验如各种力学指标的测定，像抗拉强度、抗压强度、抗弯

强度、抗折强度、冲击韧性、硬度、承载力等，图 3-41 为混凝土试块抗压强度检测。各种物理性能方面的测定如密度、含水量、凝结时间、安定性、抗渗、耐磨、耐热等，图 3-42 为混凝土凝结时间检测。各种化学方面的试验如化学成分及其含量的测定（例如钢筋中的磷、硫含量、混凝土粗骨料中的活性氧化硅成分测定等），以及耐酸、耐碱、抗腐蚀等。此外，必要时还可在现场通过诸如对桩或地基的现场静载试验或打试桩，确定其承载力；对混凝土现场取样，通过试验室的抗压强度试验，确定混凝土达到的强度等级；以及通过管道压水试验判断其耐压及渗漏情况等。

图 3-41　混凝土抗压强度检测　　　　　图 3-42　混凝土凝结时间检测

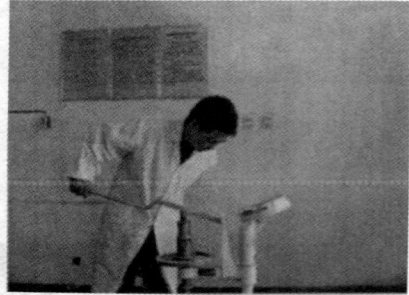

②无损测试或检验借助专门的仪器、仪表等手段探测结构物或材料、设备内部组织结构或损伤状态。这类检测仪器如：超声波探伤仪（如图 3-43 所示）、磁粉探伤仪（如图 3-44 所示）、γ射线探伤、渗透液探伤等。它们一般可以在不损伤被探测物的情况下了解被探测物的质量情况。

图 3-43　SDU20 数字式超声波探伤仪　　　　　图 3-44　CYD-3000 型多用磁粉探伤仪

（3）质量检验程度的种类。按质量检验的程度，即检验对象被检验的数量划分，可有以下几类：

1）全数检验。全数检验也叫做普遍检验。它主要是用于关键工序部位或隐蔽工程，以及那些在技术规程、质量检验验收标准或设计文件中有明确规定应进行全数检验的对象。总之，对于诸如：规格、性能指标对工程的安全性、可靠性起决定作用的施工对象；质量不稳定的工序；质量水平要求高，对后继工序有较大影响的施工对象，不采取全数检验不能保证工程质量时，均需采取全数检验。例如，对安装模板的稳定性、刚度、强度、结构物轮廓尺寸等；对于架立的钢筋规格、尺寸、数量、间距、保护层以及绑扎或焊接质量等。

2）抽样检验。对于主要的建筑材料、半成品或工程产品等，由于数量大，通常大多采取抽样检验。即从一批材料或产品中，随机抽取少量样品进行检验，并根据对其数据经统计分析的结果，判断该批产品的质量状况。与全数检验相比较，抽样检验具有如下优点：检验数量少，比较经济；适合于需要进行破坏性试验（如混凝土抗压强度的检验）的检验项目；检验所需时间较少。

3）免检。就是在某种情况下，可以免去质量检验过程。对于已有足够证据证明质量有保证的一般材料或产品；或实践证明其产品质量长期稳定、质量保证资料齐全者；或是某些施工质量只有通过在施工过程中的严格质量监控，而质量检验人员很难对产品内在质量再做检验的，均可考虑采取免检。

（4）质量检验必须具备的条件。监理单位对承包单位进行有效的质量监督控制是以质量检验为基础的，为了保证质量检验的工作质量，必须具备一定的条件。

1）监理单位要具有一定的检验技术力量。配备所需的具有相应水平和资格的质量检验人员。必要时，还应建立可靠的对外委托检验关系。

2）监理单位应建立一套完善的管理制度，包括建立质量检验人员的岗位责任制；检验设备质量保证制度；检验人员技术核定与培训制度；检验技术规程与标准实施制度；以及检验资料档案管理等方面。

3）配备一定数量符合标准及满足检验工作需要的检验和测试手段。

4）质量检验所需的技术标准，如国际标准、国家标准、行业及地方标准等。

（5）质量检验计划。工程项目的质量检验工作具有流动性、分散性及复杂性的特点。为使监理人员能有效地实施质量检验工作和对承包单位进行有效的质量监控，监理单位应当制定质量检验计划，通过质量检验计划这种书面文件，可以清楚地向有关人员表明应当检验的对象是什么，应当如何检验，检验的评价标准如何，以及其他要求等。

质量检验计划的内容可以包括：

1）分部分项工程名称及检验部位；

2）检验项目，即应检验的性能特征，以及其重要性级别；

3）检验程度和抽检方案；

4）应采用的检验方法和手段；

5）检验所依据的技术标准和评价标准；

6）认定合格的评价条件；

7）质量检验合格与否的处理；

8）对检验记录及签发检验报告的要求；

9）检验程序或检验项目实施的顺序。

（四）施工阶段质量控制手段

1. 审核技术文件、报告和报表

这是对工程质量进行全面监督、检查与控制的重要手段。审核的具体内容包括以下几方面：

（1）审查进入施工现场的分包单位的资质证明文件，控制分包单位的质量。

（2）审批施工承包单位的开工申请书，检查、核实与控制其施工准备工作质量。

（3）审批承包单位提交的施工方案、质量计划、施工组织设计或施工计划，控制工程施工质量有可靠的技术措施保障。

（4）审批施工承包单位提交的有关材料、半成品和构配件质量证明文件（出厂合格证、质量检验或试验报告等），确保工程质量有可靠的物质基础。

（5）审核承包单位提交的反映工序施工质量的动态统计资料或管理图表。

（6）审核承包单位提交的有关工序产品质量的证明文件（检验记录及试验报告）、工序交接检查（自检）、隐蔽工程检查、分部分项工程质量检查报告等文件、资料，以确保和控制施工过程的质量。

（7）审批有关工程变更、修改设计图纸等，确保设计及施工图纸的质量。

（8）审核有关应用新技术、新工艺、新材料、新结构等的技术鉴定书，审批其应用申请报告，确保新技术应用的质量。

（9）审批有关工程质量事故或质量问题的处理报告，确保质量事故或质量问题的处理。

（10）审核与签署现场有关质量技术签证、文件等。

2. 指令文件与一般管理文书

指令文件是监理工程师运用指令控制权的具体形式。所谓指令文件是表达监理工程师对施工承包单位提出指示或命令的书面文件，属要求强制性执行的文件。一般情况下是监理工程师从全局利益和目标出发，在对某项施工作业或管理问题，经过充分调研、沟通和决策之后，必须要求承包人严格按监理工程师的意图和主张实施的工作。对此承包人负有全面正确执行指令的责任，监理工程师负有监督指令实施效果的责任，因此，它是一种非常慎用而严肃的管理手段。监理工程师的各项指令都应是书面的或有文件记载方为有效，并作为技术文件资料存档。如因时间紧迫，来不及做出正式的书面指令，也可以用口头指令的方式下达给承包单位，但随即应按合同规定，及时补充书面文件对口头指令予以确认。

指令文件一般均以监理工程师通知的方式下达，在监理指令中，开工指令、工程暂停指令及工程恢复施工指令也属指令文件，但由于其地位的特殊，在施工过程的质量控制相关单元已做了介绍。

一般管理文书，如监理工程师函、备忘录、会议纪要、发布有关信息、通报等，主要是对承包商工作状态和行为，提出建议、希望和劝阻等，不属强制性要求执行，仅供承包人自主决策参考。

3. 现场监督和检查

（1）现场监督检查的内容：

1）开工前的检查。主要是检查开工前准备工作的质量，能否保证正常施工及工程施工质量。

2）工序施工中的跟踪监督、检查与控制。主要是监督、检查在工序施工过程中，人员、施工机械设备、材料、施工方法及工艺或操作以及施工环境条件等是否均处于良好的状态，是否符合保证工程质量的要求，若发现有问题及时纠偏和加以控制。

3）对于重要的和对工程质量有重大影响的工序和工程部位，还应在现场进行施工过程的旁站监督与控制，确保使用材料及工艺过程质量。

（2）现场监督检查的方式：

1）旁站与巡视。旁站是指在关键部位或关键工序施工过程中由监理人员在现场进行的监督活动。

在施工阶段，很多工程的质量问题是由于现场施工或操作不当或不符合规程、标准所致，有些施工操作不符合要求的工程质量，虽然在表面上似乎影响不大，或外表上看不出来，但却隐蔽着潜在的质量隐患与危险。例如浇筑混凝土时振捣时间不够或漏振，都会影响混凝土的密实度和强度，而只凭抽样检验并不一定能完全反映出实际情况。此外，抽样方法和取样操作如果不符合规程及标准的要求，其检验结果也同样不能反映实际情况。上述这类不符合规程或标准要求的违章施工或违章操作，只有通过监理人员的现场旁站监督与检查，才能发现问题并得到控制。旁站的部位或工序要根据工程特点，也应根据承包单位内部质量管理水平及技术操作水平决定。一般而言，混凝土灌注、预应力张拉过程及压浆，基础工程中的软基处理、复合地基施工（如搅拌桩、旋喷桩、粉喷桩），路面工程的沥青拌和料摊铺、沉井过程、桩基的打桩过程、防水施工、隧道衬砌施工中超挖部分的回填、边坡喷锚打锚杆等要实施旁站。如图3-45混凝土浇筑现场、图3-46防水卷材施工现场，按规定都需要实施旁站。

图 3-45　某工程混凝土浇筑现场

图 3-46　某工程防水卷材施工现场

巡视是指监理人员对正在施工的部位或工序现场进行的定期或不定期的监督活动，巡视是一种"面"上的活动，它不限于某一部位或过程，而旁站则是"点"的活动，它是针对某一部位或工序。因此，在施工过程中，监理人员必须加强对现场的巡视、旁站监督与检查，及时发现违章操作和不按设计要求、不按施工图纸或施工规范、规程或质量标准施工的现象，对不符合质量要求的要及时进行纠正和严格控制。

2）平行检验。监理工程师利用一定的检查或检测手段在承包单位自检的基础上，按照一定的比例独立进行检查或检测的活动。

它是监理工程师质量控制的一种重要手段，在技术复核及复验工作中采用，是监理工程师对施工质量进行验收，做出自己独立判断的重要依据之一。

4. 规定质量监控工作程序

规定双方必须遵守的质量监控工作程序，按规定的程序进行工作，这也是进行质量监控的必要手段。例如未提交开工申请单并得到监理工程师的审查、批准，不得开工；未经监理工程师签署质量验收单并予以质量确认，不得进行下道工序；工程材料未经监理工程师批准，不得在工程上使用等。

此外，还应具体规定交桩复验工作程序，设备、半成品、构配件材料进场检验工作程序，隐蔽工程验收、工序交接验收工作程序，检验批、分项、分部工程质量验收工作程序等。通过程序化管理，使监理工程师的质量控制工作进一步落实，做到科学、规范的管理和控制。

5. 利用支付手段

这是国际上较通用的一种重要的控制手段，也是建设单位或合同中赋予监理工程师的支付控制权。从根本上讲，国际上对合同条件的管理主要是采用经济手段和法律手段。因此，质量监理是以计量支付控制权为保障手段的。所谓支付控制权就是对施工承包单位支付任何工程款项，均需由总监理工程师审核签认支付证明书，没有总监理工程师签署的支付证书，建设单位不得向承包单位进行支付工程款。工程款支付的条件之一就是工程质量要达到规定的要求和标准。如果承包单位的工程质量达不到要求的标准，监理工程师有权采取拒绝签署支付证书的手段，停止对承包单位支付部分或全部工程款，由此造成的损失由承包单位负责。显然，这是十分有效的控制和约束手段。

二、实训部分

实训案例一

某工程项目桩基工程采用钻孔灌注桩，按设计要求，正式工程桩施工前必须进行两组试桩，试验结果未达到预计效果，监理工程师对整个试桩过程进行了分析，发现如下问题：

（1）混凝土未达到设计要求的强度；

（2）焊条的规格未满足要求；

（3）钢筋工没有上岗证书；

（4）施工中采用的钢筋笼主筋型号不符合规格要求；

（5）在大雨条件下进行钢筋笼的焊接；

（6）钻孔时施工机械经常出现故障造成停钻；

（7）清孔的时间不够；

（8）钢筋笼起吊方法不对，造成钢筋笼弯曲。

对于第（1）条混凝土未达到设计要求的强度，即混凝土强度不足，进一步分析，发现存在如下问题：

1）水泥重量不足；

2）导管拆管时经常出现施工机械故障造成拆管时间太长；

　3）砂石含泥量大；

　4）新工人未经培训；

　5）坍落度偏低；

　6）施工未交底；

　7）导管上升太快，振捣差；

　8）在气温太低条件下进行浇筑；

　9）配合比不当。

问题：

（1）试述影响施工阶段工程质量的因素有哪几大类？

（2）以上试桩过程的问题各属于哪类影响施工阶段工程质量的因素？

（3）以上第（1）条中混凝土强度不足的问题各属于哪类影响施工阶段混凝土强度的因素？

实训案例二

　某钢结构工程在施工过程中，施工单位未经监理工程师事先同意，订购了一批槽钢，槽钢运抵施工现场后监理工程师进行了检验，检验中发现槽钢质量存在以下问题：

（1）施工单位未能提交产品合格证、质量保证书和检测证明资料；

（2）实物外观粗糙，标识不清，且有锈斑。

问题：

监理工程师应如何处理上述问题？

实训案例三

　某工程项目的建设单位与某施工单位签订了施工承包合同，并委托了某监理单位实行施工阶段的监理。施工承包合同中规定，钢材由建设单位指定厂家，施工单位负责采购，厂家负责运输到工地。

　第一批钢筋运到施工现场时，施工单位认为是由建设单位指定用的钢筋，在检查了产品合格证、质量保证书后即可以用于工程。但监理工程师认为必须进行材质检验，于是监理工程师按规定进行了抽检，检验结果达不到设计要求，遂要求对该批钢筋进行处理。

问题：

（1）施工单位的做法是否正确？说明理由。若施工单位将该批材料用于工程造成质量问题，施工单位是否应承担责任？说明理由。

（2）监理工程师的行为是否正确？若监理单位将该批材料用于工程造成质量问题，监理单位是否应承担责任？说明理由。

（3）若该批材料用于工程造成质量问题，建设单位是否应承担责任？说明理由。

（4）该批钢筋的质量应由谁负责？

（5）该批钢筋应如何处理？材料的损失由谁承担？

实训案例四

　某工程项目为框架结构，业主与监理单位、施工单位分别签订了监理合同和施工合同。

　在主体结构施工之前，监理工程师对现场施工单位存放的一批钢筋进行了检查。施工单位出具了钢材的试验报告，经检查试验报告为合格，专业监理工程师同意使用该批材料进行施工。在施工过程中，监理工程师现场旁站监督，对某检验批完成后进行了验收，对其主控项目和一般项目经抽样检验合格，监理工程师签署该检验批质量合格。

当工程施工到第二层时，施工单位没有通知监理工程师又进场一批同一厂家相同规格的钢筋。监理工程师发现后，要求施工单位出具书面材料，施工单位出具了进场材料的出厂合格证、技术说明书、材质化验单等质量保证文件。施工单位认为长期使用该厂家材料且该厂信誉较好，所以该批材料可以免检，由于工期较紧，施工单位取得专业监理工程师同意指令使用该批材料进行施工。

问题：

（1）上述情况监理工程师处理是否妥当？说明理由。

（2）如果该批材料存在质量问题，监理工程师是否有责任？说明理由。

（3）监理工程师如何进行见证取样？

实训案例五

某项实施监理的钢筋混凝土高层框剪结构工程，设计图纸齐全，采用玻璃幕墙，暗设水、电管线。目前，主体结构正在施工。

问题：

（1）监理工程师在质量控制方面的监理工作内容有哪些？

（2）监理工程师应对进场原材料（钢筋、水泥、砂、石等）的哪些报告、凭证资料进行确认？

（3）在检查钢筋施工过程中，发现有些部位不符合设计和规范要求，监理工程师应如何处理？

实训案例六

某工程项目业主委托某监理单位进行施工阶段监理。工程施工过程中，监理工程师对施工中的工程质量问题及时进行质量控制，具体如下：

（1）审查分包商的资质证明文件；

（2）开工前施工准备工作质量检查；

（3）审批施工总承包商的施工组织设计；

（4）不得使用未经监理工程师批准的工程材料；

（5）下达工程暂停施工的指令；

（6）拒绝签署支付证书；

（7）审批工程变更；

（8）未提交开工申请单并得到监理工程师批准的不得开工。

问题：

（1）监理工程师对施工过程质量控制手段主要有哪些？

（2）针对上述情况，分别属于监理工程师施工过程质量控制的哪种手段？

实训案例七

某政府投资工程项目，建设单位通过公开招标确定了某施工总承包商，并按《建设工程施工合同（示范文本）》签订了工程施工合同。该工程项目由某监理公司进行施工阶段工程监理。在工程项目实施中，遇到了如下情况：

（1）该地区地质复杂多变，施工较困难，为了保证工程质量，施工总承包商决定将基础工程施工分包给一个专业基础工程公司。

（2）建设单位要求监理机构抓好所使用的主要材料、设备进场的质量关。

（3）建设单位要求监理机构对于主要的工程施工都要求严格把好每一道工序施工质量关，要达到合同规定的高标准和高的质量保证率。

（4）建设单位要求监理机构必须确保所使用的混凝土拌和料、砂浆和钢筋混凝土承重结构及承重焊缝的强度达到质量要求的标准。

（5）在某层钢筋混凝土楼板浇筑混凝土施工过程中，土建监理工程师了解到该层楼板钢筋施工虽已经过监理工程师检查认可签证，但其中设计预埋的电气暗管却未通知电气监理工程师检查签证，此时混凝土已浇筑了全部工程量的五分之一。

问题：

（1）针对上述情况，监理工程师应当分别运用什么手段以保证质量？请逐次作出回答。

（2）为了确保作业质量，在出现什么情况下，总监理工程师有权下达停工令，及时进行质量控制？

实训案例八

某承包商承接某工程，占地面积 1.63 万 m²，建筑层数地上 22 层，地下 2 层，基础类型为桩基筏式承台板，结构形式为现浇剪力墙，混凝土采用商品混凝土，强度等级有 C25、C30、C35、C40 级，钢筋采用 HRB400 级。屋面防水采用 SBS 改性沥青防水卷材，外墙面喷涂，内墙面和顶棚刮腻子喷大白浆，屋面保温采用憎水珍珠岩，外墙保温采用聚氨酯保温板。根据要求，该工程实行工程监理。

问题：

（1）对进场材料质量控制的基本要求是什么？

（2）承包商对进场材料如何向监理报验？

（3）对该工程的钢筋工程验收要点有哪些？

实训案例九

某城市建设项目，建设单位委托监理单位承担施工阶段的监理任务，并通过公开招标选定甲施工单位作为施工总承包单位。工程实施中发生了下列事件：

事件 1：桩基工程开始后，专业监理工程师发现，甲施工单位未经建设单位同意将桩基工程分包给乙施工单位，为此，项目监理机构要求暂停桩基施工。征得建设单位同意分包后，甲施工单位将乙施工单位的相关材料报项目监理机构审查，经审查乙施工单位的资质条件符合要求，可以进行桩基施工。

事件 2：桩基施工过程中，出现断桩事故。经调查分析，此次断桩事故是因为乙施工单位抢进度、擅自改变施工方案引起。对此，原设计单位提供的事故处理方案为：断桩清除，原位重新施工。乙施工单位按处理方案实施。

问题：

（1）事件 1 中，项目监理机构对乙施工单位资质审查的程序和内容是什么？

（2）项目监理机构应如何处理事件 2 中的断桩事故？

实训案例十

政府投资的某工程，监理单位承担了施工招标代理和施工监理任务。该工程采用无标底公开招标方式选定施工单位。工程实施中发生了下列事件：

事件1：开工前，总监理工程师组织召开了第一次工地会议，并要求G单位及时办理施工许可证，确定工程水准点、坐标控制点，按政府有关规定及时办理施工噪声和环境保护等相关手续。

事件2：开工前，设计单位组织召开了设计交底会。会议结束后，总监理工程师整理了一份《设计修改建议书》，提交给设计单位。

事件3：施工开始前，G单位向专业监理工程师报送了《施工测量成果报验表》，并附有测量放线控制成果及保护措施。专业监理工程师复核了控制桩的校核成果和保护措施后即予以签认。

问题：

（1）指出事件1中总监理工程师做法的不妥之处，写出正确做法。

（2）指出事件2中设计单位和总监理工程师做法的不妥之处，写出正确做法。

（3）事件3中，专业监理工程师还应检查、复核哪些内容？

复习思考与训练题

一、单项选择题

1. 设计单位向施工单位和承担施工阶段监理任务的监理单位等进行设计交底，交底会议纪要应由（　　）整理，与会各方会签。

    A. 施工单位   B. 监理单位   C. 设计单位   D. 建设单位

2. 为了便于过程控制和终端把关，按施工层次划分的质量控制系统过程，是指分别对（　　）所进行的控制过程。

    A. 检验批、分项、分部、单位工程   B. 资源投入、生产过程、产出品

    C. 施工准备、施工过程、竣工验收   D. 施工人员、检验人员、监理人员

3. 工程开工前，应该对建设单位给定的原始基准点、基准线和标高等测量控制点进行复核，该复测工作应由（　　）完成。

    A. 勘察单位   B. 设计单位   C. 施工单位   D. 监理单位

4. 施工阶段监理工程师对分包单位审核合格后通知总包单位，总包单位应尽快与分包单位签订分包协议，并将协议的副本报（　　）备案。

    A. 建设单位   B. 项目监理机构

    C. 质量监督站   D. 建设行政主管部门

5. 为了确保工程质量，对于大宗器材和材料的采购，一般宜（　　）。

    A. 考核合格供货厂家后直接向厂家订货

    B. 货比三家，直接在市场上采购

    C. 通过样品试验、鉴定后，请中介机构代为采购

    D. 采用招标的方式采购

6. 监理工程师对施工质量的检查与验收，必须是在承包单位（　　）的基础上进行。

    A. 班组自检和互检   B. 班组自检和专检

    C. 自检并确认合格   D. 班组自检合格

7. 施工过程中，监理单位见证取样的试验费用应该由（　　）支付。

    A. 施工单位　　　　　　　　　　　　B. 建设单位

    C. 监理单位　　　　　　　　　　　　D. 施工和监理单位共同

8. 质量控制点是为了保证作业过程质量而确定的（　　）。

    A. 重点控制对象　　B. 施工作业对象　　C. 施工工序　　D. 施工操作

9. 关键部位或技术难度大、施工复杂的分项工程施工前，承包单位的技术交底书、作业指导书要报（　　）审查。

    A. 单位工程技术负责人　　　　　　　B. 项目经理

    C. 监理工程师　　　　　　　　　　　D. 专业工程师

10. 对于施工现场喷涂、油漆之类的工序质量检查，宜采用的检验方法是（　　）。

    A. 分析法　　　　　　B. 量测法　　　　　　C. 试验法　　　　　　D. 目测法

11. 监理工程师收到承包单位报验申请后，首先对（　　）进行审查，并在合同规定时间到现场检查。

    A. 报验申请表　　　B. 质量证明资料　　　C. 分项工程　　　D. 隐蔽工程

12. 监理工程师在施工过程中对工序施工的跟踪监督检查与控制，主要是（　　）。

    A. 对影响工序质量的因素进行监督检查　　B. 对隐蔽工程的监督检查

    C. 对质量控制点的监督检查　　　　　　　D. 对旁站工程的监督检查

13. 由承包单位负责采购的重要材料，订货前应向监理工程师申报，与一般原材料、半成品或构配件的采购前申报相比，前者的申报还要提供（　　）。

    A. 产品说明书　　　B. 权威性认证资料　　C. 技术说明书　　　D. 材料样品

14. 对于规模大且工艺复杂的工程、群体工程或分期出图的工程所报送和审查的分阶段施工组织设计，须经（　　）批准。

    A. 建设单位　　　　　　　　　　　　B. 监理单位

    C. 质量监督机构　　　　　　　　　　D. 施工图审查机构

15. 涉及主体结构及安全的工程变更，要按有关规定报送（　　）审批，否则变更不能实施。

    A. 当地建设行政主管部门　　　　　　B. 质量监督机构

    C. 施工图原审查单位　　　　　　　　D. 建设单位主管部门

16. 监理工程师收到承包单位隐蔽工程验收申请后，要在（　　）的时间内到现场检查验收。

    A. 建设单位确认　　　　　　　　　　B. 总监理工程师批准

    C. 质检部门规定　　　　　　　　　　D. 合同条件约定

17. 下列施工成品中，适合用防护措施保护的是（　　）。

    A. 清水楼梯踏步　　B. 镶面大理石柱　　C. 地漏　　　　　　D. 垃圾道

18. 监理工程师要对施工质量做出独立判断，必须应用（　　）手段取得依据。

    A. 承包单位自检　　B. 平行检验　　　　C. 承包单位互检　　D. 交叉检验

19. 针列工程质量检验工作的流动性、分散性和复杂性特点，为使监理人员有效实施对承包单位施工质量的监控，项目监理机构应制定施工质量的（　　）计划。

    A. 抽样检验　　　　B. 平行检验　　　　C. 旁站监理　　　　D. 复测复检

20. 某工程施工过程中因某种规格的钢筋临时缺货，施工单位提出采用替代规格钢筋的要求，专业监理工程师组织施工单位和设计单位现场代表研究协商后同意，各方签字并形成了纪要。该变更应经（　　）批准后才能实施。

    A. 建设单位现场代表　　　　　　　　B. 总监理工程师

    C. 设计单位现场代表　　　　　　　　D. 施工单位技术负责人

二、多选题

1. 监理工程师在工程开工前，应对承包单位进场的施工机械配置情况进行检查控制，主要检查内容是（　　）。

    A. 性能选择是否恰当　　　　　　　　B. 工作状态是否良好

    C. 是否已按计划备妥　　　　　　　　D. 配备数量是否足够

    E. 是否经当地劳动安全部门鉴定

2. 分包工程开工前，总包单位向监理工程师提交的《分包单位资格报审表》，其内容一般应包括（　　）。

    A. 分包单位施工准备情况　　　　　　B. 分包工程的施工方案

    C. 关于拟分包工程情况　　　　　　　D. 关于分包单位的基本情况

    E. 分包协议草案

3. 施工阶段设计交底是正确执行施工程序的一项重要工作，监理工程师参加设计交底工作应着重了解的内容包括（　　）。

    A. 有关设计意图　　　　　　　　　　B. 有关自然条件

    C. 设计中存在的问题　　　　　　　　D. 施工应注意的事项

    E. 主管部门及其他部门对本工程的要求

4. 施工质量控制的主要依据有（　　）。

    A. 工程合同和设计文件　　　　　　　B. 质量管理体系文件

    C. 质量手册　　　　　　　　　　　　D. 质量管理方面的法律、法规性文件

    E. 有关质量检验和控制的专门技术法规性文件

5. 施工组织设计审查时，注意的事项有（　　）。

    A. 重要的分部、分项工程的施工方案

    B. 在施工顺序上符合基本规律

    C. 施工方案与施工进度计划的一致性

    D. 施工方案与施工平面图的协调一致

    E. 施工项目质量管理体系

6. 选择质量控制点的一般原则有（　　）。

    A. 关键工序　　　　　　　　　　　　B. 隐蔽工程

    C. 施工中薄弱环节　　　　　　　　　D. 技术难度大的工序

    E. 施工方法

7. 对于不合格的处理，要做到（　　）。

    A. 上道工序不合格，不准进入下道工序施工

    B. 不合格的材料、构配件、半成品不允许使用

    C. 对已进场的不合格品限期清除出现场

D. 对不合格检验批要消除

E. 不合格的工序或工程产品不予计价

8. 为确保工程质量，在市政工程及房屋建筑工程项目中，要对（　　）实行见证取样。

A. 工程材料 　　　　　　　　　　　B. 设备的预埋件

C. 承重结构的混凝土试块 　　　　　D. 承重墙体的砂浆试块

E. 结构工程的受力钢筋

9. 作业技术交底是具体落实施工组织设计或施工方案的措施，交底的主要内容包括（　　）。

A. 分包单位资质审查要求 　　　　　B. 施工方法和手段

C. 质量要求和验收标准 　　　　　　D. 施工中需注意的问题

E. 意外情况的应急措施

10. 监理工程师在施工过程中要对施工环境进行控制，下列属于施工质量管理环境的有（　　）。

A. 质量管理体系是否处于良好状态

B. 质量责任制是否落实

C. 施工场地空间条件和通道是否符合要求

D. 质量控制自检系统是否处于良好状态

E. 现场质量检验制度是否完善

三、问答题

1. 施工准备、施工过程、竣工验收各阶段的质量控制包括哪些主要内容？

2. 施工质量控制的依据主要有哪些方面？

3. 简要说明施工阶段监理工程师质量控制的工作程序。

4. 监理工程师对承包单位资质核查的内容是什么？

5. 监理工程师审查施工组织设计的原则有哪些？

6. 对工程所需的原材料、半成品、构配件的质量控制主要从哪些方面进行？

7. 监理工程师如何审查分包单位的资格？

8. 设计交底中，监理工程师应主要了解哪些内容？

9. 什么是质量控制点？选择质量控制点的原则是什么？

10. 什么是质量预控？

11. 环境状态控制的内容有哪些？

12. 监理工程师如何做好进场施工机械设备的质量控制？

13. 监理工程师如何做好施工测量、计量的质量控制？

14. 监理工程师如何做好作业技术活动过程的质量控制？

15. 什么是见证取样？其工作程序和要求有哪些？

16. 工程变更的要求可能来自何方？其变更程序如何？

17. 什么是"见证点"？见证点的监理实施程序是什么？

18. 施工过程中成品保护的措施一般有哪些？

19. 监理工程师进行现场质量检验的方法有哪几类？其主要内容包括哪些方面？

20. 施工阶段监理工程师进行质量监督控制可以通过哪些手段进行？

单元四　工程施工质量验收

项目一　建筑工程施工质量验收的术语和基本规定

应知部分

工程施工质量验收是工程建设质量控制的一个重要环节,它包括工程施工质量的中间验收和工程的竣工验收两个方面。通过对工程建设中间产出品和最终产品的质量验收,从过程控制和终端把关两个方面进行工程项目的质量控制,以确保达到业主所要求的功能和使用价值,实现建设投资的经济效益和社会效益。本单元结合《建筑工程施工质量验收统一标准》(GB 50300—2001)及建筑工程其他专业验收规范,着重说明了建筑工程质量验收的相关问题。

建筑工程施工质量验收统一标准、规范体系由《建筑工程施工质量验收统一标准》(GB 50300—2001)和各专业验收规范共同组成,它们必须配套使用。各专业验收规范具体包括:《建筑地基基础工程施工质量验收规范》(GB 50202—2002);《砌体工程施工质量验收规范》(GB 50203—2011);《混凝土结构工程施工质量验收规范》(GB 50204—2002)(2010 年版);《钢结构工程施工质量验收规范》(GB 50205—2001);《木结构工程施工质量验收规范》(GB 50206—2012);《屋面工程质量验收规范》(GB 50207—2012);《地下防水工程质量验收规范》(GB 50208—2011);《建筑地面工程施工质量验收规范》(GB 50209—2010);《建筑装饰装修工程质量验收规范》(GB 50210—2001);《建筑给水排水及采暖工程施工质量验收规范》(GB 50242—2002);《通风与空调工程施工质量验收规范》(GB 50243—2002);《建筑电气工程施工质量验收规范》(GB 50303—2011);《电梯工程施工质量验收规范》(GB 50310—2002);《建筑节能工程施工质量验收规范》(GB 50411—2007)等。

为了进一步做好工程质量验收工作,结合当前建设工程质量管理的方针和政策,增强各规范间的协调性及适用性并考虑与国际惯例接轨,在建筑工程施工质量验收标准、规范体系的编制中坚持了"验评分离,强化验收,完善手段,过程控制"的指导思想。建筑工程施工质量验收统一标准的编制依据,主要是《中华人民共和国建筑法》、《建设工程质量管理条例》、《建筑结构可靠度设计统一标准》及其他有关设计规范等。验收统一标准及专业验收规范体系的落实和执行,还需要有关标准的支持。

(一)施工质量验收的有关术语

《建筑工程施工质量验收统一标准》(GB 50300—2001)中共给出 17 个术语,这些术语对规范有关建筑工程施工质量验收活动中的用语,加深对标准条文的理解,特别是更好地贯彻执行标准是十分必要的。下面列出几个较重要的质量验收相关术语。

1. 验收

建筑工程在施工单位自行质量检查评定的基础上,参与建设活动的有关单位共同对检验批、分项、分部、单位工程的质量进行抽样复验,根据相关标准以书面形式对工程质量达到合格与否做出确认。

2. 检验批

按同一的生产条件或按规定的方式汇总起来供检验用的，由一定数量样本组成的检验体。检验批是施工质量验收的最小单位，是分项工程乃至整个建筑工程质量验收的基础。

3. 主控项目

建筑工程中对安全、卫生、环境保护和公众利益起决定性作用的检验项目。例如混凝土结构工程中"钢筋安装时，受力钢筋的品种、级别、规格和数量必须符合设计要求"，"纵向受力钢筋连接方式应符合设计要求"，"安装现浇结构的上层模板及其支架时，下层模板应具有承受上层荷载的承载能力，或加设支架；上、下层支架的立柱应对准、并铺设垫板"等都是主控项目。

4. 一般项目

除主控项目以外的项目都是一般项目。例如混凝土结构工程中，除了主控项目外，"钢筋的接头宜设置在受力较小处，如图 4-1 所示。同一纵向受力钢筋不宜设置两个或两个以上接头。接头末端至钢筋弯起点的距离不应小于钢筋直径的 10 倍"，"钢筋应平直、无损伤，表面不得有裂纹、油污、颗粒状或片状老锈"，"施工缝的位置应在混凝土的浇筑前按设计要求和施工技术方案确定。施工缝的处理应按施工技术方案执行"等都是一般项目。

图 4-1　钢筋焊接接头和机械连接接头

5. 观感质量

通过观察和必要的量测所反映的工程外在质量。

6. 返修

对工程不符合标准规定的部位采取整修等措施。

7. 返工

对不合格的工程部位采取的重新制作、重新施工等措施。

（二）施工质量验收的基本规定

（1）施工现场质量管理应有相应的施工技术标准，健全的质量管理体系、施工质量检验制度和综合施工质量水平评价考核制度，并做好施工现场质量管理检查记录。

施工现场质量管理检查记录应由施工单位按表 4-1 填写，总监理工程师（建设单位项目负责人）进行检查，并做出检查结论。

（2）建筑工程施工质量应按下列要求进行验收：

1）建筑工程施工质量应符合《建筑工程施工质量验收统一标准》和相关专业验收规范

的规定。

　　2）建筑工程施工应符合工程勘察、设计文件的要求。

　　3）参加工程施工质量验收的各方人员应具备规定的资格。

　　4）工程质量的验收应在施工单位自行检查评定的基础上进行。

　　5）隐蔽工程在隐蔽前应由施工单位通知有关方进行验收，并应形成验收文件。

　　6）涉及结构安全的试块、试件以及有关材料，应按规定进行见证取样检测。

　　7）检验批的质量应按主控项目和一般项目验收。

　　8）对涉及结构安全和使用功能的分部工程应进行抽样检测。

　　9）承担见证取样检测及有关结构安全检测的单位应具有相应资质。

　　10）工程的观感质量应由验收人员通过现场检查，并应共同确认。

表 4-1　　　　　　　　　　　　施工现场质量管理检查记录

开工日期：

工程名称		施工许可证（开工证）		
建设单位		项目负责人		
设计单位		项目负责人		
监理单位		总监理工程师		
施工单位	项目经理		项目技术负责人	
序　号	项　　目		内　　容	
1	现场质量管理制度			
2	质量责任制			
3	主要专业工种操作上岗证书			
4	分包方资质与对分包方单位的管理制度			
5	施工图审查情况			
6	地质勘察资料			
7	施工组织设计、施工方案及审批			
8	施工技术标准			
9	工程质量检验制度			
10	搅拌站及计量设置			
11	现场材料、设备存放与管理			
12				

检查结论：

总监理工程师：

（建设单位负责人）　　　年　月　日

项目二　建筑工程施工质量验收的划分

应知部分

（一）施工质量验收层次划分的目的

建筑工程施工质量验收涉及到建筑工程施工过程控制和竣工验收控制，是工程施工质量控制的重要环节，合理划分建筑工程施工质量验收层次是非常必要的。特别是不同专业工程的验收批如何确定，将直接影响到质量验收工作的科学性、经济性和实用性及可操作性。因此有必要建立统一的工程施工质量验收的层次划分。通过验收批和中间验收层次及最终验收单位的确定，实施对工程施工质量的过程控制和终端把关，确保工程施工质量达到工程项目决策阶段所确定的质量目标和水平。

（二）施工质量验收划分的层次

随着社会经济的发展和施工技术的进步，现代工程建设呈现出建设规模不断扩大、技术复杂程度高等特点。近年来，出现了大量建筑规模较大的单体工程和具有综合使用功能的综合性建筑物，几万平米的建筑比比皆是，十万平米以上的建筑也不少。由于这些工程的建设周期较长，工程建设中可能会出现建设资金不足，部分工程停缓建，已建成部分提前投入使用或先将其中部分提前建成使用等情况，再加之对规模特别大的工程一次验收也不方便等。因此标准规定，可将此类工程划分为若干个子单位工程进行验收。同时为了更加科学地评价工程质量和验收，考虑到建筑物内部设施也越来越多样化，按建筑物的主要部位和专业来划分分部工程已不适应当前的要求。因此在分部工程中，按相近工作内容和系统划分为若干个子分部工程。每个子分部工程中包括若干个分项工程。每个分项工程中包含若干个检验批，检验批是工程施工质量验收的最小单位。

（三）单位工程的划分

单位工程的划分应按下列原则确定：

（1）具备独立施工条件并能形成独立使用功能的建筑物及构筑物为一个单位工程。如一个学校中的一栋教学楼，某城市的广播电视塔等。

（2）规模较大的单位工程，可将其能形成独立使用功能的部分划分为一个子单位工程。

子单位工程的划分一般可根据工程的建筑设计分区、使用功能的显著差异、结构缝的设置等实际情况，在施工前由建设、监理、施工单位自行商定，并据此收集、整理施工技术资料和验收。

（3）室外工程可根据专业类别和工程规模划分单位（子单位）工程。室外单位（子单位）工程、分部工程按表4-2采用。

表4-2　　　　　　　　　　室外工程划分

单位工程	子单位工程	分部（子分部）工程
室外建筑环境	附属建筑	车棚，围墙，大门，挡土墙，垃圾收集站
	室外环境	建筑小品，道路，亭台，连廊，花坛，场坪绿化
室外安装	给水排水与采暖	室外给水系统，室外排水系统，室外供热系统
	电气	室外供电系统，室外照明系统

（四）分部工程的划分

分部工程的划分应按下列原则确定：

（1）分部工程的划分应按专业性质、建筑部位确定。如建筑工程划分为地基与基础、主体结构、建筑装饰装修、建筑屋面、建筑给水排水及采暖、建筑电气、智能建筑、通风与空调、电梯等九个分部工程。

（2）当分部工程较大或较复杂时，可按施工程序、专业系统及类别等划分为若干个子分部工程。如智能建筑分部工程中就包含了火灾及报警消防联动系统、安全防范系统、综合布线系统、智能化集成系统、电源与接地、环境、住宅（小区）智能化系统等子分部工程。

（五）分项工程的划分

分项工程应按主要工种、材料、施工工艺、设备类别等进行划分。如混凝土结构工程中按主要工种分为模板工程、钢筋工程、混凝土工程等分项工程；按施工工艺又分为预应力、现浇结构、装配式结构等分项工程。

建筑工程分部（子分部）工程、分项工程的具体划分见《建筑工程施工质量验收统一标准》（GB 50300—2013）。

（六）检验批的划分

分项工程可由一个或若干个检验批组成，检验批可根据施工及质量控制和专业验收需要按楼层、施工段、变形缝等进行划分。建筑工程的地基基础分部工程中的分项工程一般划分为一个检验批；有地下层的基础工程可按不同地下层划分检验批；屋面分部工程中的分项工程不同楼层屋面可划分为不同的检验批；单层建筑工程中的分项工程可按变形缝等划分检验批，多层及高层建筑建筑工程中主体分部的分项工程可按楼层或施工段来划分检验批；其他分部工程中的分项工程一般按楼层划分检验批；对于工程量较少的分项工程可统一化为一个检验批。安装工程一般按一个设计系统或组别划分为一个检验批。室外工程统一划分为一个检验批。散水、台阶、明沟等含在地面检验批中。

项目三　建筑工程施工质量验收

一、应知部分

（一）检验批质量验收

1. 检验批合格质量规定

（1）主控项目和一般项目的质量经抽样检验合格。

（2）具有完整的施工操作依据、质量检查记录。

从上面的规定可以看出，检验批的质量验收包括了质量资料的检查和主控项目、一般项目的检验两方面的内容。

2. 检验批按规定验收

（1）资料检查。质量控制资料反映了检验批从原材料到验收的各施工工序的施工操作依据，检查情况以及保证质量所必需的管理制度等。对其完整性的检查，实际是对过程控制的确认，这是检验批合格的前提。所要检查的资料主要包括：

1）图纸会审、设计变更、洽商记录；

2）建筑材料、成品、半成品、建筑构配件、器具和设备的质量证明书及进场检（试）

验报告；

　　3）工程测量、放线记录；

　　4）按专业质量验收规范规定的抽样检验报告；

　　5）隐蔽工程检查记录；

　　6）施工过程记录和施工过程检查记录；

　　7）新材料、新工艺的施工记录；

　　8）质量管理资料和施工单位操作依据等。

　　（2）主控项目和一般项目的检验。为确保工程质量，使检验批的质量符合安全和使用功能的基本要求，各专业质量验收规范对各检验批的主控项目和一般项目的子项合格质量都给予明确规定。如砖砌体工程（见图4-2）检验批质量验收时主控项目包括砖强度等级、砂浆强度等级、斜槎留置、直槎拉结钢筋及接槎处理、砂浆饱满度、轴线位移、每层垂直度等内容；而一般项目则包括组砌方法、水平灰缝厚度、顶（楼）面标高、表面平整度、门窗洞口高宽、窗口偏移、水平灰缝的平直度以及清水墙游丁走缝等内容。

图4-2　砖砌体工程

　　检验批的合格质量主要取决于对主控项目和一般项目的检验结果。主控项目是对检验批的基本质量起决定性影响的检验项目，因此必须全部符合有关专业工程验收规范的规定。这意味着主控项目不允许有不符合要求的检验结果，即这种项目的检查具有否决权。鉴于主控项目对基本质量的决定性影响，从严要求是必需的。如混凝土结构工程中混凝土分项工程的配合比设计其主控项目要求：混凝土应按国家现行标准《普通混凝土配合比设计规程》（JGJ 55—2011）的有关规定，根据混凝土强度等级、耐久性和工作性等要求进行配合比设计。对有特殊要求的混凝土，其配合比设计尚应符合国家现行有关标准的专门规定。其检验方法是检查配合比设计资料。而其一般项目则可按专业规范的要求处理。如首次使用的混凝土配合比应进行开盘鉴定，其工作性应满足设计配合比的要求。开始生产时应至少留置一组标准养护试件，作为验证配合比的依据。并通过检查开盘鉴定资料和试件强度试验报告进行检验。混凝土拌制前，应测定砂、石含水率并根据测试结果调整材料用量，提出施工配合比，并通过检查含水率测试结果和施工配合比通知单进行检查，每工作班检查一次。

　　（3）检验批的抽样方案。合理的抽样方案的制定对检验批的质量验收有十分重要的影响。在制定检验批的抽样方案时，应考虑合理分配生产方风险（或错判概率α）和使用方风险（或漏判概率β），主控项目对应于合格质量水平的α和β均不宜超过5%；对于一般项目对应于合格质量水平的α不宜超过5%，β不宜超过10%。检验批的质量检验，应根据检验项目的特点在下列抽样方案中进行选择：

　　1）计量、计数或计量-计数等抽样方案。

　　2）一次、二次或多次抽样方案。

　　3）根据生产连续性和生产控制稳定性等情况，尚可采用调整型抽样方案。

4）对重要的检验项目，当可采用简易快速的检验方法时，可选用全数检验方案。

5）经实践检验有效的抽样方案。如砂石料、构配件的分层抽样。

（4）检验批的质量验收记录。检验批的质量验收记录由施工项目专业质量检查员填写，监理工程师（建设单位专业技术负责人）组织项目专业质量检查员等进行验收，并按表 4-3 记录。

表 4-3   **检验批质量验收记录**

工程名称		分项工程名称			验收部位	
施工单位			专业工长		项目经理	
施工执行标准名称及编号						
分包单位		分包项目经理			施工班组长	
	质量验收规范的规定	施工单位检查评定记录			监理（建设）单位验收记录	
主控项目	1					
	2					
	3					
	4					
	5					
	6					
	7					
	8					
一般项目	1					
	2					
	3					
	4					
施工单位检查评定结果	项目专业质量检查员： 年　月　日					
监理（建设）单位验收结论	监理工程师： （建设单位项目专业技术负责人） 年　月　日					

（二）分项工程质量验收

分项工程的验收在检验批的基础上进行。一般情况下，两者具有相同或相近的性质，只是批量的大小不同而已。因此，将有关的检验批汇集构成分项工程。分项工程合格质量的条件比较简单，只要构成分项工程的各检验批的验收资料文件完整，并且均已验收合格，则分项工程验收合格。

1. 分项工程质量验收合格应符合的规定

（1）分项工程所含的检验批均应符合合格质量规定。

（2）分项工程所含的检验批的质量验收记录应完整。

2. 分项工程质量验收记录

分项工程质量应由监理工程师（建设单位项目专业技术负责人）组织项目专业技术负责人等进行验收，并按表4-4记录。

表4-4　　　　　　　　　　　_____分项工程质量验收记录

工程名称		结构类型		检验批数	
施工单位		项目经理		项目技术负责人	
分包单位		分包单位负责人		分包项目经理	
序号	检验批部位、区段	施工单位检查评定结果	监理（建设）单位验收结论		
1					
2					
3					
4					
5					
6					
7					
8					
9					
10					
11					
12					
13					
14					
15					
16					
检查结论	项目专业技术负责人： 　　　　　　　　年　月　日		验收结论	监理工程师： （建设单位项目专业技术负责人） 　　　　　　　　年　月　日	

（三）分部（子分部）工程质量验收

1. 分部（子分部）工程质量验收合格应符合的规定

（1）分部（子分部）工程所含分项工程的质量均应验收合格。

（2）质量控制资料应完整。

（3）地基与基础、主体结构和设备安装等分部工程有关安全及功能的检验和抽样检测结果应符合有关规定。

（4）观感质量验收应符合要求。

分部工程的验收在其所含各分项工程验收的基础上进行。首先，分部工程的各分项工程必须已验收且相应的质量控制资料文件必须完整，这是验收的基本条件。此外，由于各分项工程的性质不尽相同，因此作为分部工程不能简单地组合而加以验收，尚需增加以下两类检查。

涉及安全和使用功能的地基基础、主体结构、有关安全及重要使用功能的安装分部工程，应进行有关见证取样送样试验或抽样检测。如建筑物垂直度、标高、全高测量记录，建筑物沉降观测测量记录，给水管道通水试验记录，暖气管道、散热器压力试验记录，照明动力全负荷试验记录等。关于观感质量验收，这类检查往往难以定量，只能以观察、触摸或简单量测的方式进行，并由各个人的主观印象判断，检查结果并不给出"合格"或"不合格"的结论，而是综合给出质量评价。评价的结论为"好"、"一般"和"差"三种。对于"差"的检查点应通过返修处理等进行补救。

2. 分部（子分部）工程质量验收记录

分部（子分部）工程质量应由总监理工程师（建设单位项目专业负责人）组织施工项目经理和有关勘察、设计单位项目负责人进行验收，并按表4-5记录。

（四）单位（子单位）工程质量验收

1. 单位（子单位）工程质量验收合格应符合下列规定

（1）单位（子单位）工程所含分部（子分部）工程的质量应验收合格。

（2）质量控制资料应完整。

（3）单位（子单位）工程所含分部工程有关安全和功能的检验资料应完整。

（4）主要功能项目的抽查结果应符合相关专业质量验收规范的规定。

（5）观感质量验收应符合要求。

单位工程质量验收也称质量竣工验收，是建筑工程投入使用前的最后一次验收，也是最重要的一次验收。验收合格的条件有五个：除构成单位工程的各分部工程应该合格，并且有关的资料文件应完整以外，还应进行以下三方面的检查。

涉及安全和使用功能的分部工程应进行检验资料的复查。不仅要全面检查其完整性（不得有漏检缺项），而且对分部工程验收时补充进行的见证抽样检验报告也要复核。这种强化验收的手段体现了对安全和主要使用功能的重视。

此外，对主要使用功能还须进行抽查。使用功能的检查是对建筑工程和设备安装工程最终质量的综合检查，也是用户最为关心的内容。因此，在分项、分部工程验收合格的基础上，竣工验收时再做全面检查。抽查项目是在检查资料文件的基础上由参加验收的各方人员商定，并用计量、计数的抽样方法确定检查部位。检查要求按有关专业工程施工质量验收标准的要求进行。

表 4-5   _____分部（子分部）工程质量验收记录表

工程名称		结构类型		层 数	
施工单位		技术部门负责人		质量部门负责人	
分包单位		分包单位负责人		分包技术负责人	

序号	分项工程名称	检验批数	施工单位检查评定	验收意见
1				
2				
3				
4				
5				
6				
质量控制资料				
安全和功能检验（检测）报告				
观感质量验收				

验收结论	分包单位		项目经理	年 月 日
	施工单位		项目经理	年 月 日
	勘察单位		项目负责人	年 月 日
	设计单位		项目负责人	年 月 日
	监理（建设）单位	总监理工程师： （建设单位项目专业技术负责人）		年 月 日

注 1. 地基基础、主体结构工程的分项工程质量验收不填写"分包单位"、"分包单位责任人"和"分包技术负责人"。

2. 地基基础、主体结构分部工程验收勘察单位应签认，其他分部工程验收勘察单位可不签认。

最后，还须由参加验收的各方人员共同进行观感质量检查。检查的方法、内容、结论等应在分部工程的相应部分中阐述，最后共同确定是否通过验收。

2. 单位（子工程）工程质量竣工验收记录

单位（子单位）工程质量竣工验收应按表 4-6 记录，本表与表 4-5 分部（子分部）工程质量验收记录和表 4-7 单位（子单位）工程质量控制资料核查记录、表 4-8 单位（子单位）工程安全和功能检验资料核查及主要功能抽查记录、表 4-9 单位（子单位）工程观感质量检查记录配合使用。

表 4-6 验收记录由施工单位填写，验收结论由监理（建设）单位填写。综合验收结论由参加验收各方共同商定，建设单位填写，应对工程质量是否符合设计和规范要求及总体质量水平做出评价。表 4-10 为单位（子单位）工程质量竣工验收记录实例。

（五）工程施工质量不符合要求时的处理

一般情况下，不合格现象在检验批的验收时就应发现并及时处理，所有质量隐患必须尽快消灭在萌芽状态，否则将影响后续检验批和相关的分项工程、分部工程的验收。但非正常情况可按下述规定进行处理：

表 4 - 6   单位（子单位）工程质量竣工验收记录

工程名称		结构类型		层数/建筑面积	
施工单位		技术负责人		开工日期	
项目经理		项目技术负责人		竣工日期	

序号	项 目	验 收 记 录	验 收 结 论
1	分部工程	共　　分部，经查　　分部，符合标准及设计要求　　　分部	
2	质量控制资料核查	共　　项，经审查符合要求　　项，经核定符合规范要求　　项	
3	安全和主要使用功能核查及抽查结果	共核查　　项，符合要求　　　项，共抽查　　项，符合要求　　　项，经返工处理符合要求　　　项	
4	观感质量验收	共抽查　　项，符合要求　　　项，不符合要求　　项	
5	综合验收结论		

参加验收单位	建设单位	监理单位	施工单位	设计单位	勘察单位
	（公章）	（公章）	（公章）	（公章）	（公章）
	单位（项目）负责人： 　　年 月 日	总监理工程师： 　　年 月 日	单位负责人： 　　年 月 日	单位（项目）负责人： 　　年 月 日	单位（项目）负责人： 　　年 月 日

表 4 - 7 单位（子单位）工程质量控制资料核查记录

工程名称				施工单位		
序号	项目	资　料　名　称	份数	核查意见		核查人
1	建筑与结构	图纸会审、设计变更、洽商记录				
2		工程定位侧量、放线记录				
3		原材料出厂合格证及进场检（试）验报告				
4		施工试验报告及见证检测报告				
5		隐蔽工程验收记录				
6		施工记录				
7		预制构件、预拌混凝土合格证				
8		地基基础、主体结构检验及抽样检测资料				
9		分项、分部工程质量验收记录				
10		工程质量事故及事故调查处理资料				
11		新材料、新工艺施工记录				
12						
1	给水排水与采暖	图纸会审、设计变更、洽商记录				
2		材料、配件出厂合格证书及进场检（试）验报告				
3		管道、设备强度试验、严密性试验记录				
4		隐蔽工程验收记录				
5		系统清洗、灌水、通水、通球试验记录				
6		施工记录				
7		分项、分部工程质量验收记录				
8						
1	建筑电气	图纸会审、设计变更、洽商记录				
2		材料、设备出厂合格证书及进场检（试）验报告				
3		设备调试记录				
4		接地、绝缘电阻测试记录				
5		隐蔽工程验收记录				
6		施工记录				
7		分项、分部工程质量验收记录				
8						

续表

工程名称			施工单位			
序号	项目	资 料 名 称		份数	核查意见	核查人
1	通风与空调	图纸会审、设计变更、洽商记录				
2		材料、设备出厂合格证书及进场检（试）验报告				
3		制冷、空调、水管道强度试验、严密性试验记录				
4		隐蔽工程验收记录				
5		制冷设备运行调试记录				
6		通风、空调系统调试记录				
7		施工记录				
8		分项、分部工程质量验收记录				
9						
1	电梯	土建布置图纸会审、设计变更、洽商记录				
2		设备出厂合格证书及开箱检验记录				
3		隐蔽工程验收记录				
4		施工记录				
5		接地、绝缘电阻测试记录				
6		负荷试验、安全装置检查记录				
7		分项、分部工程质量验收记录				
8						
1	建筑智能化	图纸会审、设计变更、洽商记录、竣工图及设计说明				
2		材料、设备出厂合格证及技术文件及进场检（试）验报告				
3		隐蔽工程验收记录				
4		系统功能测定及设备调试记录				
5		系统技术、操作和维护手册				
6		系统管理、操作人员培训记录				
7		系统检测报告				
8		分项、分部工程质量验收记录				
9						

结论：

施工单位项目经理：　　　　　　　　　　　　总监理工程师：
　　　　　年　月　日　　　　　　　（建设单位项目负责人）　　　年　月　日

表 4-8 单位（子单位）工程安全和功能检验资料核查及主要功能抽查记录

工程名称				施工单位			
施工单位质量部门负责人				技术部门负责人		项目技术负责人	
序号	项目	安全和功能检查项目	份数	核查意见	抽查结果		核查（抽查）人
1	建筑与结构	屋面淋水试验记录					
2		地下室防水效果检查记录					
3		有防水要求的地面蓄水试验记录					
4		建筑物垂直度、标高、全高测量记录					
5		抽气（风）道检查记录					
6		幕墙及外窗气密性、水密性、耐风压检测报告					
7		建筑物沉降观测测量记录					
8		节能、保温测试记录					
9		室内环境检测报告					
10							
1	给水排水与采暖	给水管道通水试验记录					
2		暖气管道、散热器压力试验记录					
3		卫生器具满水试验记录					
4		消防管道、燃气管道压力试验记录					
5		排水干管通球试验记录					
6							
1	建筑电气	照明全负荷试验记录					
2		大型灯具牢固性试验记录					
3		避雷接地电阻测试记录					
4		线路、插座、开关接地检验记录					
5							
1	通风与空调	通风、空调系统试运行记录					
2		风量、温度测试记录					
3		洁净室洁净度测试记录					
4		制冷机组试运行调试记录					
5							
1	电梯	电梯运行记录					
2		电梯安全装置检测报告					
3							
1	智能建筑	系统运行记录					
2		系统电源及接地检测报告					
3							

结论：

施工单位项目经理：　　　　　　　　　　　　　　　　　总监理工程师：

　　　　　　　　　年 月 日　　　　　　　（建设单位项目负责人）　　　　年 月 日

注 抽检项目由验收组协商确定。

表 4 - 9   单位（子单位）工程观感质量检查记录

单位工程名称									
施工单位				质量部门负责人			项目技术负责人		
序号		项 目	施工单位自评			验收检查 记录	验收质量评价		
			好	一般	差		好	一般	差
1	建筑与结构	室外墙面、横竖线角、滴水线（槽）							
2		变形缝							
3		水落管、屋面							
4		室内墙面							
5		室内顶棚、吊顶							
6		室内地面							
7		楼梯、踏步、护栏							
8		门窗							
9		散水、台阶、明沟							
1	给水排水与采暖	管道接口、坡度、支架							
2		卫生器具、支架、阀门							
3		检查口、扫除口、地漏							
4		散热器、支架							
1	建筑电气	配电箱、盘、板、接线盒							
2		设备器具、开关、插座							
3		防雷、接地							
4									
1	通风与空调	风管、支架							
2		风口、风阀							
3		风机、空调设备							
4		阀门、支架							
5		水泵、冷却塔							
6		绝热							
1	电梯	运行、平层、开关门							
2		层门、信号系统							
3		机房							
1	智能建筑	机房设备安装及布局							
2		现场设备安装							
3									
		观感质量综合评价							
检查结论	施工单位项目经理： 年 月 日					验收结论	总监理工程师：（建设单位项目负责人） 年 月 日		

表 4 - 10　　　　　　　　单位（子单位）工程质量竣工验收记录实例

工程名称	××市河西蓝天住宅楼	结构类型	砖混结构	层数/建筑面积	五层/3680m²
施工单位	××省住宅建设公司	技术负责人	黄乐	开工日期	2002年5月18日
项目经理	王明	项目技术负责人	徐天	竣工日期	

序号	项　目	验收记录		验收结论
1	分部工程	共6分部，经查符合标准及设计要求6分部		验收合格
2	质量控制资料核查	共30项，经审查符合要求30项，经核定符合规范要求0项		同意验收
3	安全和主要使用功能核查及抽查结果	共核查7项，符合要求7项，共抽查1项，符合要求1项，经返工处理符合要求0项		同意验收
4	观感质量验收	共抽查15项，符合要求15项，不符合要求0项		好
5	综合验收结论	通　过　验　收		

参加验收单位	建设单位	监理单位	施工单位	设计单位	勘察单位
	（公章）	（公章）	（公章）	（公章）	（公章）
	单位（项目）负责人：×××　　　2002年12月30日	总监理工程师：×××　　　2002年12月30日	单位负责人：×××　　　2002年12月30日	单位（项目）负责人：×××　　　2002年12月30日	单位（项目）负责人：×××　　　2002年12月30日

（1）经返工重做或更换器具、设备检验批，应重新进行验收。这种情况是指主控项目不能满足验收规范规定或一般项目超过偏差限制的子项不符合检验规定的要求时，应及时进行处理的检验批。其中，严重的缺陷应推倒重来；一般的缺陷通过返修或更换器具、设备予以解决，应允许施工单位在采取相应的措施后重新验收。如能够符合相应的专业工程质量验收规范，则应认为该检验批合格。

（2）经有资质的检测单位鉴定达到设计要求的检验批，应予以验收。这种情况是指个别检验批发现试块强度等不满足要求等问题，难以确定是否验收时，应请具有资质的法定检测单位检测，当鉴定结果能够达到设计要求时，该检验批应允许通过验收。

（3）经有资质的检测单位鉴定达不到设计要求，但经原设计单位核算认可能够满足结构安全和使用功能的检验批，可予以验收。

这种情况是指，一般情况下，规范标准给出了满足安全和功能的最低限度要求，而设计往往在此基础上留有一些余量。不满足设计要求和符合相应规范标准的要求，两者并不矛盾。

（4）经返修或加固的分项、分部工程，虽然改变外形尺寸但仍能满足安全使用要求，可按技术处理方案和协商文件进行验收。

这种情况是指，更为严重缺陷或范围超过检验批的更大范围内的缺陷可能影响结构的安全性和使用功能。如经法定检测单位检测鉴定以后认为达不到规范标准的相应要求，即不能满足最低限度的安全储备和使用功能，则必须按一定的技术方案进行加固处理，使之能保证其满足安全使用的基本要求。这样会造成一些永久性的缺陷，如改变结构的外形尺寸，影响一些次要的使用功能等。为了避免社会财富更大的损失，在不影响安全和主要使用功能条件下可按处理技术方案和协商文件进行验收，但不能作为轻视质量而回避责任的一种方法。

（5）通过返修或加固仍不能满足安全使用要求的分部工程、单位（子单位）工程，严禁验收。

二、实训部分

实训案例一

某房地产开发公司投资开发商业办公大楼，建筑面积 1.2 万 m^2，地上 7 层，现浇框架结构，通过招标方式选择了一家建筑施工企业，签订了施工合同，并在合同中约定 2002 年 2 月开工，合同工期 300 日历天。该工程在施工过程中，监理工程师对柱子、梁的质量进行检查，发现有 5 根梁、2 根柱子质量存在如下问题：

事件 1：3 根梁经有资质的检测单位检测鉴定，达不到设计要求，于是请原设计单位核算后认为能够满足结构安全和使用功能。

事件 2：2 根柱子经有资质的检测单位检测鉴定，达不到设计要求，于是请原设计单位核算，不能满足结构安全和使用功能，经协商进行加固补强，在柱子外再放部分钢筋，再浇混凝土，补强后能够满足安全使用要求。

事件 3：2 根梁混凝土强度与设计要求相差甚远，加固补强仍不能满足安全使用要求。该工程项目最终于 2003 年 5 月完工。

问题：

（1）对事件 1，监理工程师应如何处理？依据是什么？

（2）对事件 2，监理工程师应如何处理？依据是什么？

（3）对事件 3，监理工程师应如何处理？依据是什么？

实训案例二

某市城市花园高层住宅楼，由南方房地产集团公司投资开发，总建筑面积 2.7 万 m²，地上 18 层，剪力墙结构，基础采用筏板基础。该工程项目由某建筑施工企业承接，该建筑施工企业经建设单位同意，将安装工程分包给另一家专业安装单位施工。

该工程自 2002 年 2 月上旬动工，4 月下旬完成基础工程，5 月开始主体结构工程施工。在主体结构工程施工过程中，发现第三层柱子混凝土强度不符合要求。

该工程主体结构在 2003 年 4 月完成，整个工程项目经竣工验收合格后，才交付投入使用。

问题：

（1）该基础工程质量验收的内容是什么？

（2）该高层住宅楼达到什么条件，方可竣工验收？

（3）对第三层柱子混凝土强度不符合设计要求，应如何进行处理？

项目四　建筑工程施工质量验收的程序和组织

一、应知部分

（一）检验批及分项工程的验收程序与组织

检验批由专业监理工程师组织项目专业质量检验员等进行验收；分项工程由专业监理工程师组织项目专业技术负责人等进行验收。

检验批和分项工程是建筑工程施工质量的基础，因此，所有检验批和分项工程均应由监理工程师或建设单位项目技术负责人组织验收。验收前，施工单位先填好"检验批和分项工程的验收记录"（有关监理记录和结论不填），并由项目专业质量检验员和项目专业技术负责人分别在检验批和分项工程质量检验记录相关栏目中签字，然后由监理工程师组织，严格按规定程序进行验收。

（二）分部工程的验收程序与组织

分部工程应由总监理工程师（建设单位项目负责人）组织施工单位项目负责人和项目技术、质量负责人等进行验收；由于地基基础、主体结构技术性能要求严格，技术性强，关系到整个工程的安全，因此规定与地基基础、主体结构分部工程相关的勘察、设计单位工程项目负责人和施工单位技术、质量部门负责人也应参加相关分部工程验收。

（三）单位（子单位）工程的验收程序与组织

1. 竣工初验收的程序

当单位工程达到竣工验收条件后，施工单位应在自查、自评工作完成后，填写工程竣工报验单，并将全部竣工资料报送项目监理机构，申请竣工验收。总监理工程师应组织各专业监理工程师对竣工资料及各专业工程的质量情况进行全面检查，对检查出的问题，应督促施工单位及时整改。对需要进行功能试验的项目（包括单机试车和无负荷试车），监理工程师应督促施工单位及时进行试验，并对重要项目进行监督、检查，必要时请建设单位和设计单位参加；监理工程师应认真审查试验报告单并督促施工单位搞好成品保护和现场清理。

经项目监理机构对竣工资料及实物全面检查、验收合格后，由总监理工程师签署工程竣工报验单，并向建设单位提出质量评估报告。

2. 正式验收

建设单位收到工程验收报告后，应由建设单位（项目）负责人组织施工（含分包单位）、设计、监理等单位（项目）负责人进行单位（子单位）工程验收。单位工程由分包单位施工时，分包单位对所承包的工程项目应按规定的程序检查评定，总包单位应派人参加。分包工程完成后，应将工程有关资料交总包单位。建设工程经验收合格的，方可交付使用。

建设工程竣工验收应当具备下列条件：

（1）完成建设工程设计和合同约定的各项内容；

（2）有完整的技术档案和施工管理资料；

（3）有工程使用的主要建筑材料、建筑构配件和设备的进场试验报告；

（4）有勘察、设计、施工、工程监理等单位分别签署的质量合格文件；

（5）有施工单位签署的工程质量保修书。

在一个单位工程中，对满足生产要求或具备使用条件，施工单位已预验，监理工程师已初验通过的子单位工程，建设单位可组织进行验收。有几个施工单位负责施工的单位工程，当其中的施工单位所负责的子单位工程已按设计完成，并经自行检验，也可组织正式验收，办理交工手续。在整个单位工程进行全部验收时，已验收的子单位工程验收资料应作为单位工程验收的附件。

在竣工验收时，对某些剩余工程和缺陷工程，在不影响交付的前提下，经建设单位、设计单位、施工单位和监理单位协商，施工单位应在竣工验收后的限定时间内完成。

参加验收各方对工程质量验收意见不一致时，可请当地建设行政主管部门或工程质量监督机构协调处理。

（四）单位工程竣工验收备案

单位工程质量验收合格后，建设单位应在规定时间内将工程竣工验收报告和有关文件，报建设行政管理部门备案。

（1）凡在中华人民共和国境内新建、扩建、改建各类房屋建筑工程和市政基础设施工程的竣工验收，均应按有关规定进行备案。

（2）国务院建设行政主管部门和有关专业部门负责全国工程竣工验收的监督管理工作。县级以上地方人民政府建设行政主管部门负责本行政区域内工程的竣工验收备案管理工作。

二、实训部分

实训案例一

某市高层商业大楼项目由远华房地产集团公司投资开发，总建筑面积12万 m^2，业主委托了四方监理公司进行工程监理。该工程由某一级建筑施工总承包单位进行施工，经业主同意后，该施工总承包单位将该项目空调安装工程分包给某专业空调安装单位施工。该工程自2004年5月上旬动工，在2005年8月进行工程竣工验收。

（1）该工程竣工验收程序及组织如下：

1）单位工程完工后，施工单位应自行组织有关人员进行检查评定，并向监理单位提交工程验收报告。

2）监理单位收到工程验收报告后，应由监理单位组织建设、施工（含分包单位）、勘察、设计等单位（项目）负责人进行单位工程（子单位工程）验收。

3）单位工程有分包单位施工时，分包单位对所承包的工程项目应按本标准的程序检查评定，监理单位应派人参加。分包工程完成后，应将工程有关资料交总包单位。

4）当参加验收各方对工程质量验收意见不一致时，可请当地建设行政主管部门或工程质量监督机构协调处理。

5）单位工程质量验收合格后，建设单位应在规定时间内将工程竣工验收报告和有关文件，报建设行政管理部门备案。

（2）该高层住宅楼验收的内容如下：

1）单位（子单位）工程所含分项（子分项）工程的质量均应验收合格；

2）质量控制资料应完整；

3）主要功能项目的抽查结果应符合相关专业质量验收规范的规定；

4）观感质量验收应符合要求。

问题：

（1）请指出在该工程的竣工验收程序及组织中的不妥之处，并改正。

（2）请指出该工程竣工验收内容的不妥之处，以及需要补充的内容。

实训案例二

某单位工程为单层钢筋混凝土排架结构，共有 60 根柱子，32m 空腹屋架。业主委托某监理单位对施工阶段进行监理。在施工过程中，监理工程师发现刚拆模的钢筋混凝土柱子中有 10 根存在工程质量问题。其中 6 根蜂窝、露筋较严重；4 根柱子蜂窝、麻面轻微，且截面尺寸小于设计要求。截面尺寸小于设计要求的 4 根柱子经设计单位验算，可以满足结构安全和使用功能要求，可不加固补强。在监理工程师组织的质量事故分析处理会议上，施工单位提出了如下几个处理方案：

方案一：6 根柱子加固补强，补强后不改变外形尺寸，不造成永久性缺陷；4 根柱子不加固补强。

方案二：10 根柱子全部砸掉重做。

方案三：6 根柱子砸掉重做；4 根柱子不加固补强。

工程竣工后，承包方组织了该单位工程的预验收，在组织正式竣工验收前，业主已提前使用该工程。业主使用中发现房屋屋面漏水，要求承包方修理。

问题：

（1）承包方要保证主体结构分部工程质量达到优良标准，以上对柱子工程质量问题的三种处理方案中，哪种处理方案能满足要求？为什么？

（2）该工程项目的分项工程如何组织验收？

（3）该工程项目的主体结构分部工程如何组织验收？

（4）在工程未正式验收前，业主提前使用是否可认为该单位工程已验收？对出现的质量问题，承包方是否应承担保修责任？

实训案例三

某市银行大厦是一座现代化的智能型建筑，建筑面积 5 万 m²，施工总承包单位是该市第一建筑公司，由于该工程设备先进，要求高，因此该公司将机电设备安装工程分包给香港某公司。

问题：

（1）工程质量验收分为哪两个过程？

（2）该银行大厦必须达到何种要求，方准验收？

（3）该银行大厦的竣工验收应如何组织？

实训案例四

某工程位于北京南四环和三环之间，建筑面积 43 000m²，框架结构，筏板式基础，地下 3 层，基础埋深约为 12.8m。混凝土基础工程由某专业基础施工公司组织施工，于 2010 年 8 月开工建设，同年 10 月基础工程完工。混凝土强度等级 C35 级，在施工过程中，发现部分试块混凝土强度达不到设计要求，但对实际强度经测试论证，能够达到设计要求。

问题：

（1）该基础工程验收该如何组织？

（2）该基础工程质量验收的内容是什么？

（3）对混凝土试块强度达不到设计要求的问题是否需要进行处理？为什么？

实训案例五

某市阳光花园小区 16 号楼为 7 层混合结构住宅楼，设计采用混凝土小型砌块砌筑，墙体加构造柱，竣工验收合格后，用户入住。在用户装修时，发现墙体空心，经核实原来设计有构造柱的地方只放置了少量钢筋，而没有浇筑混凝土，最后经法定检测单位采用红外线照相法统计发现大约有 75% 墙体中未按设计要求加构造柱，只在一层部分墙体中有构造柱，造成了重大的质量隐患。

问题：

（1）该混合结构住宅楼达到什么条件方可竣工验收？

（2）该工程已交付使用，施工单位是否需要对此问题承担责任？为什么？

（3）单位工程质量验收的内容是什么？

实训案例六

某市商住楼，框架结构，地上 6 层，局部为 7 层，基础为钢筋混凝土条形基础，房屋总高度为 22m，底层为商店，二层以上为住宅，总建筑面积 8395m²。由市建筑设计所设计，第二建筑工程公司施工总承包。该工程于 2011 年 5 月 8 日开工，2012 年 4 月 8 日竣工。

问题：

（1）该工程地基检查验收可用什么方法？

（2）基础分部工程验收应由谁组织？参加验收的单位有哪些？

（3）基础分部工程验收工作有哪些规定？

复习思考与训练题

一、单选题

1.《建筑施工质量验收统一标准》规定，（　　）是按主要工种、材料、施工工艺、设备类别等进行划分的。

　　A. 检验批　　　　　B. 分项工程　　　　　C. 分部工程　　　　　D. 单位工程

2. 经返修或加固的分项、分部工程，虽然改变了外形尺寸但仍能满足安全使用的要求，可以按技术处理方案和（　　）进行验收。

  A. 设计单位意见　　　　　　　　　　B. 协商文件

  C. 建设单位意见　　　　　　　　　　D. 质量监督部门意见

3. 各类房屋建筑工程和市政基础设施工程，竣工验收合格后，都应该在规定的时间内将工程竣工验收报告和有关文件，由（　　）报建设行政主管部门备案。

  A. 施工单位　　　　　　　　　　　　B. 建设单位

  C. 监理单位　　　　　　　　　　　　D. 建设单位与监理单位共同

4. 全面考核项目建设成果，检查设计与施工质量，确认项目能否投入使用的最主要环节是（　　）。

  A. 过程控制　　　B. 中间验收　　　C. 竣工验收　　　D. 工程评估

5. 建筑工程质量验收应划分为单位（子单位）工程、分部（子分部）工程、分项工程和（　　）。

  A. 验收部位　　　B. 工序　　　　　C. 检验批　　　　D. 专业验收

6. 单位工程的观感质量应由验收人员通过现场检查，并应（　　）确认。

  A. 监理单位　　　B. 施工单位　　　C. 建设单位　　　D. 共同

7. 检验批和分项工程应由（　　）组织验收。

  A. 项目经理　　　　　　　　　　　　B. 项目专业质量检验员

  C. 监理工程师　　　　　　　　　　　D. 项目专业技术负责人

8. 隐蔽工程在验收前，应由（　　）通知有关单位进行验收，并形成验收文件。

  A. 建设单位　　　B. 监理单位　　　C. 施工单位　　　D. 业主

9. 施工过程中的分部工程验收时，对于地基基础、主体结构分部工程，应由（　　）组织验收。

  A. 建设单位项目负责人

  B. 总监理工程师

  C. 建设单位项目负责人和总监理工程师共同

  D. 建设单位项目负责人和质监站负责人共同

10. 相关各专业工种之间，应进行（　　）验收。

  A. 相互　　　　　B. 交接　　　　　C. 各自　　　　　D. 联合

11. 经工程质量检测单位检测鉴定达不到规范要求，经设计单位验算可满足结构安全和使用功能的要求，应视为（　　）。

  A. 符合规范规定质量合格的工程

  B. 不符合规范规定质量不合格，但可使用工程

  C. 质量不符合要求，但可协商验收的工程

  D. 严禁验收的工程

12. 建筑工程施工质量验收时，对涉及结构安全和使用功能的分部工程应进行（　　）。

  A. 抽样检测　　　B. 全数检验　　　C. 无损检测　　　D. 见证取样检测

13. 建筑工程施工质量不符合要求，经返工重做或更换器具、设备的检验批应进行（　　）验收。

  A. 协商   B. 有条件   C. 专门   D. 重新

  14. "纵向受力钢筋连接方式应符合设计要求"属于《建筑工程施工质量统一验收标准》中质量检验的（ ）。

  A. 主控项目   B. 一般项目   C. 基本项目   D. 保证项目

  15. 按照建筑工程施工质量验收层次的划分，具备独立施工条件并能形成独立使用功能的建筑物及构筑物为一个（ ）。

  A. 单位工程   B. 分部工程   C. 分项工程   D. 检验批

  16. 施工质量验收中，检验批质量验收记录应由（ ）填写验收结论并签字认可。

  A. 施工单位专职质检员   B. 施工单位项目经理

  C. 专业监理工程师   D. 总监理工程师

  17. 分部工程观感质量的验收，由各方验收人员根据主观印象判断，按（ ）给出综合质量评价。

  A. 合格、基本合格、不合格   B. 基本合格、合格、良好

  C. 优、良、中、差   D. 好、一般、差

  18. 在制定检验批的抽样方案时，为合理分配生产方和使用方的风险，主控项目对应于合格质量水平的 α 和 β 值均不宜超过（ ）。

  A. 5%   B. 6%   C. 8%   D. 10%

二、多选题

  1. 按《建筑工程施工质量验收统一标准》规定，下列验收层次中包括有观感质量验收项目的是（ ）。

  A. 检验批   B. 分项工程

  C. 分部工程   D. 子单位工程

  E. 单位工程

  2. 在工程质量验收过程中，发现质量不符合要求时，下列情况中只有（ ）可以进行验收。

  A. 返工重做的检验批

  B. 有资质的检测单位鉴定达到设计要求的检验批

  C. 经原设计单位核算认可能满足结构安全和使用功能的检验批

  D. 经论证，不影响结构安全和正常使用的建筑部位

  E. 无结构和安全问题，建设单位认可的检验批

  3. 检验批可根据施工及质量控制和专业验收需要按（ ）等进行划分。

  A. 楼层   B. 施工段

  C. 变形缝   D. 专业性质

  E. 施工程序

  4. 建设单位在收到工程竣工报告后，对符合竣工验收要求的工程组织（ ）等单位和其他有关方面的专家组成验收组制定验收方案。

  A. 勘察设计   B. 施工单位

  C. 监理单位   D. 工程质量监督站

  E. 建筑管理处（站）

5. 施工质量验收层次的划分中，安装工程的检验批可按（   ）来划分。

    A. 设计系统   B. 安装工艺

    C. 主要工种   D. 楼层

    E. 组别

6. 建筑工程施工质量应符合（   ）的规定。

    A. 建安工程质量检验评定标准   B. 建筑工程施工质量验收统一标准

    C. 相关专业验收规范   D. 建设工程质量管理条例

    E. 建设工程项目管理规范

7. 检验批的合格质量主要取决于（   ）的检验结果。

    A. 保证项目   B. 主控项目

    C. 一般项目   D. 基本项目

    E. 允许偏差项目

8. 建设工程竣工验收应具备的条件有（   ）。

    A. 完成建设工程设计和合同约定的各项内容

    B. 有完整的技术档案和施工管理资料

    C. 有施工单位签署的工程保修书

    D. 有勘察、设计、施工、工程监理等单位分别签署的质量合格文件

    E. 有质量监督机构的审核意见

9. 建筑工程施工质量验收层次划分的目的是实施对工程施工质量的（   ），确保工程施工质量达到工程决策阶段所确定的质量目标和水平。

    A. 过程控制   B. 终端把关

    C. 完善手段   D. 强化验收

    E. 验评分离

10. 建筑工程的建筑与结构部分最多可划分为（   ）等分部工程。

    A. 地基与基础   B. 主体结构

    C. 门窗   D. 建筑装饰装修

    E. 建筑屋面

三、判断题

1. 单位工程质量验收时，要求质量控制资料基本齐全。（   ）

2. 使用进口工程材料必须符合我国相应的质量标准，并持有商检部门签发的商检合格证书。（   ）

3. 返修是指对不合格工程部位采取重新制作、重新施工的措施。（   ）

4. 一般项目是指允许偏差的检验项目。（   ）

5. 交接检验是由施工的完成方与承接方经双方检查、并对可否继续施工做出确认的活动。（   ）

6. 检验批是按同一生产条件或按规定的方式汇总起来供检验用的，由一定数量样本组成的检验体。（   ）

7. 计数计量检验是在抽样检验的样本中，对每一个体测量其某个定量特性的检查方法。（   ）

8. 单位工程质量竣工验收应由总监理工程师组织。（   ）

9. 通过返修或加固处理仍不能满足安全使用要求的工程，可以让步验收。（   ）

10. 当参加验收的各方对建筑工程施工质量验收意见不一致时，可请工程质量监督机构协调处理。（   ）

11. 为保证建筑工程的质量，对施工质量应全数检查。（   ）

l2. 主要建筑材料进场后，必须对其全部性能指标进行复验合格后方可使用。（   ）

13. 国家施工质量验收规范是最低的质量标准要求。（   ）

14. 工程建设中拟采用的新技术、新工艺、新材料，不符合现行强制性标准规定的，不得采用。（   ）

15. 工程质量监督机构应当对工程建设勘察设计阶段执行强制性标准的情况实施监督。（   ）

四、问答题

1. 什么是建筑工程施工质量验收的主控项目和一般项目？

2. 试说明建筑工程施工质量验收的基本规定。

3. 建筑工程施工质量验收中单位工程的划分原则是什么？

4. 试说明单位（子单位）工程的验收程序与组织。

5. 试说明当建筑工程质量不符合要求时应如何进行处理。

单元五　工程质量问题和质量事故的处理

项目一　工程质量问题和质量事故

一、应知部分

根据国际标准化组织（ISO）和我国有关质量、质量管理和质量保证标准的定义，凡工程产品质量没有满足某个规定的要求，就称之为质量不合格。

根据 1989 年建设部颁布的第 3 号令《工程建设重大事故报告和调查程序规定》和 1990 年建设部建建工字第 55 号文件关于第 3 号部令有关问题的说明：凡是工程质量不合格，必须进行返修、加固或报废处理，由此造成直接经济损失低于 5000 元的称为质量问题；直接经济损失在 5000 元（含 5000 元）以上的称为工程质量事故。

由于影响建筑工程质量的因素众多而且复杂多变，建筑工程在施工和使用过程中往往会出现各种各样不同程度的质量问题，甚至质量事故。

监理工程师应学会区分工程质量不合格、质量问题和质量事故。应准确判定工程质量不合格、正确处理工程质量不合格和工程质量问题的基本方法和程序。了解工程质量事故处理的程序，在工程质量事故处理过程中如何正确对待有关各方，并应掌握工程质量事故处理方案确定基本方法和处理结果的鉴定验收程序。

监理工作中质量控制重点之一是加强质量风险分析，及早制定对策和措施，重视工程质量事故的防范和处理，避免已发生的质量问题和质量事故进一步恶化和扩大。

（一）工程质量问题的成因和处理方法

1. 工程质量问题的成因

（1）常见问题的成因。由于建筑工程工期较长，所用材料品种繁杂，在施工过程中，受社会环境和自然条件方面异常因素的影响，使产生的工程质量问题表现形式千差万别，类型多种多样。这使得引起工程质量问题的成因也错综复杂，往往一项质量问题是由于多种原因引起。虽然每次发生质量问题的类型各不相同，但是通过对大量质量问题调查与分析发现，其发生的原因有不少相同或相似之处，归纳其最基本的因素主要有以下几方面：

1）违背建设程序。建设程序是工程项目建设过程及其客观规律的反映，不按建设程序办事，例如未搞清地质情况就仓促开工；边设计、边施工；无图施工；不经竣工验收就交付使用等常是导致工程质量问题的重要原因。

2）违反法规行为。例如无证设计；无证施工；越级设计；越级施工；工程招、投标中的不公平竞争；超常的低价中标；非法分包；转包、挂靠；擅自修改设计等行为。

3）地质勘察失真。诸如未认真进行地质勘察或勘探时钻孔深度、间距、范围不符合规定要求，地质勘察报告不详细、不准确、不能全面反映实际的地基情况等，从而使得地下情况不清，或对基岩起伏、土层分布误判，或未查清地下软土层、墓穴、孔洞等，它们均会导致采用不恰当或错误的基础方案，造成地基不均匀沉降、失稳，使上部结构或墙体开裂、破坏，或引发建筑物倾斜、倒塌等质量问题。

4）设计差错。诸如盲目套用图纸，采用不正确的结构方案，计算简图与实际受力情况不符，荷载取值过小，内力分析有误，沉降缝或变形缝设置不当，悬挑结构未进行抗倾覆验算，以及计算错误等，都是引发质量问题的原因。

5）施工与管理不到位。不按图施工或未经设计单位同意擅自修改设计。例如将铰接做成刚接，将简支梁做成连续梁，导致结构破坏；挡土墙不按图设滤水层、排水孔，导致压力增大，墙体破坏或倾覆；不按有关的施工规范和操作规程施工，浇筑混凝土时振捣不良，造成薄弱部位；砖砌体砌筑上下通缝，灰浆不饱满等均能导致砖墙或砖柱破坏。施工组织管理紊乱，不熟悉图纸，盲目施工；施工方案考虑不周，施工顺序颠倒；图纸未经会审，仓促施工；技术交底不清，违章作业；疏于检查、验收等，均可能导致质量问题。

6）使用不合格的原材料、制品及设备。

①建筑材料及制品不合格。诸如钢筋物理力学性能不良会导致钢筋混凝土结构产生裂缝；骨料中活性氧化硅会导致碱骨料反应，使混凝土产生裂缝；水泥安定性不合格会造成混凝土爆裂；水泥受潮、过期、结块，砂石含泥量及有害物含量超标，外加剂掺量等不符合要求时，会影响混凝土强度、和易性、密实性、抗渗性，从而导致混凝土结构强度不足、裂缝、渗漏等质量问题。此外，预制构件截面尺寸不足，支承锚固长度不足，未可靠地建立预应力值，漏放或少放钢筋，板面开裂等均可能出现断裂、坍塌。

②建筑设备不合格。诸如变配电设备质量缺陷导致自燃或火灾，电梯质量不合格危及人身安全，均可造成工程质量问题。

7）自然环境因素。空气温度、湿度、暴雨、大风、洪水、雷电、日晒和浪潮等均可能成为质量问题的诱因。

8）使用不当。对建筑物或设施使用不当也易造成质量问题。例如未经校核验算就任意对建筑物加层，任意拆除承重结构部位，任意在结构物上开槽、打洞、削弱承重结构截面等也会引起质量问题。

（2）成因分析方法。由于影响工程质量的因素众多，一个工程质量问题的实际发生，既可能因设计计算和施工图纸中存在错误，又可能因施工中出现不合格或质量问题，也可能因使用不当，或者由于设计、施工甚至使用、管理、社会体制等多种原因的复合作用。要分析究竟是哪种原因所引起，必须对质量问题的特征表现，以及其在施工中和使用中所处的实际情况和条件进行具体分析。分析方法很多，其基本步骤和要领可概括如下：

1）基本步骤。

①进行细致的现场调查研究，观察记录全部实况，充分了解与掌握引发质量问题的现象和特征。

②收集调查与质量问题有关的全部设计和施工资料，分析摸清工程在施工或使用过程中所处的环境及面临的各种条件和情况。

③找出可能产生质量问题的所有因素。

④分析、比较和判断，找出最可能造成质量问题的原因。

⑤进行必要的计算分析或模拟试验予以论证确认。

2）分析要领。分析的要领是逻辑推理法，其基本原理如下：

①确定质量问题的初始点，即所谓原点，它是一系列独立原因集合起来形成的爆发点。因其反映出质量问题的直接原因，而在分析过程中具有关键性作用。

②围绕原点对现场各种现象和特征进行分析，区别导致同类质量问题的不同原因，逐步揭示质量问题萌生、发展和最终形成的过程。

③综合考虑原因复杂性，确定诱发质量问题的起源点即真正原因。工程质量问题原因分析是对一堆模糊不清的事物和现象客观属性和联系的反映，它的准确性与监理工程师的能力学识、经验和态度有极大关系，其结果不单是简单的信息描述，而是逻辑推理的产物，其推理可用于工程质量的事前控制。

2. 工程质量问题的处理方法

工程质量问题由工程质量不合格或工程质量缺陷引起，在任何工程施工过程中，由于种种主观和客观原因，出现不合格项或质量问题往往难以避免。为此，作为监理工程师必须掌握如何防止和处理施工中出现的不合格项和各种质量问题。对已发生的质量问题，应掌握其处理程序。

（1）处理方式。在各项工程的施工过程中或完工以后，现场监理人员如发现工程项目存在着不合格项或质量问题，应根据其性质和严重程度按如下方式处理：

1）当施工而引起的质量问题在萌芽状态，应及时制止，并要求施工单位立即更换不合格材料、设备或不称职人员，或要求施工单位立即改变不正确的施工方法和操作工艺。

2）当因施工而引起的质量问题已出现时，应立即向施工单位发出《监理通知》，要求其对质量问题进行补救处理，并采取足以保证施工质量的有效措施后，填报《监理通知回复单》，报监理单位。

3）当某道工序或分项工程完工以后，出现不合格项，监理工程师应填写《不合格项处置记录》，要求施工单位及时采取措施予以整改。监理工程师应对其补救方案进行确认，跟踪处理过程，对处理结果进行验收，否则不允许进行下一道工序或分项的施工。

4）在交工使用后的保修期内发现的施工质量问题，监理工程师应及时签发《监理通知》，指令施工单位进行修补、加固或返工处理。

（2）处理程序。当发现工程质量问题，监理工程师应按以下程序进行处理，如图 5-1 所示。

1）当发生工程质量问题时，监理工程师首先应判断其严重程度。对可以通过返修或返工弥补的质量问题可签发《监理通知》，责成施工单位写出质量问题调查报告，提出处理方案，填写《监理通知回复单》报监理工程师审核后，批复承包单位处理，必要时应经建设单位和设计单位认可，处理结果应重新进行验收。

2）对需要加固补强的质量问题，或质量问题的存在影响下道工序和分项工程的质量时，应签发《工程暂停令》，指令施工单位停止有质量问题部位和与其有关联部位及下道工序的施工。必要时，应要求施工单位采取防护措施，责成施工单位写出质量问题调查报告，由设计单位提出处理方案，并征得建设单位同意，批复承包单位处理。处理结果应重新进行验收。

3）施工单位接到《监理通知》后，在监理工程师的组织参与下，尽快进行质量问题调查并完成报告编写。

调查的主要目的是明确质量问题的范围、程度、性质、影响和原因，为问题处理提供依据，调查应力求全面、详细、客观准确。调查报告主要内容应包括：

①与质量问题相关的工程情况。

②质量问题发生的时间、地点、部位、性质、现状及发展变化等详细情况。

```
                                    发生质量问题
                                        ↓
                   必要时               发出《监理通知》
                                        ↓
     发出《工程暂停令》    →    组织调查取证    ←
                                        ↓
                                    进行原因分析
                                        ↓
        暂停施工          →    要求有关单位提出处理方案
                                        ↓
                              要求有关单位提交
                              质量问题调查报告
                                        ↓
                              审查《质量问题调查报告》
                                        ↓
        不处理                 核签处理方案         原因不清
                                        ↓
                              监督实施处理方案
                                        ↓
                              施工单位自检后报验
                                        ↓
     发出《工程复工令》   ←    检查、鉴定、验收
           ↓
        继续施工                 要求责任单位
                              提交质量问题处理报告
                                        ↓
                              组织技术资料归档
```

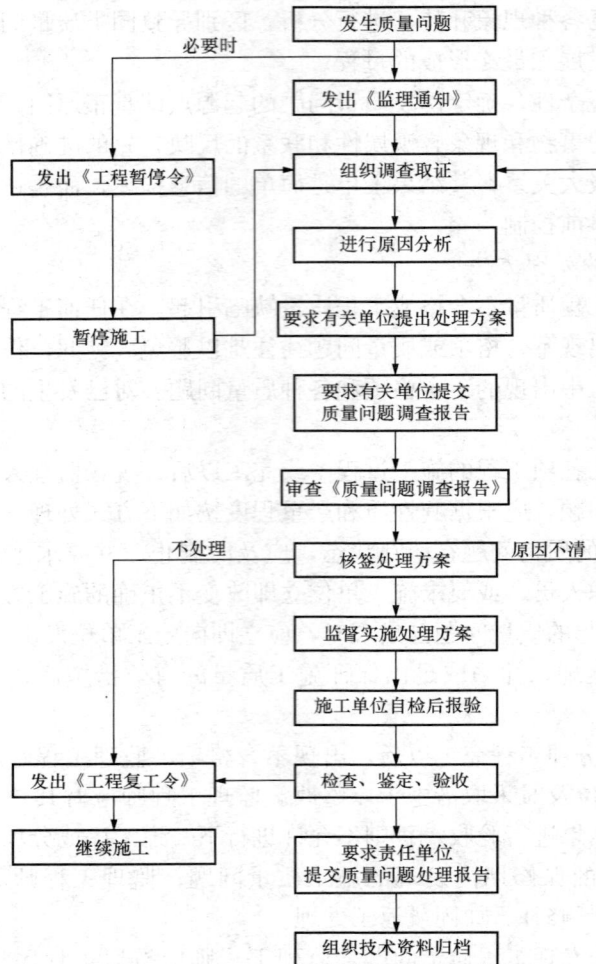

图 5-1 工程质量问题处理程序框图

③调查中的有关数据和资料。

④原因分析与判断。

⑤是否需要采取临时防护措施。

⑥质量问题处理补救的建议方案。

⑦涉及的有关人员和责任及预防该质量问题重复出现的措施。

4）监理工程师审核、分析质量问题调查报告，判断和确认质量问题产生的原因。

原因分析是确定处理措施方案的基础，正确的处理来源于对原因的正确判断。只有对调查提供的充分的资料、数据进行详细深入的分析后，才能由表及里，去伪存真，找出质量问题的真正起源点。必要时，监理工程师应组织设计、施工、供货和建设单位各方共同参加分析。

5）在原因分析的基础上，认真审核签认质量问题处理方案。

质量问题处理方案应以原因分析为基础，如果某些问题一时认识不清，且一时不致产生严重恶化，可以继续进行调查、观测，以便掌握更充分的资料和数据，做进一步分析，找出

起源点，方可确认处理方案，避免急于求成造成反复处理的不良后果。监理工程师审核确认处理方案应牢记：安全可靠，不留隐患，满足建筑物的功能和使用要求，技术可行，经济合理的原则。针对确认不需专门处理的质量问题，应能保证它不构成对工程安全的危害，且满足安全和使用要求，并必须征得设计和建设单位的同意。

6) 指令施工单位按既定的处理方案实施处理并进行跟踪检查。

发生的质量问题不论是否由于施工单位原因造成，通常都是先由施工单位负责实施处理。对因设计单位原因等非施工单位责任引起的质量问题，应通过建设单位要求设计单位或责任单位提出处理方案。处理质量问题所需的费用或延误的工期，由责任单位承担，若质量问题属施工单位责任，施工单位应承担各项费用损失和合同约定的处罚，工期不予顺延。

7) 质量问题处理完毕，监理工程师应组织有关人员对处理的结果进行严格的检查、鉴定和验收，写出质量问题处理报告，报建设单位和监理单位存档。主要内容包括：

① 基本处理过程描述。

② 调查与核查情况，包括调查的有关数据、资料。

③ 原因分析结果。

④ 处理的依据。

⑤ 审核认可的质量问题处理方案。

⑥ 实施处理中的有关原始数据、验收记录、资料。

⑦ 对处理结果的检查、鉴定和验收结论。

⑧ 质量问题处理结论。

（二）工程质量事故的特点和分类

1. 工程质量事故的成因及原因分析方法

工程质量事故是较为严重的工程质量问题，其成因及原因分析方法与工程质量问题基本相同，已在本单元前面内容中阐述，这里不再赘述。

2. 工程质量事故的特点

工程质量事故具有复杂性、严重性、可变性和多发性的特点。

（1）复杂性。建筑生产与一般工业相比具有产品固定，生产流动；产品多样，结构类型不一；露天作业多，自然条件复杂多变；材料品种、规格多，材质性能各异；多工种、多专业交叉施工，相互干扰大；工艺要求不同，施工方法各异，技术标准不一等特点。因此，影响工程质量的因素繁多，造成质量事故的原因错综复杂，即使是同一类质量事故，而原因却可能多种多样截然不同。例如就钢筋混凝土楼板开裂（见图5-2）质量事故而言，其产生的原因就可能是：设计计算有误；结构构造不良；地基不均匀沉陷；或温度应力、地震力、膨胀力、冻胀力的作用；也可能是施工质量低劣、偷工减料或材质不良等。所以增加了对质量事故分析，判断其性质、原因及发展，确定处理方案与措施等的复杂性及困难。

（2）严重性。工程项目一旦出现质量事故，其影响较大。轻者影响施工顺利进行、拖延工期、增加工程费用，重者则会留下隐患成为危险的建筑，影响使用功能或不能使用，更严重的还会引起建筑物的失稳、倒塌，造成人民生命、财产的巨大损失。例如，1995年韩国首尔三峰百货大楼（见图5-3）出现倒塌事故，死亡达400余人，在国内外造成很大影响，甚至导致国内人心恐慌，韩国国际形象下降。1999年我国重庆市綦江县彩虹大桥突然整体垮塌（见图5-4），造成40人死亡，14人受伤，直接经济损失631万元，在国内一度成为人们关注的热点，引起全社会对建设工程质量整体水平的怀疑，构成社会不安定因素。所以对于建设工程质量问题和质量事故均不能掉以轻心，必须予以高度重视。

图 5 - 2　钢筋混凝土楼板开裂质量事故

图 5 - 3　韩国汉城三峰百货大楼出现倒塌事故

（3）可变性。许多工程的质量问题出现后，其质量状态并非稳定于发现的初始状态，而是有可能随着时间不断地发展、变化。例如，桥墩的超量沉降可能随上部荷载的不断增大而继续发展；混凝土结构出现的裂缝可能随环境温度的变化而变化，或随荷载的变化及负担荷载的时间而变化等。因此，有些在初始阶段并不严重的质量问题，如不能及时处理和纠正，有可能发展成一般质量事故，一般质量事故有可能发展成为严重或重大质量事故。例如，开始时微细的裂缝有可能发展导致结构断裂或倒塌事故；土坝的涓涓渗漏有可能发展为溃坝。所以，在分析、处理工程质量问题时，一定要注意质量问题的可变性，应及时采取可靠的措施，防止其进一步恶化而发生质量事故；或加强观测与试验，取得数据，预测未来发展的趋势。

（4）多发性。建设工程中的质量事故，往往在一些工程部位中经常发生。例如悬挑梁板断裂、雨篷坍覆、钢屋架失稳（见图 5 - 5）等。因此，总结经验，吸取教训，采取有效措施予以预防十分必要。

图 5 - 4　重庆市綦江县彩虹大桥整体垮塌事故

图 5 - 5　钢屋架失稳事故

3. 工程质量事故的分类

建设工程质量事故的分类方法有多种，既可按造成损失严重程度划分，又可按其产生的原因划分，也可按其造成的后果或事故责任区分。各部门、各专业工程，甚至各地区在不同时期界定和划分质量事故的标准尺度也不一样。国家现行对工程质量通常采用按造成损失严重程度进行分类，其基本分类如下：

（1）一般质量事故。凡具备下列条件之一者为一般质量事故：

1）直接经济损失在 5000 元（含 5000 元）以上，不满 50 000 元的；

2）影响使用功能和工程结构安全，造成永久质量缺陷的。

（2）严重质量事故。凡具备下列条件之一者为严重质量事故：

1）直接经济损失在 50 000 元（含 50 000 元）以上，不满 10 万元的；

2）严重影响使用功能或工程结构安全，存在重大质量隐患的；

3）事故性质恶劣或造成 2 人以下重伤的。

（3）重大质量事故。凡具备下列条件之一者为重大质量事故，属建设工程重大事故范畴：

1）工程倒塌或报废；

2）由于质量事故，造成人员死亡或重伤 3 人以上；

3）直接经济损失 10 万元以上。

按国家建设行政主管部门规定建设工程重大事故分为四个等级。工程建设过程中或由于勘察设计、监理、施工等过失造成工程质量低劣，而在交付使用后发生的重大质量事故，或因工程质量达不到合格标准，而需加固补强、返工或报废，直接经济损失 10 万元以上的重大质量事故。此外，由于施工安全问题，如施工脚手架、平台倒塌（见图 5-6），机械倾覆（见图 5-7）、触电、火灾等造成建设工程重大事故。建设工程重大事故分为以下四级：

图 5-6　高支模架坍塌事故

图 5-7　机械倾覆事故

①凡造成死亡 30 人以上，或直接经济损失 300 万元以上为一级；

②凡造成死亡 10 人以上 29 人以下，或直接经济损失 100 万元以上，不满 300 万元为二级；

③凡造成死亡 3 人以上 9 人以下，或重伤 20 人以上，或直接经济损失 30 万元以上，不满 100 万元为三级；

④凡造成死亡 2 人以下，或重伤 3 人以上 19 人以下，或直接经济损失 10 万元以上，不满 30 万元为四级。

（4）特别重大事故。凡具备国务院发布的《生产安全事故报告和调查处理条例》所列发生一次死亡 30 人及其以上，或者 100 人以上重伤，或者直接经济损失达 1 亿元以上，上述影响三个之一均属特别重大事故。

（三）工程质量事故处理的依据和程序

1. 工程质量事故处理的依据

进行工程质量事故处理的主要依据有四个方面：质量事故的实况资料；具有法律效力的，得到有关当事各方认可的工程承包合同、设计委托合同、材料或设备购销合同以及监理合同或分包合同等合同文件；有关的技术文件、档案和相关的建设法规。

在这四个方面依据中，前三种是与特定的工程项目密切相关的具有特定性质的依据。第四种法规性依据，是具有很高权威性、约束性、通用性和普遍性的依据，因而它在工程质量事故的处理事务中，也具有极其重要的、不容置疑的作用。现将这四方面依据详述如下：

（1）质量事故的实况资料。要搞清质量事故的原因和确定处理对策，首要的是要掌握质量事故的实际情况。有关质量事故实况的资料主要可来自以下几个方面。

1）施工单位的质量事故调查报告。质量事故发生后，施工单位有责任就所发生的质量事故进行周密的调查、研究掌握情况，并在此基础上写出调查报告，提交监理工程师和业主。在调查报告中首先就与质量事故有关的实际情况做详尽的说明，其内容应包括：

①质量事故发生的时间、地点。

②质量事故状况的描述。例如，发生的事故类型（如混凝土裂缝、砖砌体裂缝）；发生的部位（如楼层、梁、柱，及其所在的具体位置）；分布状态及范围；严重程度（如裂缝长度、宽度、深度等）。

③质量事故发展变化的情况（其范围是否继续扩大，程度是否已经稳定等）。

④有关质量事故的观测记录、事故现场状态的照片或录像。

2）监理单位调查研究所获得的第一手资料。其内容大致与施工单位调查报告中有关内容相似，可用来与施工单位所提供的情况对照、核实。

（2）有关合同及合同文件：

1）所涉及的合同文件可以是工程承包合同，设计委托合同，设备与器材购销合同，监理合同等。

2）有关合同和合同文件在处理质量事故中的作用是：确定在施工过程中有关各方是否按照合同有关条款实施其活动，借以探寻产生事故的可能原因。例如，施工单位是否在规定时间内通知监理单位进行隐蔽工程验收，监理单位是否按规定时间实施了检查验收；施工单位在材料进场时，是否按规定或约定进行了检验等。此外，有关合同文件还是界定质量责任的重要依据。

（3）有关的技术文件和档案：

1）有关的设计文件。如施工图纸和技术说明等。它是施工的重要依据。在处理质量事故中，其作用一方面可以对照设计文件，核查施工质量是否完全符合设计的规定和要求；另一方面可以根据所发生的质量事故情况，核查设计中是否存在问题或缺陷，成为导致质量事故的一方面原因。

2）与施工有关的技术文件、档案和资料。属于这类文件、档案的有：

①施工组织设计或施工方案、施工计划。

②施工记录、施工日志等。根据它们可以查对发生质量事故的工程施工时的情况，如施

工时的气温、降雨、风、浪等有关的自然条件，施工人员的情况，施工工艺与操作过程的情况，使用的材料情况，施工场地、工作面、交通等情况，地质及水文地质情况等。借助这些资料可以追溯和探寻事故的可能原因。

③有关建筑材料的质量证明资料。例如材料批次、出厂日期、出厂合格证或检验报告、施工单位抽检或试验报告等。

④现场制备材料的质量证明资料。例如，混凝土拌和料的级配、水灰比、坍落度记录；混凝土试块强度试验报告，沥青拌和料配比、出机温度和摊铺温度记录等。

⑤质量事故发生后，对事故状况的观测记录、试验记录或试验报告等。例如，对地基沉降的观测记录；对建筑物倾斜或变形的观测记录；对地基钻探取样记录与试验报告；对混凝土结构物钻取试样的记录与试验报告等。

⑥其他有关资料。

上述各类技术资料对于分析质量事故原因，判断其发展变化趋势，推断事故影响及严重程度，考虑处理措施等都是不可缺少的，起着重要的作用。

（4）相关的建设法规。1998 年 3 月 1 日《中华人民共和国建筑法》（以下简称《建筑法》）颁布实施，对加强建筑活动的监督管理，维护市场秩序，保证建设工程质量提供了法律保障。这部工程建设和建筑业的大法的实施，标志着我国工程建设和建筑业进入了法制管理新时期。通过几年的发展，国家已基本建立起以《建筑法》为基础，与社会主义市场经济体制相适应的工程建设和建筑业法规体系，包括法律、法规、规章及示范文本等。与工程质量及质量事故处理有关的有以下几类，简述如下。

1）勘察、设计、施工、监理等单位资质管理方面的法规。《建筑法》明确规定"国家对从事建筑活动的单位实行资质审查制度"。这方面的法规有原建设部于 2007 年以部令发布的《建设工程勘察设计资质管理规定》、《建筑业企业资质管理规定》和《工程监理企业资质管理规定》等。这类法规主要内容涉及勘察、设计、施工和监理等单位的等级划分；明确各级企业应具备的条件；确定各级企业所能承担的任务范围；以及其等级评定的申请、审查、批准、升降管理等方面。例如《建筑业企业资质管理规定》中，明确规定建筑业企业经审查合格，"取得相应等级的资质证书，方可在其资质等级许可的范围内从事建筑活动"。

2）从业者资格管理方面的法规。《建筑法》规定对注册建筑师、注册结构工程师和注册监理工程师等有关人员实行资格认证制度。1995 年国务院颁布的《中华人民共和国注册建筑师条例》，1997 年原建设部、人事部颁布的《注册结构工程师执业资格制度暂行规定》和 1998 年原建设部、人事部颁发的《监理工程师考试和注册试行办法》等。这类法规主要涉及建筑活动的从业者应具有相应的执业资格；注册等级划分；考试和注册办法；执业范围；权利、义务及管理等。例如《注册结构工程师执业资格制度暂行规定》中明确注册结构工程师"不得准许他人以本人名义执行业务"。

3）建筑市场方面的法规。这类法律、法规主要涉及工程发包、承包活动，以及国家对建筑市场的管理活动。于 1999 年 1 月 1 日施行的《中华人民共和国合同法》（以下简称《合同法》）和于 2000 年 1 月 1 日施行的《中华人民共和国招标投标法》（以下简称《招标投标法》）是国家对建筑市场管理的两个基本法律。与之相配套的法规有 2001 年国务院发布的《工程建设项目招标范围和规模标准的规定》、2000 年国家发改委发布的《工程建设项目自行招标的试行办法》、原建设部发布的《建筑工程设计招标投标管理办法》、2001 年国家发改委等七部委联合发布的《评标委员会和评标方法暂行规定》等，以及 2001 年原建设部发布的《建筑工程发包与承包价格计价管理办法》和与国家工商行政管理总局共同发布的《建设工程勘察合同》、《建筑工程设计合同》、《建设工程施工合同》和《建设工程监理合同》等示范文本。

这类法律、法规、文件主要是为了维护建筑市场的正常秩序和良好环境，充分发挥竞争机制，保证工程项目质量，提高建设水平。例如《招标投标法》明确规定"投标人不得以低于成本的报价竞标"，就是防止恶性杀价竞争，导致偷工减料引起工程质量事故。《合同法》明文"禁止承包人将工程分包给不具备相应资质条件的单位，禁止分包单位将其承包的工程再分包。建设工程主体结构的施工必须由承包人自行完成"。对违反者处以罚款，没收非法所得直至吊销资质证书，这均是保证工程施工的质量，防止因操作人员素质低造成质量事故。

4）建筑施工方面的法规。以《建筑法》为基础，国务院于 2000 年颁布了《建筑工程勘察设计管理条例》和《建设工程质量管理条例》，于 2007 年发布《生产安全事故报告和调查处理条例》，原建设部于 2000 年发布《房屋建筑工程质量保修办法》以及《关于建设工程质量监督机构深化改革的指导意见》、《建设工程质量监督机构监督工作指南》和《建设工程监理规范》等法规和文件。主要涉及到施工技术管理、建设工程监理、建筑安全生产管理、施工机械设备管理和建设工程质量监督管理。它们与现场施工密切相关，因而与工程施工质量有密切关系或直接关系。

这类法律、法规文件涉及的内容十分广泛，其特点是大多与现场施工有直接关系。例如《建设工程监理规范》明确了现场监理工作的内容、深度、范围、程序、行为规范和工作制度；《建设工程施工现场管理规定》则要求有施工技术、安全岗位责任制度、组织措施制度，对施工准备、计划、技术、安全交底，施工组织设计编制，现场总平面布置等均做了明确规定。

特别是国务院颁布的《建设工程质量管理条例》，以《建筑法》为基础，全面系统地对与建设工程有关的质量责任和管理问题，做了明确的规定，可操作性强。它不但对建设工程的质量管理具有指导作用，而且是全面保证工程质量和处理工程质量事故的重要依据。

5）关于标准化管理方面的法规。这类法规主要涉及技术标准（勘察、设计、施工、安装、验收等）、经济标准和管理标准（如建设程序、设计文件深度、企业生产组织和生产能力标准、质量管理与质量保证标准等）。

2000 年原建设部发布《工程建设标准强制性条文》和《实施工程建设强制性标准监督规定》是典型的标准化管理类法规，它的实施为《建设工程质量管理条例》提供了技术法规支持，是参与建设活动各方执行工程建设强制性标准和政府实施监督的依据，同时也是保证建设工程质量的必要条件，是分析处理工程质量事故，判定责任方的重要依据。一切工程建设的勘察、设计、施工、安装、验收都应按现行标准进行，不符合现行强制性标准的勘察报告不得报出，不符合强制性条文规定的设计不得审批，不符合强制性标准的材料、半成品、设备不得进场，不符合强制性标准的工程质量，必须处理，否则不得验收，不得投入使用。

2. 工程质量事故处理的程序

监理工程师应熟悉各级政府建设行政主管部门处理工程质量事故的基本程序，特别是应把握在质量事故处理过程中如何履行自己的职责。

工程质量事故发生后，监理工程师可按以下程序进行处理，如图 5-8 所示。

（1）工程质量事故发生后，总监理工程师应签发《工程暂停令》，并要求停止进行质量

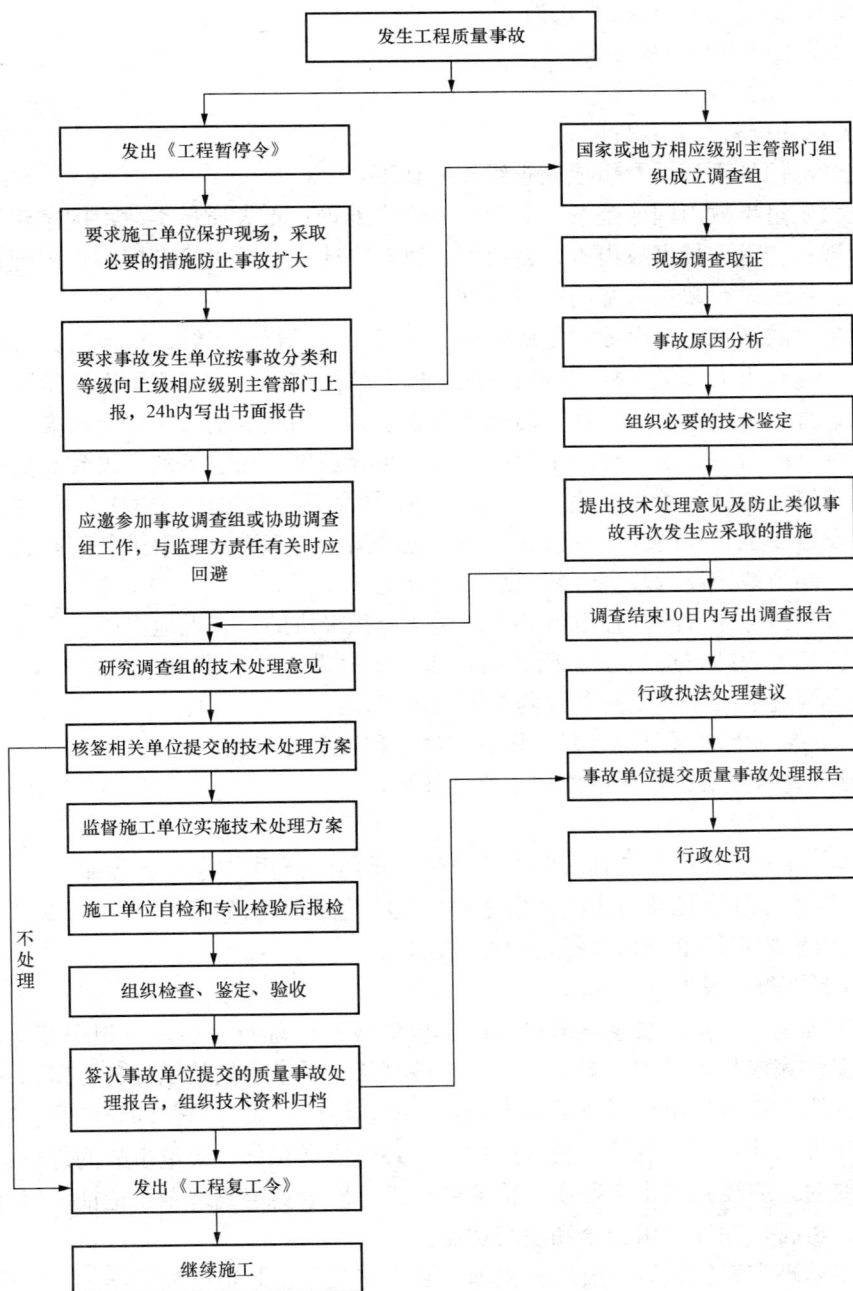

图 5-8 工程质量事故处理程序框图

缺陷部位和与其有关联部位及下道工序施工，应要求施工单位采取必要的措施，防止事故扩大并保护好现场。同时，要求质量事故发生单位迅速按类别和等级向相应的主管部门上报，并于 24h 内写出书面报告。

质量事故报告应包括以下主要内容：

1）事故发生的单位名称、工程（产品）名称、部位、时间、地点。

2）事故概况和初步估计的直接损失。

3）事故发生原因的初步分析。

4）事故发生后采取的措施。

5）相关各种资料（有条件时）。

各级主管部门处理权限及组成调查组权限如下：

特别重大质量事故由国务院按有关程序和规定处理；重大质量事故由国家建设行政主管部门归口管理；严重质量事故由省、自治区、直辖市建设行政主管部门归口管理；一般质量事故由市、县级建设行政主管部门归口管理。

工程质量事故调查组由事故发生地的市、县以上建设行政主管部门或国务院有关主管部门组织成立。特别重大质量事故调查组组成由国务院批准；一、二级重大质量事故调查组由省、自治区、直辖市建设行政主管部门提出组成意见，相应级别人民政府批准；三、四级重大质量事故调查组由市、县级行政主管部门提出组成意见，相应级别人民政府批准；严重质量事故，调查组由省、自治区、直辖市建设行政主管部门组织；一般质量事故，调查组由市、县级建设行政主管部门组织；事故发生单位属国务院部委的，由国务院有关主管部门或其授权部门会同当地建设行政主管部门组织调查组。

（2）监理工程师在事故调查组展开工作后，应积极协助，客观地提供相应证据，若监理方无责任，监理工程师可应邀参加调查组，参与事故调查；若监理方有责任，则应予以回避，但应配合调查组工作。质量事故调查组的职责是：

1）查明事故发生的原因、过程、事故的严重程度和经济损失情况。

2）查明事故的性质、责任单位和主要责任人。

3）组织技术鉴定。

4）明确事故主要责任单位和次要责任单位，承担经济损失的划分原则。

5）提出技术处理意见及防止类似事故再次发生应采取的措施。

6）提出对事故责任单位和责任人的处理建议。

7）写出事故调查报告。

（3）当监理工程师接到质量事故调查组提出的技术处理意见后，可组织相关单位研究，并责成相关单位完成技术处理方案，并予以审核签认。质量事故技术处理方案，一般应委托原设计单位提出，由其他单位提供的技术处理方案，应经原设计单位同意签认。技术处理方案的制订，应征求建设单位意见。技术处理方案必须依据充分，质量事故的部位、原因要全部查清，必要时，应委托法定工程质量检测单位进行质量鉴定或请专家论证，以确保技术处理方案可靠、可行，保证结构安全和使用功能。

（4）技术处理方案核签后，监理工程师应要求施工单位制定详细的施工方案设计，必要时应编制监理实施细则，对工程质量事故技术处理施工质量进行监理，技术处理过程中的关键部位和关键工序应旁站，并会同设计、建设等有关单位共同检查认可。

（5）对施工单位完工自检后的报验结果，组织有关各方进行检查验收，必要时应进行处理结果鉴定。要求事故单位整理编写质量事故处理报告，并审核签认，组织将有关技术资料归档。

工程质量事故处理报告主要内容：

1）工程质量事故情况、调查情况、原因分析（选自质量事故调查报告）。

2）质量事故处理的依据。

3）质量事故技术处理方案。

4）实施技术处理施工中有关问题和资料。

5）对处理结果的检查鉴定和验收。

6）质量事故处理结论。

（6）签发《工程复工令》，恢复正常施工。

（四）工程质量事故处理方案的确定及鉴定验收

1. 工程质量事故处理方案的确定

这里所指工程质量事故处理方案是指技术处理方案，其目的是消除质量隐患，以达到建筑物的安全可靠和正常使用各项功能及寿命要求，并保证施工的正常进行。其一般处理原则是：正确确定事故性质，是表面性还是实质性，是结构性还是一般性，是迫切性还是可缓性；正确确定处理范围，除直接发生部位，还应检查处理事故相邻影响作用范围的结构部位或构件。其处理基本要求是：安全可靠，不留隐患；满足建筑物的功能和使用要求；技术上可行，经济上合理的原则。

因此，要求监理工程师在审核质量事故处理方案时，以分析事故调查报告中事故原因为基础，结合实地勘查成果，应努力掌握事故的性质和变化规律，并应尽量满足建设单位的要求。因同类和同一性质的事故常可以选择不同的处理方案，故在签认时，应审核其是否遵循一般处理原则和要求，尤其应重视工程实际条件，如建筑物实际状态、材料实测性能、各种作用的实际情况等，以确保做出正确判断和选择。

尽管对造成质量事故的技术处理方案多种多样，但根据质量事故的情况可归纳为三种类型的处理方案，监理工程师应掌握从中选择最适用处理方案的方法，方能对相关单位上报的事故技术处理方案作出正确审核结论。

（1）工程质量事故处理方案类型：

1）修补处理。这是最常用的一类处理方案。通常当工程的某个检验批、分项或分部的质量虽未达到规定的规范、标准或设计要求，存在一定缺陷，但通过修补或更换器具、设备后还可达到要求的标准，又不影响使用功能和外观要求，在此情况下，可以进行修补处理。

属于修补处理这类具体方案很多，诸如封闭保护、复位纠偏、结构补强（见图 5-9）、表面处理等。某些事故造成的结构混凝土表面裂缝，可根据其受力情况，仅作表面封闭保护。某些混凝土结构表面的蜂窝、麻面，经调查分析，可进行剔凿、抹灰等表面处理，一般不会影响其使用和外观。

图 5-9　框架结构粘钢加固补强

对较严重的质量问题，可能影响结构的安全性和使用功能，必须按一定的技术方案进行加固补强处理，这样往往会造成一些永久性缺陷，如改变结构外形尺寸，影响一些次要的使用功能等。

2）返工处理。当工程质量未达到规定的标准和要求，存在的严重质量问题对结构的使用和安全构成重大影响，且又无法通过修补处理的情况下，可对检验批、分项、分部甚至整个工程返工处理。例如某防洪堤坝填筑压实后，其压实土的干密度未达到规定值，经核算将影响土体的稳定且不满足抗渗能力要求，可挖除不合格土，重新填筑，进行返工处理。又如某公路桥梁工程预应力按规定张力系数为 1.3，实际仅为 0.8，属于严重的质量缺陷，也无法修补，只有返工处理。对某些存在严重质量缺陷，且无法采用加固补强等修补处理或修补处理费用比原工程造价还高的工程，应进行整体拆除，全面返工。

3) 不做处理。某些工程质量问题虽然不符合规定的要求和标准构成质量事故，但视其严重情况，经过分析、论证、法定检测单位鉴定和设计等有关单位认可，对工程或结构使用及安全影响不大，也可不做专门处理。通常不用专门处理的情况有以下几种：

①不影响结构安全和正常使用。

例如，有的工业建筑物出现放线定位偏差，且严重超过规范标准规定，若要纠正会造成重大经济损失，若经过分析、论证其偏差不影响生产工艺和正常使用，在外观上也无明显影响，可不做处理。又如，某些隐蔽部位结构混凝土表面裂缝，经检查分析，属于表面养护不够的干缩微裂，不影响使用及外观，也可不做处理。

②有些质量问题，经过后续工序可以弥补。

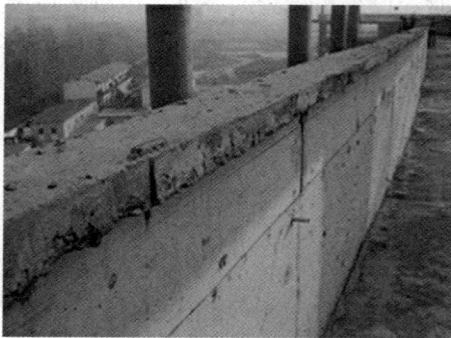

图 5-10　混凝土墙表面蜂窝麻面

例如，混凝土墙表面轻微蜂窝麻面（见图 5-10)，可通过后续的抹灰、喷涂或刷白等工序弥补，亦可不做专门处理。

③经法定检测单位鉴定合格。

例如，某检验批混凝土试块强度值不满足规范要求，强度不足，在法定检测单位，对混凝土实体采用非破损检验等方法测定其实际强度已达规范允许和设计要求值时，可不做处理。对经检测未达要求值，但相差不多，经分析论证，只要使用前经再次检测达设计强度，也可不做处理，但应严格控制施工荷载。

④出现的质量问题，经检测鉴定达不到设计要求，但经原设计单位核算，仍能满足结构安全和使用功能。

例如，某一结构构件截面尺寸不足，或材料强度不足，影响结构承载力，但经按实际检测所得截面尺寸和材料强度复核验算，仍能满足设计的承载力，可不进行专门处理。这是因为一般情况下，规范标准给出了满足安全和功能的最低限度要求，而设计往往在此基础上留有一定余量，这种处理方式实际上是挖掘了设计潜力或降低了设计的安全系数。

监理工程师应牢记，不论哪种情况，特别是不做处理的质量问题，均要备好必要的书面文件，对技术处理方案、不做处理结论和各方协商文件等有关档案资料认真组织签认。对责任方应承担的经济责任和合同中约定的罚则应正确判定。

(2) 选择最适用工程质量事故处理方案的辅助方法。选择工程质量处理方案，是复杂而重要的工作，它直接关系到工程的质量、费用和工期。处理方案选择不合理，不仅劳民伤财，严重的会留有隐患，危及人身安全，特别是对需要返工或不做处理的方案，更应慎重对待。

下面给出一些可采取的选择工程质量事故处理方案的辅助决策方法。

1）实验验证。即对某些有严重质量缺陷的项目，可采取合同规定的常规试验以外的试验方法进一步进行验证，以便确定缺陷的严重程度。例如混凝土构件的试件强度低于要求的标准不太大（例如10％以下）时，可进行加载试验，以证明其是否满足使用要求。又如公路工程的沥青面层厚度误差超过了规范允许的范围，可采用弯沉试验检查路面的整体强度等。监理工程师可根据对试验验证结果的分析、论证，再研究选择最佳的处理方案。

2）定期观测。有些工程，在发现其质量缺陷时其状态可能尚未达到稳定，仍会继续发展，在这种情况下一般不宜过早做出决定，可以对其进行一段时间的观测，然后再根据情况做出决定。属于这类的质量问题，如桥墩或其他工程的基础在施工期间发生沉降超过预计的或规定的标准；混凝土表面发生裂缝，并处于发展状态等。有些有缺陷的工程，短期内其影响可能不十分明显，需要较长时间的观测才能得出结论。对此，监理工程师应与建设单位及施工单位协商，是否可以留待责任期解决或采取修改合同，延长责任期的办法。

3）专家论证。对于某些工程质量问题，可能涉及的技术领域比较广泛，或问题很复杂，有时仅根据合同规定难以决策，这时可提请专家论证。而采用这种办法时，应事先做好充分准备，尽早为专家提供尽可能详尽的情况和资料，以便使专家能够进行较充分、全面和细致的分析、研究，提出切实的意见与建议。实践证明，采取这种方法，对于监理工程师正确选择重大工程质量缺陷的处理方案十分有益。

4）方案比较。这是比较常用的一种方法。同类型和同一性质的事故可先设计多种处理方案，然后结合当地的资源情况、施工条件等逐项给出权重，做出对比，从而选择具有较高处理效果又便于施工的处理方案。例如结构构件承载力达不到设计要求，可采用改变结构构造来减少结构内力、结构卸荷或结构补强等不同处理方案，可将其每一方案按经济、工期、效果等指标列项并分配相应权重值，进行对比，辅助决策。

2. 工程质量事故处理的鉴定验收

质量事故的技术处理是否达到了预期目的，消除了工程质量不合格和工程质量问题，是否仍留有隐患，监理工程师应通过组织检查和必要的鉴定，进行验收并予以最终确认。

（1）检查验收。工程质量事故处理完成后，监理工程师在施工单位自检合格报验的基础上，应严格按施工验收标准及有关规范的规定进行，结合监理人员的旁站、巡视和平行检验结果，依据质量事故技术处理方案设计要求，通过实际量测，检查各种资料数据进行验收，并应办理交工验收文件，组织各有关单位会签。

（2）必要的鉴定。为确保工程质量事故的处理效果，凡涉及结构承载力等使用安全和其他重要性能的处理工作，或质量事故处理施工过程中建筑材料及构配件保证资料严重缺乏，或对检查验收结果各参与单位有争议时，常需做必要的试验和检验鉴定工作。常见的检验工作有：混凝土钻芯取样（见图5-11），用于检查密实性和裂缝修补效果，或检测实际强度；结构荷载试验，确定其实际承载力；超声波检测焊接或结构内部质量（见图5-12）；池、罐、箱柜工程的渗漏检验等。检测鉴定必须委托政府批准的有资质的法定检测单位进行。

（3）验收结论。对所有质量事故无论经过技术处理，通过检查鉴定验收，还是不需专门处理的，均应有明确的书面结论。若对后续工程施工有特定要求，或对建筑物使用有一定限制条件，应在结论中提出。

验收结论通常有以下几种：

1）事故已排除，可以继续施工。

图 5-11　混凝土钻芯取样现场

图 5-12　超声波透射法进行桩身完整性检测

2）隐患已消除，结构安全有保证。

3）经修补处理后，完全能够满足使用要求。

4）基本上满足使用要求，但使用时应有附加限制条件，例如限制荷载等。

5）对耐久性的结论。

6）对建筑物外观影响的结论。

7）对短期内难以作出结论的，可提出进一步观测检验意见。

对于处理后符合《建筑工程施工质量验收统一标准》的规定的，监理工程师应予以验收、确认，并应注明责任方主要承担的经济责任。对经加固补强或返工处理仍不能满足安全使用要求的分部工程、单位（子单位）工程，应拒绝验收。

二、实训部分

实训案例一

某建筑工程项目为框架结构，业主已委托监理单位进行施工阶段监理。

主体结构施工时，在现浇钢筋混凝土柱的施工过程中，监理工程师对 24 根柱子的检查中发现有 6 根柱子拆模后存在轻度蜂窝、麻面现象，有 13 根柱子混凝土强度严重不足及表面蜂窝、麻面的质量问题，有 5 根柱子存在局部露筋，蜂窝、麻面较严重。

在主体结构悬臂式雨篷施工过程中，发生了一起第 5 层悬臂式雨篷根部突然断裂的严重质量事故，造成直接经济损失 50 万元，所幸无人员伤亡。

问题：

（1）工程质量问题的处理方式有哪些？

（2）监理工程师对 6 根柱子拆模后轻度蜂窝、麻面的质量问题如何处理？

（3）监理工程师对 13 根柱子强度严重不足及蜂窝、麻面的质量问题应如何处理？

（4）监理工程师对 5 根柱子局部漏筋及蜂窝、麻面较严重的质量问题应如何处理？

（5）质量事故处理应遵循什么程序进行？上述悬臂式雨篷根部突然断裂的质量事故属于哪类？说明理由。

（6）事故处理的基本要求是什么？

（7）事故处理验收结论通常有哪几种？

实训案例二

某桥梁工程，其基础为钻孔桩。该工程的施工任务由甲公司总承包，其中桩基础施工分包给乙公司，建设单位委托丙公司监理，丙公司任命的总监理工程师具有多年桥梁设计工作经验。

　　施工前甲公司复核了该工程的原始基准点、基准线和测量控制点，并经专业监理工程师审核批准。

　　该桥 1 号桥墩桩基础施工完毕后，设计单位发现：整体桩位（桩的中心线）沿桥梁中线偏移，偏移量超出规范允许的误差。经检查发现，造成桩偏移的原因是桩位施工图尺寸与总平面图尺寸不一致。因此，甲公司向项目监理机构报送了处理方案，要点如下：

　　（1）补桩。

　　（2）承台的结构钢筋适当调整，外形尺寸部分改动。

　　总监理工程师根据自己多年的桥梁设计工作经验，认为甲公司的处理方案可行，因此予以批准。乙公司随即提出索赔意见通知，并在补桩施工完成后第 5 天向项目监理机构提交了索赔报告：

　　①要求赔偿整改期间机械、人员的窝工损失；

　　②增加的补桩应予以计量、支付。

　　理由如下：

　　（1）甲公司负责桩位测量放线，乙公司按给定的桩位负责施工，桩体没有质量问题；

　　（2）桩位施工放线结果已由现场监理工程师签认。

　　问题：

　　（1）总监理工程师批准上述处理方案，在工作程序方面是否妥当？说明理由，并简述监理工程师处理施工过程中质量问题工作程序的要点。

　　（2）专业监理工程师在桩位偏移这一质量问题上是否有责任？说明理由。

　　（3）乙公司提出的索赔要求，总监理工程师应如何处理？说明理由。

复 习 思 考 与 训 练 题

一、单选题

1. 凡工程质量不合格，由此造成直接经济损失在（　　）元以上的，称为工程质量事故。

　　A. 5000　　　　　　　B. 8000　　　　　　　C. 9000　　　　　　　D. 10 000

2. 发生的质量问题无论是否由于施工单位原因造成，通常都是先由（　　）负责实施处理。

　　A. 建设单位　　　　　B. 施工单位　　　　　C. 设计单位　　　　　D. 监理单位

3. 工程质量事故发生后，总监理工程师首先要做的事情是（　　）。

　　A. 签发《工程暂停令》　　　　　　　　　B. 要求施工单位保护现场

　　C. 要求施工单位 24h 内上报　　　　　　　D. 发出质量通知单

4. 严重质量事故的调查组由（　　）建设行政主管部门组织。

　　A. 省、自治区、直辖市级　　　　　　　　B. 市、县级

　　C. 国务院级　　　　　　　　　　　　　　D. 地区级

5. 工程质量事故技术处理方案，一般应委托原（　　）提出。

　　A. 设计单位　　　　　B. 施工单位　　　　　C. 监理单位　　　　　D. 咨询单位

6. 当发生工程质量问题时，监理工程师首先应判断其（　　）。

　　A. 发生地点　　　　　B. 发生时间　　　　　C. 责任人　　　　　　D. 严重性

7. 由工程质量事故引起的返工费用，应（   ）。

    A. 由业主全部承担   B. 由承包单位全部承担

    C. 根据实际情况酌情处理   D. 由设计单位承担部分费用

8. 工程质量事故处理后是否达到了预期的目的，应通过检查鉴定和验收作出确认，检查和鉴定的结论不能包括（   ）。

    A. 事故排除，可以继续施工   B. 隐患已消除，结构安全有保证

    C. 经过修补、处理后，工程限期使用   D. 对耐久性的结论

9. 工程质量事故的特点不包括（   ）。

    A. 复杂性   B. 严重性   C. 可变性   D. 难确定性

10. 修补处理主要包括（   ）。

    A. 封闭保护   B. 复位纠偏   C. 表面处理   D. 整体拆除

二、多选题

1. 工程质量问题、事故发生的原因主要有（   ）。

    A. 违背建设程序和违反法规行为   B. 地质勘察失真和设计差错

    C. 施工管理不到位   D. 使用不合格的原材料、制品和设备

    E. 建设监理不力

2. 工程质量事故处理依据应包括（   ）。

    A. 质量事故的实况资料   B. 有关的合同文件

    C. 建设单位和监理单位的意见   D. 相关的建设法规

    E. 相关的设计文件

3. 工程质量事故处理完成后，监理工程师在施工单位自检合格报验的基础上，应严格按验收标准及有关规范的规定并结合（   ）进行验收。

    A. 监理人员的旁站、巡视和平行检验结果 B. 质量事故处理方案的要求

    C. 实际量测结果   D. 有关的各种资料数据

    E. 建设单位意见

4. 工程质量事故处理方案类型可分为（   ）。

    A. 修补处理   B. 返工处理   C. 限制使用   D. 观察研究

    E. 不做处理

5. 工程发生重大坍塌事故，监理工程师需立即采取的措施有（   ）。

    A. 下达停工令   B. 要求施工单位采取防护措施

    C. 要求施工单位逐级上报   D. 组织事故调查

    E. 研究确定处理方案

6. 工程质量事故不做处理的情况是（   ）。

    A. 房屋倾斜但未倒塌

    B. 经复核验算，仍满足结构安全和使用功能

    C. 不影响结构安全和正常使用

    D. 有些质量问题，经后续工序可以弥补

    E. 经法定检测单位鉴定合格

7. 质量事故报告主要包括的内容有（   ）。

A. 事故发生的时间和地点　　　　　B. 事故发生原因的初步分析

C. 质量事故处理的依据　　　　　　D. 事故发生的各种资料

E. 质量事故处理结论

8. 《建筑业企业资质管理规定》要求，建设主管部门、其他有关部门履行监督检查职责时，有权要求被检查单位提供的资料包括（　　　　）。

A. 建筑业企业资质证书　　　　　　B. 注册执业人员证书

C. 安全生产管理文件　　　　　　　D. 质量管理文件

E. 规范、图集

三、问答题

1. 如何区分工程质量不合格、工程质量问题与质量事故？

2. 常见的工程质量问题发生的原因主要有哪些方面？

3. 试述工程质量问题处理的程序。

4. 简述工程质量事故的特点、分类及其处理的权限范围。

5. 工程质量事故处理的依据是什么？

6. 简述对工程质量事故原因进行分析的基本步骤和原理。

7. 简述工程质量事故处理的程序，监理工程师在事故处理过程中应如何去做？

8. 质量事故处理方案确定的一般原则和基本要求是什么？

9. 质量事故处理可能采取的处理方案有哪几类？它们各适合在何种情况下采用？监理工程师应如何选择最适用的工程质量事故处理方案？

10. 监理工程师如何对工程质量事故处理进行鉴定与验收？

单元六　工程质量控制的统计分析方法

项目一　质量统计基本知识

一、应知部分

(一) 总体、样本及统计推断工作过程

1. 总体

总体也称母体,是所研究对象的全体。个体,是组成总体的基本元素。总体中含有个体的数目通常用 N 表示。在对一批产品质量检验时,该批产品是总体,其中的每件产品是个体,这时 N 是有限的数值,则称之为有限总体。若对生产过程进行检测时,应该把整个生产过程过去、现在以及将来的产品视为总体,随着生产的进行 N 是无限的,称之为无限总体。实践中一般把从每件产品检测得到的某一质量数据(强度、几何尺寸、重量等),即质量特性值视为个体,产品的全部质量数据的集合即为总体。

2. 样本

样本也称子样,是从总体中随机抽取出来,并根据对其研究结果推断总体质量特征的那部分个体。被抽中的个体称为样品,样品的数目称样本容量,用 n 表示。

3. 统计推断工作过程

质量统计推断工作是运用质量统计方法在生产过程中或一批产品中,随机抽取样本,通过对样品进行检测和整理加工,从中获得样本质量数据信息,并以此为依据,以概率数理统计为理论基础,对总体的质量状况作出分析和判断。质量统计推断工作过程如图 6-1 所示。

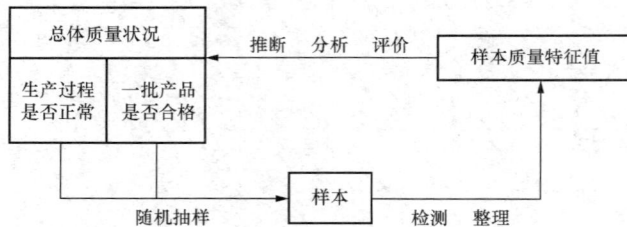

图 6-1　质量统计推断工作过程

(二) 质量数据的收集方法

1. 全数检验

全数检验是对总体中的全部个体逐一观察、测量、计数、登记,从而获得对总体质量水平评价结论的方法。

全数检验一般比较可靠,能提供大量的质量信息,但要消耗很多人力、物力、财力和时间,特别是不能用于具有破坏性的检验和过程质量控制。

2. 随机抽样检验

抽样检验是按照随机抽样的原则,从总体中抽取部分个体组成样本,根据对样品进行检测的结果,推断总体质量水平的方法。

　　抽样检验样品不受检验人员主观意愿的支配，每一个体被抽中的概率都相同，从而保证了样本在总体中的分布比较均匀，有充分的代表性；同时它还具有节省人力、物力、财力、时间和准确性高的优点；它又可用于破坏性检验和生产过程的质量监控，完成全数检测无法进行的检测项目，具有广泛的应用空间。如图 6-2 所示，钢筋进场应按规定进行抽样检验。抽样的具体方法如下：

图 6-2　钢筋进场应按规定进行抽样检验

　　（1）简单随机抽样。简单随机抽样又称纯随机抽样、完全随机抽样，是对总体不进行任何加工，直接进行随机抽样，获取样本的方法。这种方法常用于总体差异不大，或对总体了解甚少的情况。

　　（2）分层抽样。分层抽样又称分类或分组抽样，是将总体按与研究目的有关的某一特性分为若干组，然后在每组内随机抽取样品组成样本的方法。

　　由于对每组都有抽取，样品在总体中分布均匀，更具代表性，特别适用于总体比较复杂的情况。如研究混凝土浇筑质量时，可以按生产班组分组，或按浇筑时间（白天、黑夜或季节）分组，或按原材料供应商分组后，再在每组内随机抽取个体。图 6-3 为混凝土现场取样。

　　（3）等距抽样。等距抽样又称机械抽样、系统抽样，是将个体按某一特性排队编号后均分为 n 组，这时每组有 $K=N/n$ 个个体，然后在第一组内随机抽取第一件样品，以后每隔一定距离

图 6-3　混凝土现场取样

（K 号）抽选出其余样品组成样本的方法。如在流水作业线上每生产 100 件产品抽出一件产品做样品，直到抽出 n 件产品组成样本。

　　在这里距离可以理解为空间、时间、数量的距离。若分组特性与研究目的有关，就可看作分组更细且等比例的特殊分层抽样，样品在总体中分布更均匀，更有代表性，抽样误差也最小；若分组特性与研究目的无关，就是纯随机抽样。进行等距抽样时特别要注意的是所用

的距离（K值）不要与总体质量特性值的变动周期一致，如对于连续生产的产品按时间距离抽样时，间隔的时间不要是每班作业时间 8h 的约数或倍数，以避免产生系统偏差。

（4）整群抽样。整群抽样一般是将总体按自然存在的状态分为若干群，并从中抽取样品群组成样本，然后在中选群内进行全数检验的方法。如对原材料质量进行检测，可按原包装的箱、盒为群随机抽取，对中选箱、盒做全数检验；每隔一定时间抽出一批产品进行全数检验等。

由于随机性表现在群间，样品集中，分布不均匀，代表性差，产生的抽样误差也大，同时在有周期变动时，也应注意避免系统偏差。

（5）多阶段抽样。多阶段抽样又称多级抽样。上述抽样方法的共同特点是整个过程中只有一次随机抽样，因而统称为单阶段抽样。但是当总体很大时，很难一次抽样完成预定的目标。多阶段抽样是将各种单阶段抽样方法结合使用，通过多次随机抽样来实现的抽样方法。如检验钢材、水泥等质量时，可以对总体按不同批次分为 R 群，从中随机抽取 r 群，而后在中选的 r 群中的 M 个个体中随机抽取 m 个个体，这就是整群抽样与分层抽样相结合的二阶段抽样，它的随机性表现在群间和群内有两次。

（三）质量数据的分类

质量数据是指由个体产品质量特性值组成的样本（总体）的质量数据集，在统计上称为变量；个体产品质量特性值称变量值。根据质量数据的特点，可以将其分为计量值数据和计数值数据。

1. 计量值数据

计量值数据是可以连续取值的数据，属于连续型变量。其特点是在任意两个数值之间都可以取精度较高一级的数值。它通常由测量得到，如重量、强度、几何尺寸、标高、位移等。此外，一些属于定性的质量特性，可由专家主观评分、划分等级而使之数量化，得到的数据也属于计量值数据。

2. 计数值数据

计数值数据是只能按 0，1，2，…数列取值计数的数据，属于离散型变量。它一般由计数得到。可分为：

（1）计件值数据，表示具有某一质量标准的产品个数。

（2）计点值数据，表示个体（单件产品、单位长度、单位面积、单位体积等）上的缺陷数、质量问题点数等。

（四）质量数据的特征值

样本数据特征值是由样本数据计算的描述样本质量数据波动规律的指标。统计推断就是根据这些样本数据特征值来分析、判断总体的质量状况。常用的有描述数据分布集中趋势的算术平均数、中位数和描述数据分布离中趋势的极差、标准偏差、变异系数等。

1. 描述数据集中趋势的特征值

（1）算术平均数。算术平均数又称均值，是消除了个体之间个别偶然的差异，显示出所有个体共性和数据一般水平的统计指标，它由所有数据计算得到，是数据的分布中心，对数据的代表性好。其计算式为

1）总体算术平均数 μ。其计算式为

$$\mu = \frac{1}{N}(X_1 + X_2 + \cdots + X_N) = \frac{1}{N}\sum_{i=1}^{N} X_i$$

式中　　N——总体中个体数；

　　　　X_i——总体中第 i 个的个体质量特性值。

2）样本算术平均数 $\bar{x}$。其计算式为

$$\bar{x} = \frac{1}{n}(x_1 + x_2 + \cdots + x_n) = \frac{1}{n}\sum_{i=1}^{n} x_i$$

式中　　n——样本容量；

　　　　x_i——样本中第 i 个样品的质量特性值。

（2）样本中位数 $\tilde{x}$。样本中位数是将样本数据按数值大小有序排列后，位置居中的数值。当数本数 n 为奇数时，数列居中的一位数即为中位数；当样本数 n 为偶数时，取居中两个数的平均值作为中位数。

2. 描述数据离散趋势的特征值

（1）级差 R。级差是数据中最大值与最小值之差，是用数据变动的幅度来反映其分散状况的特征值。级差计算简单、使用方便，但粗略，数值仅受两个极端值的影响，损失的质量信息多，不能反映中间数据的分布和波动规律，仅适用于小样本。其计算式为

$$R = x_{max} - x_{min}$$

（2）标准偏差。标准偏差简称标准差或均方差，是个体数据与均值离差平方和的算术平均数的算术根，是大于 0 的正数。总体的标准差用 σ 表示；样本的标准差用 S 表示。标准差值小说明分布集中程度高，离散程度小，均值对总体（样本）的代表性好；标准差的平方是方差，有鲜明的数理统计特征，能确切说明数据分布的离散程度和波动规律，是最常用的反映数据变异程度的特征值。其计算式为

1）总体的标准偏差 σ。其计算式为

$$\sigma = \sqrt{\frac{\sum_{i=1}^{n}(x_i - \mu)^2}{N}}$$

2）样本的标准偏差 S。其计算式为

$$S = \sqrt{\frac{\sum_{i=1}^{n}(x_i - \bar{x})^2}{n-1}}$$

样本的标准偏差 S 是总体标准差 σ 的无偏估计。在样本容量较大（$n \geq 50$）时，上式中的分母（$n-1$）可简化为 n。

（3）变异系数 C_v。变异系数又称离散系数，是用标准差除以算术平均数得到的相对数。它表示数据的相对离散波动程度。变异系数小，说明分布集中程度高，离散程度小，均值对总体（样本）的代表性好。由于消除了数据平均水平不同的影响，变异系数适用于均值有较大差异的总体之间离散程度的比较，应用更为广泛。其计算式为

$$C_v = \sigma/\mu \text{（总体）}$$
$$C_v = S/\bar{x} \text{（样本）}$$

（五）质量数据的分布特征

1. 质量数据的特性

质量数据具有个体数值的波动性和总体（样本）分布的规律性。

在实际质量检测中发现，即使在生产过程是稳定正常的情况下，同一总体（样本）的个体产品的质量特性值也是互不相同的。这种个体间表现形式上的差异性，反映在质量数据上即为个体数值的波动性、随机性，然而当运用统计方法对这些大量丰富的个体质量数值进行加工、整理和分析后，又会发现这些产品质量特性值（以计量值数据为例）大多都分布在数值变动范围的中部区域，即有向分布中心靠拢的倾向，表现为数值的集中趋势；还有一部分质量特性值在中心的两侧分布，随着逐渐远离中心，数值的个数变少，表现为数值的离中趋势。质量数据的集中趋势和离中趋势反映了总体（样本）质量变化的内在规律性。

2. 质量数据波动的原因

众所周知，影响产品质量主要有五方面因素，即人，包括质量意识、技术水平、精神状态等；材料，包括材质均匀度、理化性能等；机械设备，包括其先进性、精度、维护保养状况等；方法，包括生产工艺、操作方法等；环境，包括时间、季节、现场温湿度、噪声干扰等；同时这些因素自身也在不断变化中。个体产品质量的表现形式的千差万别就是这些因素综合作用的结果，质量数据也因此具有了波动性。

质量特性值的变化在质量标准允许范围内波动称之为正常波动，是由偶然性原因引起的；若是超越了质量标准允许范围的波动则称之为异常波动，是由系统性原因引起的。

（1）偶然性原因。在实际生产中，影响因素的微小变化具有随机发生的特点，是不可避免、难以测量和控制的，或者是在经济上不值得消除，它们大量存在但对质量的影响很小，属于允许偏差、允许位移范畴，引起的是正常波动，一般不会因此造成废品，生产过程正常稳定。通常把4M1E因素的这类微小变化归为影响质量的偶然性原因、不可避免原因或正常原因。

（2）系统性原因。当影响质量的4M1E因素发生了较大变化，如工人未遵守操作规程、机械设备发生故障或过度磨损、原材料质量规格有显著差异等情况发生时，没有及时排除，生产过程则不正常，产品质量数据就会离散过大或与质量标准有较大偏离，表现为异常波动，次品、废品产生。这就是产生质量问题的系统性原因或异常原因。由于异常波动特征明显，容易识别和避免，特别是对质量的负面影响不可忽视，生产中应该随时监控，及时识别和处理。2011年4月，贵阳市花溪区贵大西区在建工地，一位工人由于没有遵守操作规程而用脚去踩搅拌物，不幸使双脚绞进搅拌机中导致事故发生，图6-4为救援现场。

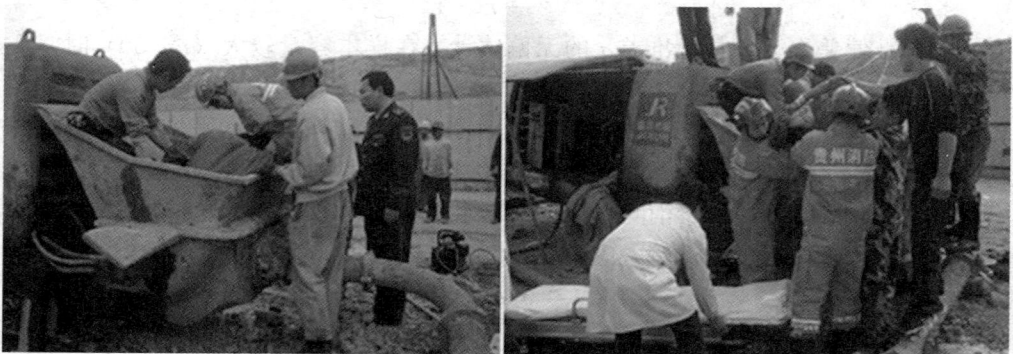

图6-4 工人未遵守操作规程发生安全事故

3. 质量数据分布的规律性

对于每件产品来说，在产品质量形成的过程中，单个影响因素对其影响的程度和方向是不同的，也是在不断改变的。众多因素交织在一起，共同起作用的结果，使各因素引起的差异大多互相抵消，最终表现出来的误差具有随机性。对于在正常生产条件下的大量产品，误差接近零的产品数目要多些，具有较大正负误差的产品要相对少，偏离很大的产品就更少了，同时正负误差绝对值相等的产品数目非常接近。于是就形成了一个能反映质量数据规律性的分布，即以质量标准为中心的质量数据分布，它可用一个"中间高、两端低、左右对称"的几何图形表示，即一般服从正态分布。

概率数理统计在对大量统计数据研究中，归纳总结出许多分布类型，如一般计量值数据服从正态分布，计件值数据服从二项分布，计点值数据服从泊松分布等。实践中只要是受许多起微小作用的因素影响的质量数据，都可认为是近似服从正态分布的，如构件的几何尺寸、混凝土强度等；如果是随机抽取的样本，无论它来自的总体是何种分布，在样本容量较大时，其样本均值也将服从或近似服从正态分布。因而，正态分布最重要、最常见、应用最广泛。正态分布概率密度曲线如图 6-5 所示。

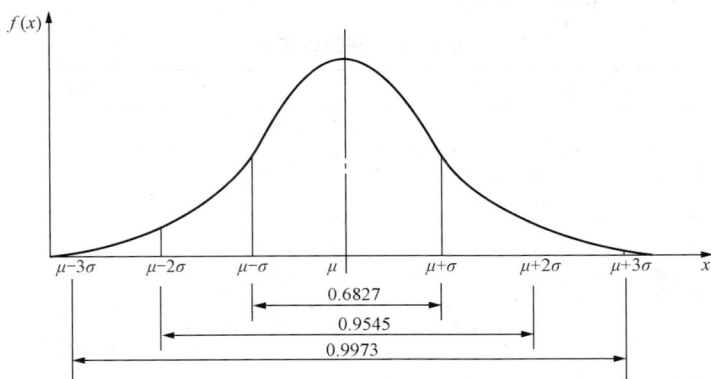

图 6-5 正态分布概率密度曲线

二、实训部分

（一）统计调查表法

1. 概念

统计调查表法又称统计调查分析法，它是利用专门设计的统计表对质量数据进行收集、整理和粗略分析质量状态的一种方法。

在质量控制活动中，利用统计调查表收集数据，简便灵活，便于整理，实用有效。它没有固定格式，可根据需要和具体情况，设计出不同统计调查表。常用的调查表如下：

（1）分项工程作业质量分布调查表；

（2）不合格项目调查表；

（3）不合格原因调查表；

（4）施工质量检查评定用调查表等。

表 6-1 是混凝土空心板外观质量问题调查表。

表 6 - 1　　　　　　　　　　混凝土空心板外观质量问题调查表

产品名称	混凝土空心板		生产班组		
日生产总数	200 块	生产时间	年 月 日	检查时间	年 月 日
检查方式	全数检查		检查员		
项目名称	检查记录			合　计	
露　筋	正正			10	
蜂　窝	正正一			11	
孔　洞	丁			2	
裂　缝	一			1	
其　他	下			3	
总　计				27	

2. 实训案例

表 6 - 2 为钢筋焊接缺陷调查表，请深入工地，随机调查 20 根钢筋的焊接缺陷，将此表填写完整，并简单分析产生缺陷的原因。

表 6 - 2　　　　　　　　　　钢筋焊接缺陷调查表

日　期		班　组		检查员	
缺陷类型		检查记录		小　计	
凹　陷					
焊　瘤					
裂　纹					
烧　伤					
咬　边					
气　孔					
夹　渣					
其　他					
总　计					

（二）分层法

分层法又叫分类法，是将调查收集的原始数据，根据不同的目的和要求，按某一性质进行分组、整理的分析方法。

由于产品质量是多方面因素共同作用的结果，因而对同一批数据，可以按不同性质分层，便可以从不同角度来考虑、分析产品存在的质量问题和影响因素。

常用的分层标志如下：

（1）按操作班组或操作者分层；

（2）按使用机械设备型号分层；

（3）按操作方法分层；

（4）按原材料供应单位、供应时间或等级分层；

（5）按施工时间分层；

（6）按检查手段、工作环境等分层。

分层法是质量控制统计分析方法中最基本的一种方法。其他统计方法一般都要与分层法配合使用，如排列图法、直方图法、控制图法、相关图法等，常常是首先利用分层法将原始数据分门别类，然后再进行统计分析的。

现举例说明分层法的应用。

钢筋焊接质量的调查分析，共检查了 50 个焊接点，其中不合格 19 个，不合格率为 38%，存在严重的质量问题。试用分层法分析质量问题的原因。图 6-6 为工人进行现场电弧焊接。

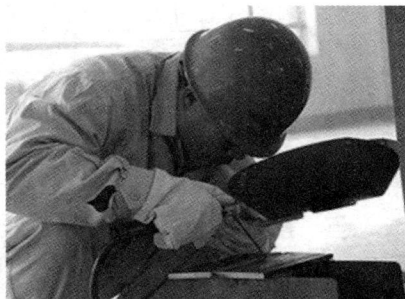

图 6-6　电弧焊接

现已查明这批钢筋的焊接是由 A、B、C 三个师傅操作的，而焊条是由甲、乙两个厂家提供的。因此，分别按操作者和焊条生产厂家进行分层分析，即考虑一种因素单独的影响，见表 6-3 和表 6-4。

表 6-3　　　　　　　　　　　　　　按 操 作 者 分 层

操 作 者	不 合 格	合 格	不合格率（%）
A	6	13	32
B	3	9	25
C	10	9	53
合　计	19	31	38

表 6-4　　　　　　　　　　　　　按供应焊条厂家分层

工 厂	不 合 格	合 格	不合格率（%）
甲	9	14	39
乙	10	17	37
合　计	19	31	38

由表 6-3 和表 6-4 分层分析可见，操作者 B 的质量较好，不合格率 25%；而不论是采用甲厂还是乙厂的焊条，不合格率都很高且相差不大。为了找出问题之所在，再进一步采用综合分层进行分析，即考虑两种因素共同影响的结果，见表 6-5。

表 6-5　　　　　　　　　　　　综合分层分析焊接质量

操作者	焊接质量	甲 厂		乙 厂		合 计	
		焊接点	不合格率（%）	焊接点	不合格率（%）	焊接点	不合格率（%）
A	不合格 合　格	6 2	75	0 11	0	6 13	32
B	不合格 合　格	0 5	0	3 4	43	3 9	25

操作者	焊接质量	甲　厂		乙　厂		合　计	
		焊接点	不合格率（%）	焊接点	不合格率（%）	焊接点	不合格率（%）
C	不合格 合　格	3 7	30	7 2	78	10 9	53
合　计	不合格 合　格	9 14	39	10 17	37	19 31	38

　　从表 6-5 的综合分层法分析可知，在使用甲厂的焊条时，应采用 B 师傅的操作方法为好；在使用乙厂的焊条时，应采用 A 师傅的操作方法为好，这样会使合格率大大提高。

（三）排列图法

1. 概念

　　排列图法是利用排列图寻找影响质量主次因素的一种有效方法。排列图又叫帕累托图或主次因素分析图，它是由两个纵坐标、一个横坐标、几个连起来的直方形和一条曲线所组成，如图 6-7 所示。左侧的纵坐标表示频数，右侧纵坐标表示累计频率，横坐标表示影响质量的各个因素或项目，按影响程度大小从左至右排列，直方形的高度示意某个因素的影响大小。实际应用中，通常按累计频率划分为（0%～80%）、（80%～90%）、（90%～100%）三部分，与其对应的影响因素分别为 A、B、C 三类。A 类为主要因素，B 类为次要因素，C 类为一般因素。

　　下面结合实例加以说明排列图的做法。

　　某工地如图 6-8 所示，现浇混凝土构件尺寸质量检查结果是：在全部检查的 8 个项目中不合格点（超偏差限值）有 150 个，为改进并保证质量，应对这些不合格点进行分析，以便找出混凝土构件尺寸质量的薄弱环节。

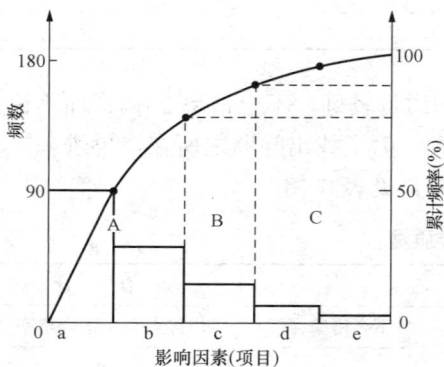

图 6-7　排列图

图 6-8　某工程现浇混凝土结构

方法如下：

　　（1）收集整理数据。首先收集混凝土构件尺寸各项目不合格点的数据资料，见表 6-6。各项目不合格点出现的次数即频数。然后对数据资料进行整理，将不合格点较少的轴线位置、预埋设施中心位置、预留孔洞中心位置三项合并为"其他"项。按不合格点的频数由大到小顺序排列各检查项目，"其他"项排在最后。以全部不合格点数为总数，计算各项的频数和累计频率，结果见表 6-7。

表 6-6　　　　　　　　　　　　不合格点统计表

序　号	检查项目	不合格点数	序　号	检查项目	不合格点数
1	轴线位置	1	5	平面水平度	15
2	垂直度	8	6	表面平整度	75
3	标　高	4	7	预埋设施中心位置	1
4	截面尺寸	45	8	预留孔洞中心位置	1

表 6-7　　　　　　　　不合格点项目、频数、频率统计表

序　号	项　目	频　数	频率（％）	累计频率（％）
1	表面平整度	75	50.0	50.0
2	截面尺寸	45	30.0	80.0
3	平面水平度	15	10.0	90.0
4	垂直度	8	5.3	95.3
5	标　高	4	2.7	98.0
6	其　他	3	2.0	100.0
合　计		150	100	

（2）绘制排列图：

1）画横坐标。将横坐标按项目数等分，并按项目频数由大到小顺序从左到右排列，此题中横坐标分为六等份。

2）画纵坐标。左侧的纵坐标表示项目不合格点数即频数，右侧纵坐标表示累计频率。要求总频数对应累计频率 100％。

3）画频数直方形。以频数为高画出各项目的直方形。

4）画累计频率曲线。从横坐标左端点开始，依次连接各项目直方形右边线及所对应的累计频率值的交点，所得的曲线即为累计频率曲线。

5）记录必要的事项。如标题、收集数据的方法和时间等。

图 6-9 为本题混凝土构件尺寸不合格点排列图。

（3）观察与分析排列图：

1）观察直方形，大致可看出各项目的影响程度。排列图中的每个直方形都表示一个质量问题或影响因素。影响程度与各直方形的高度成正比。

2）利用 ABC 分类法，确定主次因素。将累计频率曲线按（0％～80％）、（80％～90％）、（90％～100％）分为三部分，各曲线下面所对应的影响因素分别为 A、B、C 三类因素。该例中 A 类即主要因素

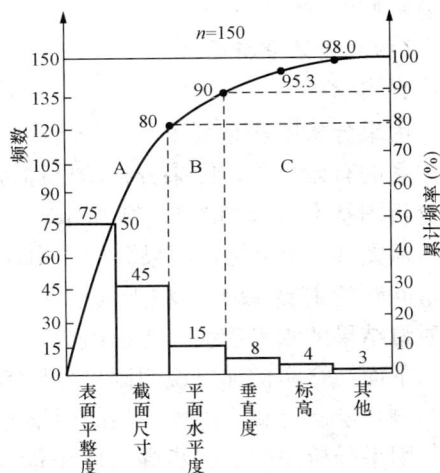

图 6-9　混凝土构件尺寸不合格点排列图

是表面平整度（2m长度）、截面尺寸（梁、柱、墙板、其他构件），B类即次要因素是平面水平度，C类即一般因素有垂直度、标高和其他项目。综上分析，下步应重点解决A类等质量问题。

（4）排列图的应用。排列图可以形象、直观地反映主次因素。其主要应用有：

1）按不合格点的内容分类，可以分析出造成质量问题的薄弱环节。

图 6-10 某工程室内瓷砖铺贴效果图

2）按生产作业分类，可以找出生产不合格品最多的关键过程。

3）按生产班组或单位分类，可以分析比较各单位技术水平和质量管理水平。

4）将采取提高质量措施前后的排列图对比，可以分析措施是否有效。

5）此外还可以用于成本费用分析、安全问题分析等。

2. 实训案例

对一些已建工程（见图 6-10）广泛的搜集资料，掌握了铺贴地面砖质量有问题的项目有 5 项，见表 6-8，不合格的点有 80 个。

表 6-8　铺贴地面砖质量问题调查表

序号	检查项目	频数	频率（%）	累计频率（%）
1	接缝不直	36	45	45
2	粘结力差	28	35	80
3	色泽不均	8	10	90
4	表面不平整	6	7.5	97.5
5	其他	2	2.5	100
合计		80	100	

根据表 6-8 绘制排列图，并对排列图进行分析，推算出影响铺贴地面砖质量的主要因素有哪些？

（四）因果分析图法

1. 概念

因果分析图法是利用因果分析图来系统整理分析某个质量问题（结果）与其产生原因之间关系的有效工具。因果分析图也称特性要因图，又因其形状常被称为树枝图或鱼刺图。因果分析图基本形式如图 6-11 所示。

从图 6-11 可见，因果分析图由质量特性（即质量结果指某个质量问题）、要因（产生质量问题的主要原因）、枝干（指一系列箭线表示不同层次的原因）、主干（指较粗的直接指向质量结果的水平箭线）等所组成。

下面结合实例加以说明因果分析图的绘制方法。

例：绘制混凝土强度不足的因果分析图。

因果分析图的绘制步骤与图中箭头方向恰恰相反，是从"结果"开始将原因逐层分解的，具体步骤如下：

（1）明确质量问题-结果。该例分析的质量问题是"混凝土强度不足"，作图时首先由左至右画出一条水平主干线，箭头指向一个矩形框，框内注明研究的问题，即结果。

（2）分析确定影响质量特性大的方面原因。一般来说，影响质量因素有五大方面，即人、机械、材料、方法、环境等。另外还可以按产品的生产过程进行分析。

（3）将每种大原因进一步分解为中原因、小原因，直至分解的原因可以采取具体措施加以解决为止。

（4）检查图中的所列原因是否齐全，可以对初步分析结果广泛征求意见，并做必要的补充及修改。

（5）选择出影响大的关键因素，做出标记"△"，以便重点采取措施。图 6-12 是混凝土强度不足的因果分析图。

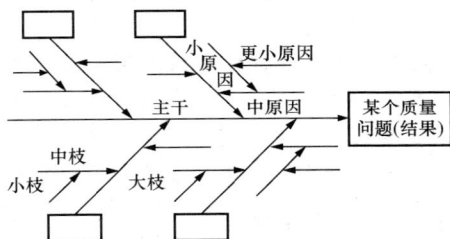

图 6-11　因果分析图的基本形式

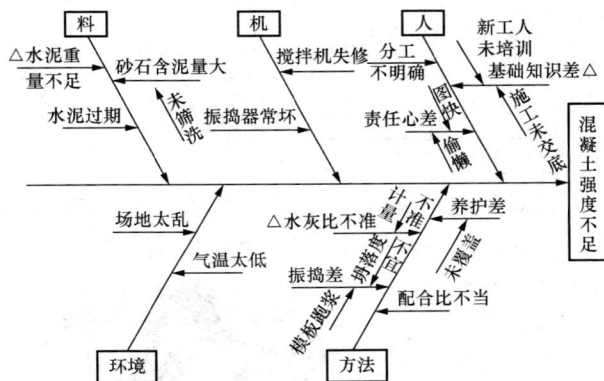

图 6-12　混凝土强度不足的因果分析图

值得注意的问题是，绘制因果分析图时要求绘制者熟悉专业施工方法技术，调查、了解施工现场实际条件和操作的具体情况，并广泛收集现场工人、班组长、质量检查员、工程技术人员的意见，集思广益，相互启发、相互补充，使因果分析更符合实际。

绘制因果分析图不是目的，而是要根据图中所反映的主要原因，制订改进的措施和对策，限期解决问题，保证产品质量。具体实施时，一般应编制一个对策计划表。

表 6-9 是混凝土强度不足的对策计划表。

表 6-9　　　　　　　　　　　　　　混凝土强度不足对策计划表

项　目	序　号	产生问题原因	采 取 的 对 策	执行人	完成时间
人	1	分工不明确	根据个人特长、确定每项作业的负责人及各操作人员职责、挂牌示出		
	2	基本知识差	①组织学习操作规程； ②搞好技术交底		
方　法	3	配合比不当	①根据数理统计结果，按施工实际水平进行配比计算； ②进行实验		
	4	水灰比不准	①制作试块； ②捣制时每半天测砂石含水率一次； ③捣制时控制坍落度在5cm以下		
	5	计量不准	校正磅秤		

续表

项　目	序　号	产生问题原因	采 取 的 对 策	执行人	完成时间
材　料	6	水泥重量不足	进行水泥重量统计		
	7	原材料不合格	对砂、石、水泥进行各项指标试验		
	8	砂、石含泥量大	冲洗		
机　械	9	振捣器常坏	①使用前检修一次； ②施工时配备电工； ③备用振捣器		
	10	搅拌机失修	①使用前检修一次； ②施工时配备检修工人		
环　境	11	场地乱	认真清理，搞好平面布置，现场实行分片制		
	12	气温低	准备草包，养护落实到人		

2. 实训案例

针对影响砌筑质量的一个主要因素——灰缝不均（见图 6-13），对其进行因果分析图的绘制，如图 6-14 所示，试对此图制定对策表。

图 6-13　砖墙砌筑灰缝不均检测

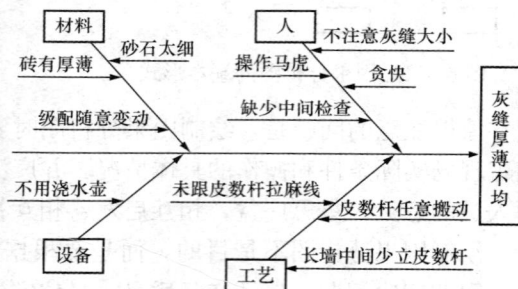

图 6-14　灰缝厚薄不均因果分析图

（五）直方图法

1. 概念

直方图法即频数分布直方图法，它是将收集到的质量数据进行分组整理，绘制成频数分布直方图，用以描述质量分布状态的一种分析方法，所以又称质量分布图法。

通过直方图的观察与分析，可了解产品质量的波动情况，掌握质量特性的分布规律，以便对质量状况进行分析判断。同时可通过质量数据特征值的计算，估算施工生产过程总体的不合格品率，评价过程能力等。

下面结合实例加以说明直方图的绘制方法。

例：某建筑施工工地浇筑 C30 混凝土，为对其抗压强度进行质量分析，共收集了 50 份抗压强度试验报告单，其基本样式见表 6-10，经数据整理见表 6-11，要求绘制混凝土强度分布直方图。

表 6 - 10   **混凝土试块抗压强度检测报告样例**

委托编号：   试验编号：   报告编号：

委托单位		委托日期	
工程名称		检测日期	
工程地点		报告日期	
工程部位		委托方试样编号	
取样单位		取样人及证书编号	
见证单位		见证人及证书编号	
设计等级		试件尺寸（mm）	
养护方法		代表批量	
预拌混凝土生产厂家		配合比编号	
样品说明		检验类别	
样品状态			

成型日期	破型日期	龄期（d）	单块强度值（MPa）	强度代表值（MPa）	达到设计强度（%）

依据标准	GB/T 50081—2002
备 注	
声 明	1. 本检测报告无检测专用章和计量认证专用章无效；无检测、审核、批准签字无效；未经同意复印检测报告无效；若有异议或需要说明之处，请于收到报告之日起十五日内书面提出，逾期视为无异议。 2. 联系地址： 电话： 邮政编码：

检测单位：   批准：   审核：   检测：

表 6-11 　　　　　　　　　　**数 据 整 理 表** 　　　　　　　　N/mm²

序号	抗 压 强 度 数 据					最大值	最小值
1	39.8	37.7	33.8	31.5	36.1	39.8	31.5*
2	37.2	38.0	33.1	39.0	36.0	39.0	33.1
3	35.8	35.2	31.8	37.1	34.0	37.1	31.8
4	39.9	34.3	33.2	40.4	41.2	41.2	33.2
5	39.2	35.4	34.4	38.1	40.3	40.3	34.4
6	42.3	37.5	35.5	39.3	37.3	42.3	35.5
7	35.9	42.4	41.8	36.3	36.2	42.4	35.9
8	46.2	37.6	38.3	39.7	38.0	46.2*	37.6
9	36.4	38.3	43.4	38.2	38.0	42.4	36.4
10	44.4	42.0	37.9	38.4	39.5	44.4	37.9

　＊表示最值，即最大值与最小值。

（1）计算极差 R。极差 R 是数据中最大值和最小值之差，本例中计算式为

$$x_{max} = 46.2 \text{N/mm}^2$$

$$x_{min} = 31.5 \text{N/mm}^2$$

$$R = x_{max} - x_{min} = 46.2 - 31.5 = 14.7 (\text{N/mm}^2)$$

（2）对数据分组。包括确定组数、组距和组限。确定组数的原则是分组的结果能正确地反映数据的分布规律。组数应根据数据多少来确定。组数过少，会掩盖数据的分布规律；组数过多，使数据过于零乱分散，也不能显示出质量分布状况。一般可参考表 6-12 的经验数值确定。

本例中取 $k=8$。

表 6-12 　　　　　　　　　　**数 据 分 组 参 考 值**

数据总数 n	分组数 k	数据总数 n	分组数 k	数据总数 n	分组数 k
50~100	6~10	100~250	7~12	250 以上	10~20

组距是组与组之间的间隔，也即一个组的范围。各组距应相等，于是有

$$极差 \approx 组距 \times 组数$$

即

$$R \approx hk$$

因而组数、组距的确定应结合极差综合考虑，适当调整，还要注意数值尽量取整，使分组结果能包括全部变量值，同时也便于以后的计算分析。

本例中

$$h = \frac{R}{k} = \frac{14.7}{8} = 1.8 \approx 2 (\text{N/mm}^2)$$

每组的最大值为上限，最小值为下限，上、下限统称组限。确定组限时应注意使各组之间连续，即较低组上限应为相邻较高组下限，这样才不致使有的数据被遗漏。对恰恰处于组限值上的数据，其解决的办法有二：一是规定每组上（或下）组限不计在该组内，而应计入相邻较高（或较低）组内；二是将组限值较原始数据精度提高半个最小测量单位。

本例采取第一种办法划分组限，即每组上限不计入该组内。

首先确定第一组下限：

$$x_{\min} - \frac{h}{2} = 31.5 - \frac{2.0}{2} = 30.5$$

第一组上限：30.5+h=30.5+2=32.5

第二组下限＝第一组上限＝32.5

第二组上限：32.5+h=32.5+2=34.5

以下以此类推，最高组限为44.5～46.5，分组结果覆盖了全部数据。

（3）编制数据频数统计表。统计各组频数，可采用唱票形式进行，频数总和应等于全部数据个数。本例频数统计结果见表6-13。

表 6-13　　　　　　　　　　　　　　　频 数 统 计 表

组号	组限（N/mm²）	频数统计	频数	组号	组限（N/mm²）	频数统计	频数
1	30.5～32.5	丁	2	5	38.5～40.5	正正	9
2	32.5～34.5	正一	6	6	40.5～42.5	正	5
3	34.5～36.5	正正	10	7	42.5～44.5	丁	2
4	36.5～38.5	正正正	15	8	44.5～46.5	一	1
合　　　计							50

从表6-13中可以看出，浇筑C30混凝土，50个试块的抗压强度是各不相同的，这说明质量特性值是有波动的。但这些数据分布是有一定规律的，就是数据在一个有限范围内变化，且这种变化有一个集中趋势，即强度值在36.5～38.5范围内的试块最多，可把这个范围即第四组视为该样本质量数据的分布中心，随着强度值的逐渐增大和逐渐减小，数据逐渐减少。为了更直观、更形象地表现质量特征值的这种分布规律，应进一步绘制出直方图。

（4）编制频数分布直方图。在频数分布直方图中，横坐标表示质量特性值，本例中为混凝土强度，并标出各组的组限值。根据表6-13可以画出以组距为底，以频数为高的k个直方形，便得到混凝土强度的频数分布直方图，如图6-15所示。

（5）分析直方图。作完直方图后，首先要认真观察直方图的整体形状，看其是否属于正常型直方图。正常型直方图就是中间高，两侧低，左右接近对称的图形，如图6-16（a）所示。

出现非正常型直方图时，表明生产过程或收集数据作图有问题。这就要求进一步分析判断，找出原因，从而采取措施加以纠正。凡属非正常型直方图，其图形分布有各种不同缺陷，归纳起来一般有五种类型，如图6-16所示。

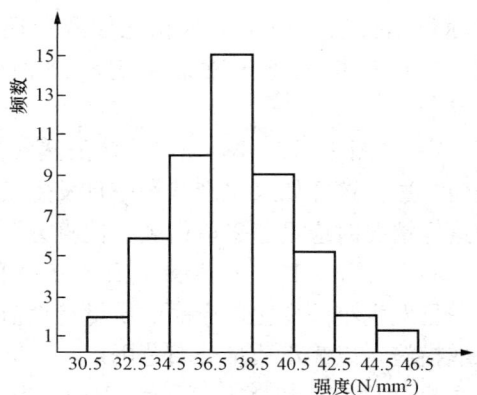

图6-15　混凝土强度分布直方图

1）折齿型，如图6-16（b）所示，是由于分组组数不当或者组距确定不当出现的直方图。

2）左（或右）缓坡型，如图6-16（c）所示，主要是由于操作中对上限（或下限）控制太严造成的。

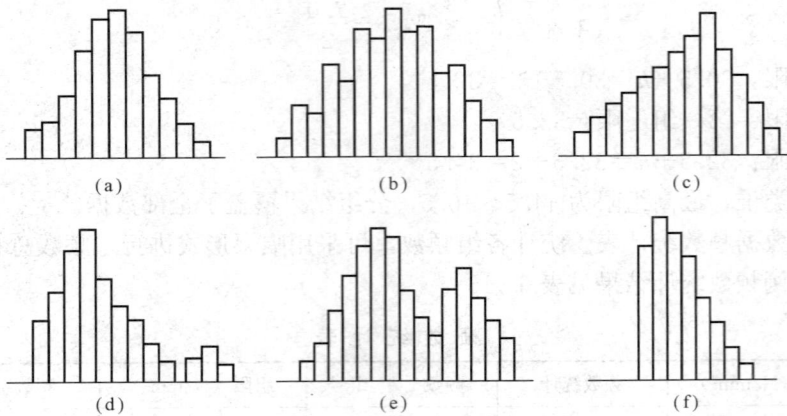

图 6-16　常见的直方图图形
(a) 正常型；(b) 折齿型；(c) 左缓坡型；(d) 孤岛型；(e) 双峰型；(f) 绝壁型

3）孤岛型，如图 6-16（d）所示，是原材料发生变化，或者临时他人顶班作业造成的。

4）双峰型，如图 6-16（e）所示，是由于用两种不同方法或两台设备或两组工人进行生产，然后把两方面数据混在一起整理产生的。

5）绝壁型，如图 6-16（f）所示，是由于数据收集不正常，可能有意识地去掉下限以下的数据，或是在检测过程中存在某种人为因素所造成的。

（6）作出直方图后，除了观察直方图形状，分析质量分布状态外，再将正常型直方图与质量标准比较，从而判断实际生产过程能力。正常型直方图与质量标准相比较，一般有如图 6-17 所示六种情况。在图 6-17 中：T 为质量标准要求界限；B 为实际质量特性分布范围。

1）如图 6-17（a）所示，B 在 T 中间，质量分布中心 $\bar{x}$ 与质量标准中心 M 重合，实际数据分布与质量标准相比较两边还有一定余地。这样的生产过程质量是很理想的，说明生产过程处于正常的稳定状态。在这种情况下生产出来的产品可认为全都是合格品。

2）如图 6-17（b）所示，B 虽然落在 T 内，但质量分布中心 $\bar{x}$ 与 T 的中心 M 不重合，偏向一边。这样如果生产状态一旦发生变化，就可能超出质量标准下限而出现不合格品。出现这样情况时应迅速采取措施，使直方图移到中间来。

3）如图 6-17（c）所示，B 在 T 中间，且 B 的范围接近 T 的范围，没有余地，生产过程一旦发生小的变化，产品的质量特性值就可能超出质量标准。出现这种情况时，必须立即采取措施，以缩小质量分布范围。

4）如图 6-17（d）所示，B 在 T 中间，但两边余地太大，说明加工过于精细，不经济。在这种情况下，可以对原材料、设备、工艺、操作等控制要求适当放宽些，有目的地使 B 扩大，从而有利于降低成本。

5）如图 6-17（e）所示，质量分布范围 B 已超出标准下限之外，说明已出现不合格品。此时必须采取措施进行调整，使质量分布位于标准之内。

6）如图 6-17（f）所示，质量分布范围完全超出了质量标准上、下界限，散差太大，产生许多废品，说明过程能力不足，应提高过程能力，使质量分布范围 B 缩小。

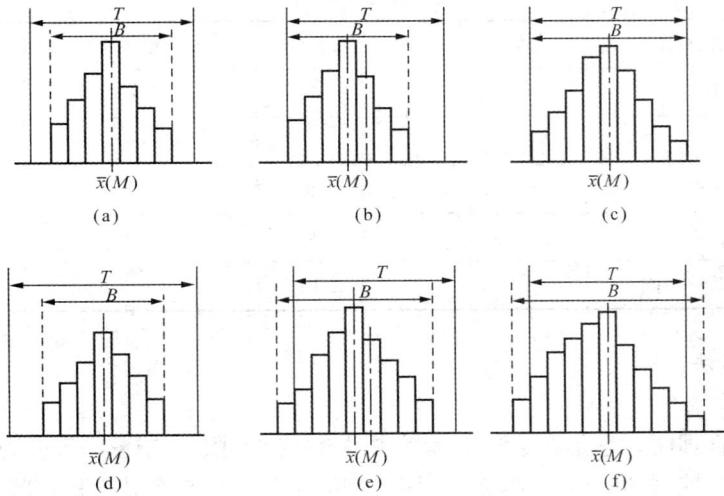

图 6-17　实际质量分析与标准比较

2. 实训案例

大模板是采用专业设计和工业化加工制作而成的一种工具式模板，用于现场浇筑混凝土墙体，它具有安装和拆除简便、尺寸准确、板面平整、周转使用次数多等优点，在工程中使用较为频繁，如图 6-18 所示。表 6-14 为大模板边长尺寸误差数据表。表 6-15 为根据误差数据表绘制的频数分布表，请将此表补充完整，并根据分布表中的统计数据作出直方图，指出该工序是否处于稳定状态。

图 6-18　大模板现场施工

表 6-14　　　　　　　大模板边长尺寸误差数据表　　　　　　　mm

−2	−3	−3	−4	−3	0	−1	−2
−2	−2	−3	−1	+1	−2	−2	−1
−2	−1	0	−1	−2	−3	−1	+2
0	−5	−1	−3	0	+2	0	−2
−1	+3	0	0	−3	−2	−5	+1
0	−2	−4	−3	−4	−1	+1	+1
−2	−4	−6	−1	−2	+1	−1	−2
−3	−1	−4	−1	−3	−1	+2	0
−5	−3	0	−2	−4	0	−3	−1
−2	0	−3	−4	−2	+1	−1	+1

表 6-15   频 数 分 布 表   mm

组号	分组区间	频数	频率	组号	分组区间	频数	频率
1	−6.5～−5.5			6	−1.5～−0.5		
2	−5.5～−4.5			7	−0.5～0.5		
3	−4.5～−3.5			8	0.5～1.5		
4	−3.5～−2.5			9	1.5～2.5		
5	−2.5～−1.5			10	2.5～3.5		

（六）控制图法

1. 概念

控制图又称管理图。它是在直角坐标系内画有控制界限，描述生产过程中产品质量波动状态的图形。利用控制图区分质量波动原因，判明生产过程是否处于稳定状态的方法称为控制图法。

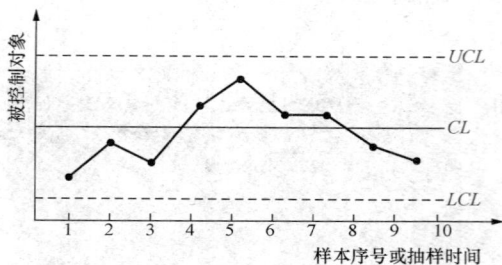

图 6-19 控制图基本形式

（1）控制图的基本形式。控制图的基本形式如图 6-19 所示。横坐标为样本（子样）序号或抽样时间，纵坐标为被控制对象，即被控制的质量特性值。控制图上一般有三条线：在上面的一条虚线称为上控制界限，用符号 UCL 表示；在下面的一条虚线称为下控制界限，用符号 LCL 表示；中间的一条实线称为中心线，用符号 CL 表示。中心线标志着质量特性值分布的中心位置，上下控制界限标志着质量特性值允许波动范围。

在生产过程中通过抽样取得数据，把样本统计量描在图上来分析判断生产过程状态。如果数据点随机地落在上、下控制界限内，则表明生产过程正常处于稳定状态，不会产生不合格品；如果数据点超出控制界限，或数据点排列有缺陷，则表明生产条件发生了异常变化，生产过程处于失控状态。

（2）控制图的用途。控制图是用样本数据来分析判断生产过程是否处于稳定状态的有效工具。它的用途主要有两个：

首先，过程分析，即分析生产过程是否稳定。为此，应随机连续收集数据，绘制控制图，观察数据点分布情况并判定生产过程状态。

其次，过程控制，即控制生产过程质量状态。为此，要定时抽样取得数据，将其变为数据点描在图上，发现并及时消除生产过程中的失调现象，预防不合格品的产生。

前述排列图、直方图法是质量控制的静态分析法，反映的是质量在某一段时间里的静止状态。然而产品都是在动态的生产过程中形成的，因此，在质量控制中单用静态分析法显然是不够的，还必须有动态分析法。只有动态分析法，才能随时了解生产过程中质量的变化情况，及时采取措施，使生产处于稳定状态，起到预防出现废品的作用。控制图就是典型的动态分析法。

（3）控制图的原理。本单元项目一"质量数据的分布特征"中已讲到，影响生产过程和产品质量的原因，可分为系统性原因和偶然性原因。在生产过程中，如果仅仅存在偶然性原因影响，而不存在系统性原因，这时生产过程是处于稳定状态，或称为控制状态。其产品质量特性值的波动是有一定规律的，即质量特性值分布服从正态分布。控制图就是利用这个规律来识别生产过程中的异常原因，控制系统性原因造成的质量波动，保证生产过程处于控制状态。

如何衡量生产过程是否处于稳定状态呢？我们知道：一定状态下生产的产品质量是具有一定分布的，过程状态发生变化，产品质量分布也随之改变。观察产品质量分布情况，一是看分布中心位置（μ）；二是看分布的离散程度（σ）。这可通过图 6-20 所示的四种情况来说明。

如图 6-20(a) 所示，反映产品质量分布服从正态分布，其分布中心与质量标准中心 M 重合，散差分布在质量控制界限之内，表明生产过程处于稳定状态，这时生产的产品基本上都是合格品，可继续生产。

如图 6-20(b) 所示，反映产品质量分布散差没变，而分布中心发生偏移。

如图 6-20(c) 所示，反映产品质量分布中心虽然没有偏移，但分布的散差变大。

如图 6-20(d) 所示，反映产品质量分布中心和散差都发生了较大变化，即 $\mu(\bar{x})$ 值偏离标准中心，$\sigma(s)$ 值增大。

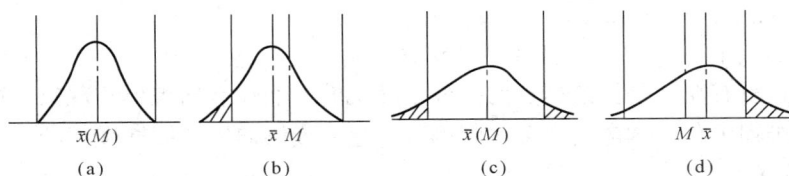

图 6-20　质量特性值分布变化

后三种情况都是由于生产过程中存在异常原因引起的，都出现了不合格品，应及时分析，消除异常原因的影响。

综上所述，可依据描述产品质量分布的集中位置和离散程度的统计特征值，随时间（生产进程）的变化情况来分析生产过程是否处于稳定状态。在控制图中，只要样本质量数据的特征值是随机地落在上、下控制界限之内，就表明产品质量分布的参数 μ 和 σ 基本保持不变，生产中只存在偶然原因，生产过程是稳定的。而一旦发生了质量数据点飞出控制界限之外，或排列有缺陷，则说明生产过程中存在系统原因，使 μ 和 σ 发生了改变，生产过程出现异常情况。

（4）控制图的种类：

1）按用途分类：

①分析用控制图。主要是用来调查分析生产过程是否处于控制状态。绘制分析用控制图时，一般需连续抽取 20～25 组样本数据，计算控制界限。

②管理（或控制）用控制图。主要用来控制生产过程，使之经常保持在稳定状态下。当根据分析用控制图判明生产处于稳定状态时，一般都是把分析用控制图的控制界限延长作为管理用控制图的控制界限，并按一定的时间间隔取样、计算、打点，根据数据点分布情况，

判断生产过程是否有异常原因影响。

2）按质量数据特点分类：

①计量值控制图。主要适用于质量特性值属于计量值的控制，如时间、长度、重量、强度、成分等连续型变量。计量值性质的质量特性值服从正态分布规律。常用的计量值控制图有：$\overline{x}-R$ 控制图、$\overline{x}$ 控制图、$x-R_s$ 控制图。

②计数值控制图。通常用于控制质量数据中的计数值，如不合格品数、疵点数、不合格品率、单位面积上的疵点数等离散型变量。根据计数值的不同又可分为计件值控制图和计点值控制图。计件值控制图有不合格品数 p_n 控制图和不合格品率 p 控制图。计点值控制图有缺陷数 c 控制图和单位缺陷数 u 控制图。

（5）控制图的观察与分析。绘制控制图的目的是分析判断生产过程是否处于稳定状态。这主要是通过对控制图上数据点的分布情况的观察与分析进行。因为控制图上数据点作为随机抽样的样本，可以反映出生产过程（总体）的质量分布状态。

当控制图同时满足以下两个条件：一是数据点几乎全部落在控制界限之内；二是控制界限内的数据点排列没有缺陷，就可以认为生产过程基本上处于稳定状态。如果数据点的分布不满足其中任何一条，都应判断生产过程为异常。

数据点几乎全部落在控制界线内，是指应符合下述三个要求：

①连续 25 点以上处于控制界限内；

②连续 35 点中仅有 1 点超出控制界限；

③连续 100 点中不多于 2 点超出控制界限。

数据点排列没有缺陷是指数据点的排列是随机的，而没有出现异常现象。这里的异常现象是指数据点排列出现了"链"、"多次同侧"、"趋势或倾向"、"周期性变动"、"接近控制界限"等情况。

1）链。链是指数据点连续出现在中心线一侧的现象。出现五点链，应注意生产过程发展状况；出现六点链，应开始调查原因；出现七点链，应判定工序异常，需采取处理措施，如图 6-21(a) 所示。

2）多次同侧。多次同侧是指数据点在中心线一侧多次出现的现象，或称偏离。下列情况说明生产过程已出现异常：在连续 11 点中有 10 点在同侧，如图 6-21(b) 所示。在连续 14 点中有 12 点在同侧。在连续 17 点中有 14 点在同侧。在连续 20 点中有 16 点在同侧。

3）趋势或倾向。趋势或倾向是指数据点连续上升或连续下降的现象。连续 7 点或 7 点以上上升或下降排列，就应判定生产过程有异常因素影响，要立即采取措施，如图 6-21(c) 所示。

4）周期性变动。周期性变动即数据点的排列显示周期性变化的现象。这样即使所有数据点都在控制界限内，也应认为生产过程为异常，如图 6-21(d) 所示。

5）数据点排列接近控制界限。数据点排列接近控制界限是指数据点落在了 $\mu\pm2\sigma$ 以外和 $\mu\pm3\sigma$ 以内。如属下列情况的判定为异常：连续 3 点至少有 2 点接近控制界限。连续 7 点至少有 3 点接近控制界限。连续 10 点至少有 4 点接近控制界限，如图 6-21(e) 所示。

以上是分析用控制图判断生产过程是否正常的准则。如果生产过程处于稳定状态，则把分析用控制图转为管理用控制图。分析用控制图是静态的，而管理用控制图是动态的。随着生产过程的进展，通过抽样取得质量数据把点描在图上，随时观察数据点的变化，一是数据

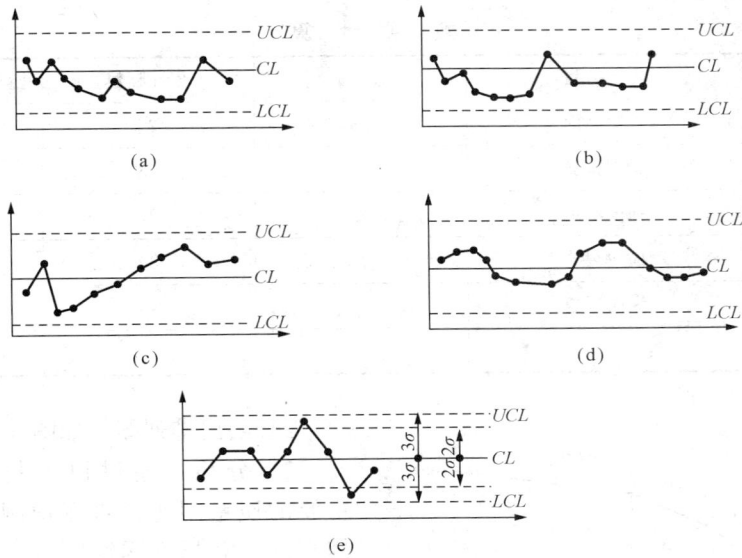

图 6-21 有异常现象的数据点排列

点落在控制界限外或控制界限上，即判断生产过程异常，数据点即使在控制界限内，也应随时观察其有无缺陷，以对生产过程是否正常做出判断。

三、综合实训练习

实训案例一

某工程项目正在施工过程中，监理工程师对施工单位在施工现场制作的预制过梁（见图6-22）进行质量检查中，抽检了500块，发现其中存在质量问题，见表6-16。试问：

（1）监理工程师宜选择哪种方法来分析存在的质量问题？

（2）预制过梁的主要质量问题是什么？监理工程师应如何处理？

图 6-22 现场预制过梁

参考答案：

（1）针对本题特点，在几种质量控制的统计分析方法中，监理工程师宜选择排列图的方法进行分析。

（2）质量问题的主要原因：

1）数据计算，见表6-17。

表6-16 预制过梁质量问题

序　号	存在问题项目	数　量	序　号	存在问题项目	数　量
1	蜂窝麻面	23	4	横向裂缝	2
2	局部露筋	10	5	纵向裂缝	1
3	强度不足	4	合　计	—	40

表 6 - 17　　　　　　　　　　　数　据　计　算

序　号	项　目	数　量	累计频数	累计频率（%）
1	蜂窝麻面	23	23	57.5
2	局部露筋	10	33	82.5
3	强度不足	4	37	92.5
4	横向裂缝	2	39	97.5
5	纵向裂缝	1	40	100
合　计		40		

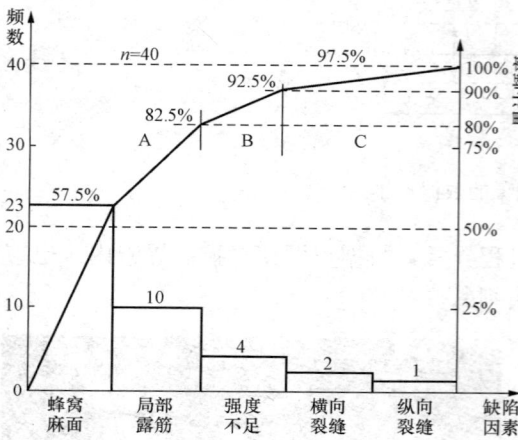

图 6 - 23　排列图

2）绘出排列图，如图 6 - 23 所示。

3）分析：通过以上排列图的分析，主要的质量问题是水泥预制板的表面出现蜂窝麻面和局部露筋问题，次要因素是混凝土强度不足，一般因素是横向和纵向裂缝。

监理工程师应要求施工单位提出具体的质量改进方案，分析产生质量问题的原因，制定具体的措施提交监理工程师审查，经监理工程师审查确认后，由施工单位实施改进。执行过程中，监理工程师应严格监控。

实训案例二

某大型基础设施项目，除土建工程、安装工程外，尚有一段地基需设置护坡桩加固边坡。业主委托监理单位组织施工招标及承担施工阶段监理。业主采纳了监理单位的建议，确定土建、安装、护坡桩三个合同分别招标，土建施工采用公开招标，设备安装和护坡桩工程选择另外方式招标，分别选定了三个承包单位。其中，基础工程公司承包护坡桩工程。

护坡桩工程开工前，总监理工程师批准了基础工程公司上报的施工组织设计。开工后，在第一次工地会议上，总监理工程师特别强调了质量控制的主要手段。护坡桩的混凝土设计强度为 C30。在混凝土护坡桩开始浇筑后，基础工程公司按规定预留了 40 组混凝土试块，根据其抗压强度试验结果绘制出频数分布表（见表 6 - 18）和频数直方图（见图 6 - 24）。

表 6 - 18　　　　　　　　　　　频　数　分　布　表

组　号	分组区间	频　数	频　率	组　号	分组区间	频　数	频　率
1	25.15～26.95	2	0.05	5	32.35～34.15	7	0.175
2	26.95～28.75	4	0.10	6	34.15～35.95	5	0.125
3	28.75～30.55	8	0.20	7	35.95～37.75	3	0.075
4	30.55～32.35	11	0.275				

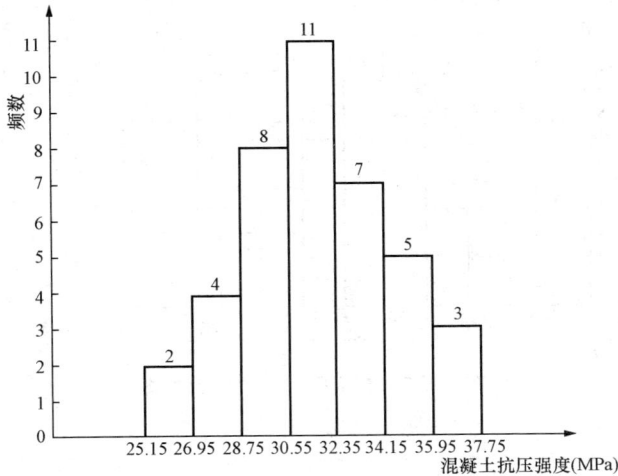

图 6-24　频数直方图

试问：

（1）监理单位为什么建议本项目分别招标？应按什么划分范围分别招标？

（2）这种（分别）招标方式有什么优越性？有什么缺点？对设备安装、护坡桩工程招标应选择什么方式？为什么？

（3）总监理工程师强调的质量控制的主要手段是什么？

（4）如已知 C30 混凝土强度质量控制范围取值为：上限 $T_u = 38.2$（MPa）；下限 $T_L = 24.8$（MPa）。请在直方图上绘出上限、下限，并对混凝土浇筑质量给予全面评价。

参考答案：

（1）因为本项目中安装工程和护坡工程专业性强，相对独立，适于分别招标；按专业工程（或按土建、安装、护坡桩三个工程）范围分别招标。

（2）分别招标方式的优越性：①可发挥专业特长；②每个分项合同易于管理和落实。

缺点是导致合同管理（或协调）工作量增大。

因为专业性强，安装工程、护坡桩工程均采用邀请招标方式。

（3）主要手段：

1）审核有关技术文件、报告或报表；

2）下达指令文件和一般管理文书；

3）现场监督和检查；

4）规定质量监控工作程序；

5）利用支付手段。

（4）上限、下限的图线如图 6-25 所示（或在横坐标线上标出上、下限的坐标点）。直方图基本（大致）呈正态分布。

混凝土浇筑质量的整体评价是：数据分布在控制范围内，两侧略有余地，生产过程正常，质量基本稳定。

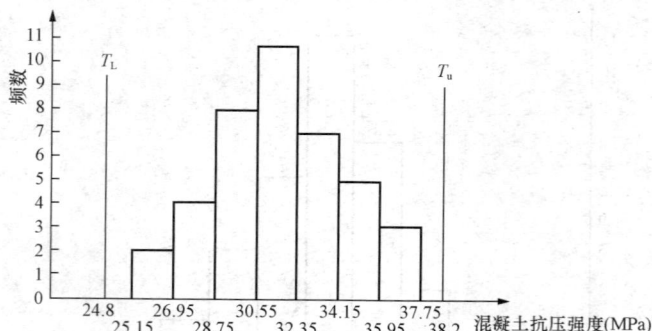

图 6-25   有上限、下限的直方图

项目二   抽 样 检 验 方 案

应知部分

（一）抽样检验的几个基本概念

1. 抽样检验方案

抽样检验方案是根据检验项目特性所确定的抽样数量、接受标准和方法。如在简单的计数值抽样检验方案中，主要是确定样本容量 n 和合格判定数，即允许不合格品件数 c，记为方案（n，c）。

2. 检验

检验是对检验项目中的性能进行量测、检查、试验等，并将结果与标准规定要求进行比较，以确定每项性能是否合格所进行的活动。它包括对每一个体的缺陷数目或某种属性记录的计数检验和对每一个体的某个定量特性的计量检验。

3. 批不合格品率

批不合格品率是指检验批中不合格品数占整个批量的比重。反映了批的质量水平，其计算式为

由总体计算： $P = D/N$

由样本计算： $p = d/n$

式中 P、p——分别由检验批（总体）、样本计算的批不合格品率；

D、d——分别为检验批、样本中的不合格品件数；

N、n——分别为检验批、样本中的产品件数。

对于计点值数据，若用 C 表示批中的缺陷数时，其质量水平的计算式为

批的每百单位缺陷数 $= 100C/N$

4. 过程平均批不合格品率

过程平均批不合格品率是指对 k 批产品首次检验得到的 k 个批不合格品率的平均数。它可以衡量一个基本稳定的生产过程，在较长时间内所提供产品的质量水平。由总体计算的用 $\overline{P}$ 表示；由样本计算的 k 批的平均不合格品率用 $\overline{p}$ 表示。$\overline{P}$ 是 $\overline{p}$ 的优良估计值。这里，首次检验的含义是指：在实施二次或多次抽样检验方案时，只能取第一个样本的 P 或 p 值计算；

k 值不应少于 20 批。一般利用抽样检验结果计算，计算式为

$$\bar{p} = \frac{d_1 + d_2 + \cdots + d_k}{n_1 + n_2 + \cdots + n_k} = \frac{\sum\limits_{i=1}^{k} d_i}{\sum\limits_{i=1}^{k} n_i}$$

5. 接受概率

接受概率又称批合格概率，是根据规定的抽样检验方案将检验批判为合格而接受的概率。一个既定方案的接受概率是产品质量水平，即批不合格品率 p 的函数，用 $L(p)$ 表示，检验批的不合格品率 p 越小，接受概率 $L(p)$ 就越大。对方案 (n, c)，若实际检验中，样本的不合格品数为 d，其接受概率计算式为

$$L(p) = P(d \leqslant c)$$

式中　$P(d \leqslant c)$——样本中不合格品数为 $d \leqslant c$ 时的概率。

$L(p)$ 数值可用超几何分布、二项分布、泊松分布等公式计算或查图表得到。

（二）抽样检验方案类型

1. 抽样检验方案的分类

抽样检验方案的分类如图 6-26 所示。

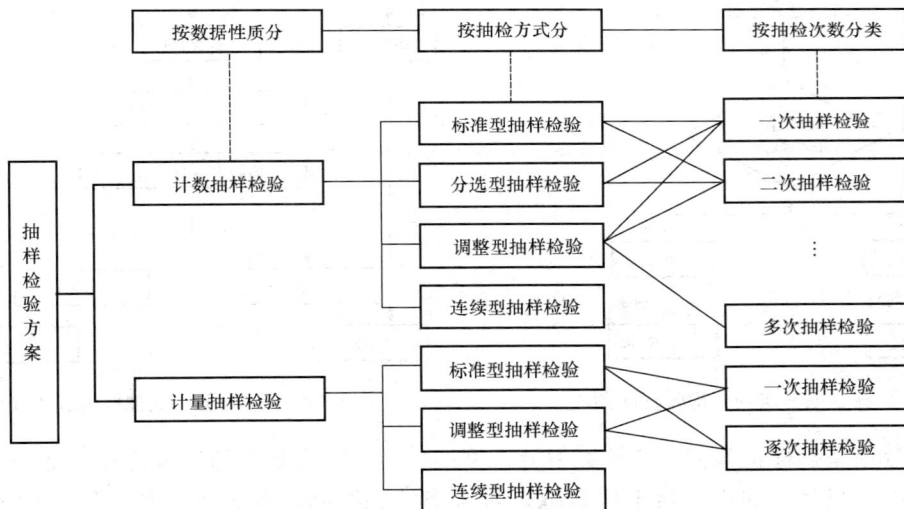

图 6-26　抽样检验方案分类

2. 常用的抽样检验方案

（1）标准型抽样检验方案：

1）计数值标准型一次抽样检验方案。计数值标准型一次抽样检验方案是规定在一定样本容量 n 时的最高允许的批合格判定数 c，记作 (n, c)，并在一次抽检后给出判断检验批是否合格的结论。c 也可用 A_c 表示。c 值一般为可接受的不合格品数，也可以是不合格品率，或者是可接受的每百单位缺陷数。

若实际抽检时，检出不合格品数为 d，则当：

$d \leqslant c$ 时，判定为合格批，接受该检验批；$d > c$，判定为不合格批，拒绝该检验批。

2）计数值标准型二次抽样检验方案。计数值标准型二次抽样检验方案是规定两组参数，即第一次抽检的样本容量 n_1 时的合格判定数 c_1 和不合格判定数 r_1（$c_1 < r_1$）；第二次抽检的样本容量 n_2 时的合格判定数 c_2。在最多两次抽检后就能给出判断检验批是否合格的结论。其检验程序为：

第一次抽检 n_1 后，检出不合格品数为 d_1，则当：

$d_1 \leqslant c_1$ 时，接受该检验批；$d_1 \geqslant r_1$ 时，拒绝该检验批；$c_1 < d_1 < r_1$ 时，抽检第二个样本。

第二次抽检 n_2 后，检出不合格品数为 d_2，则当：

$d_1 + d_2 \leqslant c_2$ 时，接受该检验批；$d_1 + d_2 > c_2$ 时，拒绝该检验批。

以上两种标准型抽样检验程序如图 6-27、图 6-28 所示。

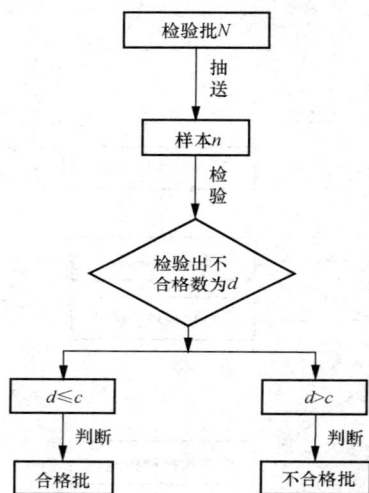

图 6-27　标准型一次抽样检验程序图　　　　　图 6-28　标准型二次抽样检验程序图

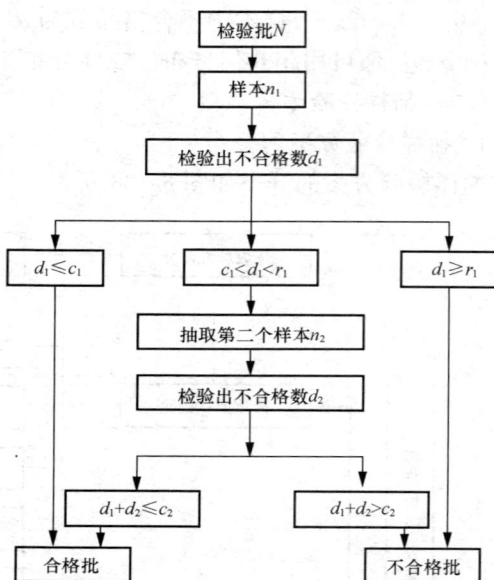

（2）分选型抽样检验方案。计数值分选型抽样检验方案基本与计数值标准型一次抽样检验方案相同，只是在抽检后给出检验批是否合格的判断结论和处理有所不同。即实际抽检时，检出不合格品数为 d，则当：$d < c$ 时，接受该检验批；$d > c$ 时，则对该检验批余下的个体产品全数检验。

（3）调整型抽样检验方案。计数值调整型抽样检验方案是在对正常抽样检验的结果进行分析后，根据产品质量的好坏，过程是否稳定，按照一定的转换规则对下一次抽样检验判断的标准加严或放宽的检验。调整型抽样检验方案加严或放宽的规则如图6-29所示。

（三）抽样检验方案参数的确定

实际抽样检验方案中也都存在两类判断错误。即可能犯第一类错误，将合格批判为不合格批，错误地拒收；也可能犯第二类错误，将不合格批判为合格批，错误地接收。错误的判断将带来相应的风险，这种风险的大小可用概率来表示，如图6-30所示。

第一类错误是当 $p=p_0$ 时，以高概率 $L(p)=1-\alpha$ 接受检验批，以 α 为拒收概率将合格批判为不合格。由于对合格品的错判将给生产者带来损失，所以关于合格质量水平 p_0 的概率 α，又称供应方风险、生产方风险等。

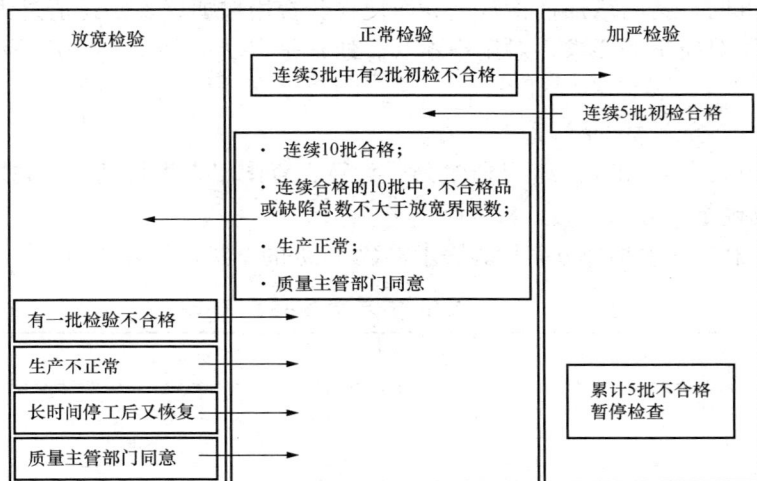

图 6-29　质量抽样检验宽严转换规则

第二类错误是当 $p=p_1$ 时，以高概率（$1-\beta$）拒绝检验批，以 β 为接收概率将不合格批判为合格。这种错判是将不合格品漏判从而给消费者带来损失，所以关于极限不合格质量水平 p_1 的概率 β，又称使用方风险、消费者风险等。

《建筑工程施工质量验收统一标准》（GB 50300—2001）中的规定是：在抽样检验中，两类风险一般控制范围是 $\alpha=1\%\sim5\%$；$\beta=5\%\sim10\%$。对于主控项目，其 α、β 均不宜超过 5%；对于一般项目，α 不宜超过 5%，β 不宜超过 10%。

2. 确定 p_0（AQL）与 p_1（LTPD）

（1）应考虑的因素。p_0（AQL，可接受质量水平）是生产者比较重视的参数，p_1（LTPD，批容许不合格品率）是使用者比较重视的参数，它们是制定抽样检验方案的基础，因此要综合考虑各方面因素的影响慎重确定。其主要方面有：

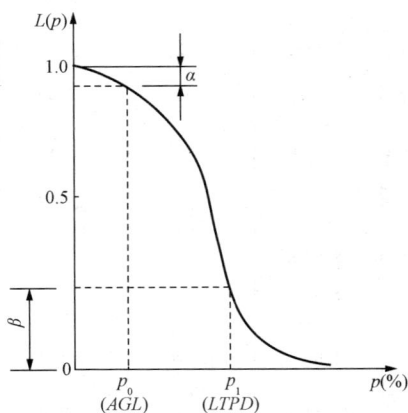

图 6-30　抽样检验特性——OC 曲线

1）确定 p_0、p_1 应以 α、β 为标准。

2）生产过程的质量水平，即过程平均批不合格品率 $\bar{p}$ 的大小。

3）质量要求及不合格品对使用性能的影响程度。

4）制造成本和检查费用。

（2）确定 p_0。一般由使用方和供应方协商确定；还可计算检验盈亏点 p_b 确定 p_0，计算式为

检验盈亏点 p_b＝检验一件产品的成本（a）/一件不合格品造成的损失（b）

p_b 值越小，表示产品质量问题越严重，造成损失越大。

对于致命缺陷、严重缺陷，p_0 值应取得小些：$p_0=0.1\%$、0.3%、0.5% 等；

对于轻微缺陷，出于经济考虑，p_0 值可取得大些：$p_0=3\%$、5%、10% 等。

（3）确定 p_1。抽样检验方案中，p_1 与 p_0 的比例常用鉴别比 p_1/p_0 表示，鉴别比值过小，如 $p_1/p_0 \leqslant 3$ 时，会因增加抽检数量 n 而使检验费用增加；鉴别比值过大，如 $p_1/p_0 > 20$ 时，又会放松对质量的要求，对用户不利。通常是以 $\alpha=5\%$，$\beta=10\%$ 为准，取 $p_1=(4\sim10)p_0$。

3. 确定抽样检验方案（n，c）

根据 α、β 与 p_0、p_1 和 p_1/p_0 可通过公式计算、查图、查表得到 n，c 数值。至此，抽样检验方案即已确定。

以下仅介绍利用一次抽样方案检验表求参数 n，c 的方法，见表 6-19。

表 6-19   一 次 抽 样 方 案 检 验

c	p_1/p_0 $\alpha=0.05$ $\beta=0.10$	p_1/p_0 $\alpha=0.05$ $\beta=0.05$	p_1/p_0 $\alpha=0.05$ $\beta=0.01$	np_0 $\alpha=0.05$	c	p_1/p_0 $\alpha=0.05$ $\beta=0.10$	p_1/p_0 $\alpha=0.05$ $\beta=0.05$	p_1/p_0 $\alpha=0.05$ $\beta=0.01$	np_0 $\alpha=0.05$
0	44.890	58.404	89.781	0.052	16	2.073	2.244	2.588	10.831
1	10.946	13.349	16.681	0.355	17	2.029	2.192	2.520	11.633
2	6.509	7.699	10.280	0.818	18	1.990	2.145	2.458	12.442
3	4.490	5.675	7.352	1.366	19	1.954	2.103	2.403	13.254
4	4.057	4.646	5.890	1.970	20	1.922	2.065	2.352	14.072
5	3.549	4.023	5.017	2.613	21	1.892	2.030	2.307	14.894
6	3.206	3.604	4.435	3.286	22	1.865	1.999	2.265	15.719
7	2.957	3.303	4.019	3.931	23	1.840	1.969	2.226	16.548
8	2.768	3.074	3.707	4.695	24	1.817	1.942	2.191	17.382
9	2.618	2.895	3.452	5.426	25	1.795	1.917	2.158	18.218
10	2.497	2.750	3.265	6.169	26	1.775	1.893	2.127	19.058
11	2.397	2.530	3.104	6.924	27	1.757	1.871	2.096	19.900
12	2.312	2.528	2.968	7.690	28	1.739	1.850	2.071	20.746
13	2.240	2.442	2.852	8.464	29	1.723	1.831	2.046	21.594
14	2.177	2.367	2.752	9.246	30	1.707	1.813	2.023	22.444
15	2.122	2.302	2.665	10.035					

续表

c	p_1/p_0 $\alpha=0.01$ $\beta=0.10$	p_1/p_0 $\alpha=0.01$ $\beta=0.05$	p_1/p_0 $\alpha=0.01$ $\beta=0.01$	np_0 $\alpha=0.01$	c	p_1/p_0 $\alpha=0.01$ $\beta=0.10$	p_1/p_0 $\alpha=0.01$ $\beta=0.05$	p_1/p_0 $\alpha=0.01$ $\beta=0.01$	np_0 $\alpha=0.01$
0	229.105	298.073	458.210	0.010	16	2.524	2.732	3.151	8.895
1	20.184	31.933	44.686	0.149	17	2.455	2.652	3.048	9.616
2	12.206	4.439	19.278	0.438	18	2.393	2.580	2.956	10.346
3	8.115	9.418	12.202	0.823	19	2.337	2.516	2.874	11.082
4	6.249	7.156	9.072	1.279	20	2.287	2.458	2.799	11.825
5	5.195	5.889	7.343	1.785	21	2.241	2.405	2.733	12.574
6	4.520	5.032	6.253	2.330	22	2.200	2.357	2.671	13.329
7	4.050	4.524	5.506	2.906	23	2.162	2.313	2.615	14.088
8	3.705	4.005	4.962	3.507	24	2.126	2.272	2.564	14.853
9	3.440	3.803	4.548	4.130	25	2.094	2.235	2.516	15.623
10	3.229	3.555	4.222	4.771	26	2.064	2.200	2.472	16.397
11	3.058	3.354	3.959	5.428	27	2.035	2.168	2.431	17.175
12	2.915	3.188	3.742	6.099	28	2.009	2.138	2.393	17.957
13	2.795	3.047	3.559	6.782	29	1.985	2.110	2.358	18.742
14	2.692	2.927	3.403	7.477	30	1.962	2.083	2.324	19.532
15	2.703	2.823	3.269	8.181					

例：设 $\alpha=0.05$，$\beta=0.10$，$p_0=0.01$，$p_1=0.07$，求一次抽样检验方案 (n,c)。

（1）计算鉴别比 $p_1/p_0=0.07/0.01=7$；

（2）查表 $\alpha=0.05$，$\beta=0.10$ 栏内最接近 7 的值为 6.509；

（3）查表 6.509 对应的 c 值是 2，对应的 np_0 值为 0.818；

（4）于是有 $n=np_0/p_0=0.818/0.01=82$。

即所求一次抽样检验方案（82，2）。

抽样检验方案确定后，即可采用选定的抽样方法（分类抽样、等距抽样、整群抽样等），从既定的检验批中随机抽取 n 件样品，按照质量标准进行检验和判断。

复习思考与训练题

一、单选题

1. 某家庭装修时买了 1000 块瓷砖，每 10 块一盒，现在要抽 50 块检查其质量。若随机按盒抽取全数检查，则属于（　　）的方法。

　　A. 单纯随机抽样　　　B. 分层抽样　　　C. 机械随机抽样　　　D. 整群抽样

2. 从性质上分析影响工程质量的因素，可分为偶然性因素和系统性因素。下列引起质量波动的因素中，属于偶然性因素的是（　　　）。

　　A. 设计计算失误　　　　　　　　　　B. 操作未按规程进行

　　C. 施工方法不当　　　　　　　　　　D. 机械设备正常磨损

　3. 在质量数据特征值中，可以用来描述离散趋势的特征值是（　　　）。

　　A. 总体平均值　　　　B. 样本平均值　　　　C. 中位数　　　　D. 变异系数

　4. 在下列质量控制的统计分析方法中，应采用等距抽样的是（　　　）。

　　A. 相关图法　　　　　B. 排列图法　　　　　C. 管理图法　　　　D. 直方图法

　5. 在工程质量统计分析方法中，寻找影响质量主次因素的方法一般采用（　　　）。

　　A. 排列图法　　　　　B. 因果分析图法　　　C. 直方图法　　　　D. 控制图法

　6. 某承包商从一生产厂家购买了相同规格的大批预制构件，进场后码放整齐。对其进行进场检验时，为了使样本更有代表性宜采用（　　　）的方法。

　　A. 全数检验　　　　　B. 分层抽样　　　　　C. 简单随机抽样　　D. 等距抽样

　7. 对总体中全部个体编号，采用抽签、摇号、随机数字表等方法确定中选号码，相应的个体为样品，这种方法为（　　　）。

　　A. 纯随机抽样　　　　B. 分层抽样　　　　　C. 等距抽样　　　　D. 整群抽样

　8. 施工生产会受到不可避免的偶然性因素的影响，下列属于偶然性因素的是（　　　）。

　　A. 生产人员由于疏忽未按规程操作

　　B. 使用了与设计要求不同的其他规格的材料

　　C. 因施工机械正常磨损而带来产品质量差异

　　D. 在突然遇到剧烈天气变化的情况下将剩下的工作继续完成而带来的质量差异

　9. 在生产过程中，如果仅仅存在偶然性原因，而不存在系统性原因的影响，这时生产过程处于（　　　）。

　　A. 系统波动　　　　　B. 异常波动　　　　　C. 稳定状态　　　　D. 随机波动

　10.（　　　）是质量控制统计分析方法中最基本的一种方法，其他统计方法一般都要与之配合使用。

　　A. 排列图法　　　　　B. 分层法　　　　　　C. 直方图法　　　　D. 相关图法

二、多选题

　1. 工程质量会受到各种因素的影响，下列属于系统性因素的有（　　　）。

　　A. 使用不同厂家生产的规格型号相同的材料　　B. 机械设备过度磨损

　　C. 设计中的安全系数过小

　　D. 施工虽然按规程进行，但规程已更改

　　E. 施工方法不当

　2. 描述数据集中趋势的特征值有（　　　）。

　　A. 算术平均数　　　　B. 中位数　　　　　　C. 极差　　　　　　D. 标准偏差

　　E. 变异系数

　3. 当控制图同时满足（　　　），我们认为生产过程基本处于稳定状态。

　　A. 数据点几乎全部落在控制界限内　　　　B. 控制界限内的数据点排列没有缺陷

　　C. 数据点排列出现"链"　　　　　　　　D. 数据点排列出现"多次同侧"

　　E. 数据点排列出现"趋势或倾向"

4. 质量控制的静态分析法有（　　）。

　　A. 分层法　　　　　　B. 排列图法　　　　C. 因果分析图法　　D. 直方图法

　　E. 控制图法

5. 在下列质量统计分析方法中，可用于过程评价或过程控制的是（　　）。

　　A. 排列图　　　　　　B. 因果分析图　　　C. 直方图　　　　　D. 控制图

　　E. 相关图

6. 控制图上数据点排列有缺陷是指出现（　　）。

　　A. 链　　　　　　　　B. 多次同侧　　　　C. 趋势或倾向　　　D. 周期性变动

　　E. 随机排列

7. 直方图法可用来（　　）。

　　A. 分别判断质量分布状态　　　　　　　　B. 估算生产过程总体不合格率

　　C. 评价过程能力　　　　　　　　　　　　D. 分析生产过程是否稳定

　　E. 控制生产过程质量状态

8. 工程质量数据的抽样检验的优点包括（　　）。

　　A. 具有充分的代表性　　　　　　　　　　B. 准确性高

　　C. 可用于破坏性检验　　　　　　　　　　D. 较经济

　　E. 数据可靠

9. 在控制图中，下列情况，生产过程处于异常的有（　　）。

　　A. 连续 17 点中有 14 点在同侧　　　　　B. 连续 25 点处于控制界限内

　　C. 连续 7 点在中心线的一侧　　　　　　D. 连续 8 点一直有上升趋势

　　E. 连续 11 点中有 10 点在同侧

10. 出现非正常型直方图时，表明生产过程或收集数据作图有问题，以下属于非正常型直方图的是（　　）。

　　A. 折齿型　　　　　　B. 缓坡型　　　　　C. 孤岛型　　　　　D. 绝壁型

　　E. 对称型

三、问答题

1. 简述质量统计推断工作过程。

2. 简述质量数据收集的方法。

3. 描述质量数据集中趋势、离散趋势的特征值有哪些？如何计算？

4. 质量数据有何特性？

5. 试述质量数据的波动原因及分布的统计规律性。

6. 简述质量控制七种统计分析方法的用途各有哪些？

7. 如何绘制排列图？如何利用排列图找出影响质量的主次因素？

8. 绘制和应用因果分析图时应注意的事项？

9. 如何绘制直方图并对其进行观察分析？

10. 试述控制图的原理。

11. 利用控制图如何判断生产过程是否正常？

12. 控制图都有哪些种类？

13. 什么是抽样检验方案？简述常用的抽样检验方案。

14. 试述抽样检验中的两类错误。

15. 如何确定抽样检验方案的各参数？

四、计算题

1. 某学校教学楼工程的墙面抹灰工程质量，经抽查实测平整度尺寸误差（单位：mm）为，教室：2、3、1、4、3、0、1、2；办公室：2、4、5、1、2、2、1、0。

请计算平均值和标准偏差。

2. 某机械产品的性能特征值，由于受工艺条件的限制，每个产品的质量特征值有所波动，现从中随机抽取 100 个进行检测，数据如下：

342 352 346 344 343 339 336 342 347 340　340 350 347 336 341 349 346 348 342 346
347 346 346 345 344 350 340 352 340 356　339 348 338 342 347 347 344 343 349 341
348 341 340 347 342 337 344 340 344 346　342 344 345 338 351 348 345 339 343 345
346 344 344 344 343 345 345 350 353 345　352 350 345 343 347 354 350 343 350 344
351 348 352 344 345 349 332 343 340 346　342 335 349 348 344 347 341 346 341 342

问题：试绘制直方图并说明直方图的分布状况。

单元七　质量管理体系标准概述

第二次世界大战后，随着世界各国经济的相互合作和交流，对供方质量体系的审核已逐渐成为国际贸易和国际合作的需求。世界各国先后发布了一些关于质量管理体系及审核的标准。但由于各国实施的标准不一致，给国际贸易带来了障碍，质量管理和质量保证的国际化成为当时世界各国的迫切需求。

ISO 9000 系列标准的颁布，使各国的质量管理和质量保证活动统一在 ISO 9000 族标准的基础上。标准总结了工业发达国家先进企业质量管理的实践经验，统一了质量管理和质量保证的术语和概念，并对推动组织的质量管理，实现组织的质量目标，消除贸易壁垒，提高产品质量和顾客的满意程度等产生了积极的影响，得到了世界各国的普遍关注和采用。迄今为止，它已被全世界一百五十多个国家和地区等同采用为国家标准，并广泛用于工业、经济和政府的管理领域，有五十多个国家建立了质量管理体系认证制度，世界各国质量管理体系审核员注册的互认和质量管理体系认证的互认制度也在广泛范围内得以建立和实施。

ISO 9000 族标准包括以下一组密切相关的质量管理体系核心标准：

——ISO 9000《质量管理体系——基础和术语》

——ISO 9001《质量管理体系——要求》

——ISO 9004《质量管理体系——业绩改进指南》

——ISO 19011《质量和（或）环境管理体系审核指南》

ISO 9001《质量管理体系——要求》标准成为用于审核和第三方认证的唯一标准（一般说企业通过认证，就是指其质量管理体系满足 ISO 9001：2008 标准要求）。

我国国家质量技术监督局已将 2000 版 ISO 9000 族标准等同采用为中国的国家标准，其标准编号及与 ISO 标准的对应关系分别为：

GB/T 19000—2008《质量管理体系——基础和术语》（IDT ISO 9000：2005）

GB/T 19001—2008《质量管理体系——要求》（IDT ISO 9001：2008）

GB/T 19004—2009《质量管理体系——业绩改进指南》（IDT ISO 9004：2009）

企业进行 ISO 9000 质量管理体系认证，就是由第三方（即国家主管机构授权的组织）对企业向社会提供符合规定质量要求的产品或服务的能力进行考查、审核并出具书面证明的活动。

通过 ISO 9000 质量管理体系认证，可获得以下好处：

（1）增加了顾客满意度。

（2）提高了企业的经济效益。

（3）增加了企业竞争力。

（4）提高了工作的效率，减少了各种浪费。

（5）减少了无效的重复劳动，节约了成本。

（6）激发了员工的工作热情。

（7）更有效地利用时间和资源。

（8）加强了内部沟通，增强了顾客信任感。

（9）有助于扩大市场占有率，保持企业内部的持续改进。

复习思考与训练题

一、单选题

1. 根据 GB/T 19000—2008 族标准，组织对其有关职能部门和管理层次都分别规定质量目标，这些质量目标通常是依据组织的（　　）制定的。

　　A. 产品标准　　　　　　B. 质量方针　　　　　C. 质量计划　　　　　D. 质量要求

2. 产品的认证标志中，表示强制认证标志的是（　　）。

　　A. 方圆标志　　　　　　B. PRC 标志　　　　　C. 长城标志　　　　　D. 3C 标志

3. GB/T 19000—2008 标准描述的内容有（　　）。

　　A. 基础、术语和选择使用指南　　　　　B. 术语、质量管理体系要求

　　C. 基础、质量管理体系要求　　　　　　D. 基础和术语

4. 根据质量管理体系理论，质量管理体系的目的就是要（　　）。

　　A. 提高企业经济效益　　　　　　　　　B. 帮助组织增进顾客满意

　　C. 持续改进产品质量　　　　　　　　　D. 提高组织的声誉和效率

5. 下列认证合格标志中，只能用于宣传不能用在具体的产品上的是（　　）。

　　A. 方圆标志　　　　　　　　　　　　　B. 3C 标志

　　C. 长城标志　　　　　　　　　　　　　D. 质量管理体系认证标志

6. 对于 ISO 9000 族标准，我国目前采用的方式是（　　）。

　　A. 等同采用　　　　　B. 等效采用　　　　　C. 参照执行　　　　　D. 参考

二、多选题

1. GB/T 19000—2008 族标准中对质量的定义是："一组固有特性满足要求的程度"。其中满足要求应包括（　　）的需要和期望。

　　A. 图纸中明确规定　　　　B. 组织惯例　　　C. 质量管理方面　　　D. 行业规则

　　E. 其他相关方利益

2. GB/T 19000—2008 族标准的质量管理体系是以过程为基础建立的，其质量管理的循环过程包括（　　）。

　　A. 管理职责　　　　B. 环境管理　　　　C. 产品实现　　　　D. 资源管理

　　E. 安全管理

3. 下列属于 GB/T 19000—2008 族标准中的质量管理原则的是（　　）。

　　A. 过程方法　　　　　　　　　　　　　B. 统计技术的应用

　　C. 管理的系统方法　　　　　　　　　　D. 质量管理体系方法

　　E. 全员参与

4. 质量管理体系认证的审核人员要具有（　　）。

　　A. 科学性　　　　　B. 公平性　　　　　C. 独立性　　　　　D. 公正性

　　E. 公开性

5. 与过程方法相关的要求包括的内容有（　　）。

　　A. 过程的策划　　　　B. 与顾客有关的过程　C. 设计和（或）开发

　　D. 生产和服务的运作　　　　　　　　　E. 管理评审

附录　中华人民共和国国家标准 GB/T 19000—2008（ISO 9000：2005）《质量管理体系　基础和术语》（节选）

Quality management systems-Fundamentals and vocabulary
（ISO9000：2005，IDT）

引　　言

0.1　总则

GB/T 19000 族标准可帮助各种类型和规模的组织建立并运行有效的质量管理体系。这些标准包括：

——GB/T 19000，表述质量管理体系基础知识并规定质量管理体系术语；

——GB/T 19001，规定质量管理体系要求，用于证实组织具有能力提供满足顾客要求和适用的法规要求的产品，目的在于增进顾客满意；

——GB/T 19004，提供考虑质量管理体系的有效性和效率两方面的指南。该标准的目的是改进组织业绩并达到顾客及其他相关方满意；

——GB/T 19011，提供质量和环境管理体系审核指南。

上述标准共同构成了一组密切相关的质量管理体系标准，在国内和国际贸易中促进相互理解。

0.2　质量管理原则

成功地领导和运作一个组织，需要采用系统和透明的方式进行管理。针对所有相关方的需求，实施并保持持续改进其业绩的管理体系，可使组织获得成功。质量管理是组织各项管理的内容之一。

本标准提出的八项质量管理原则被确定为最高管理者用于领导组织进行业绩改进的指导原则。

a）以顾客为关注焦点

组织依存于顾客。因此，组织应当理解顾客当前和未来的需求，满足顾客要求并争取超越顾客期望。

b）领导作用

领导者应确保组织的目的与方向的一致。他们应当创造并保持良好的内部环境，使员工能充分参与实现组织目标的活动。

c）全员参与

各级人员都是组织之本，唯有其充分参与，才能使他们为组织的利益发挥其才干。

d）过程方法

将活动和相关资源作为过程进行管理，可以更高效地得到期望的结果。

e）管理的系统方法

将相互关联的过程作为体系来看待、理解和管理，有助于组织提高实现目标的有效性和效率。

f）持续改进

持续改进总体业绩应当是组织的永恒目标。

g）基于事实的决策方法

有效决策建立在数据和信息分析的基础上。

h）与供方互利的关系

组织与供方相互依存，互利的关系可增强双方创造价值的能力。

上述八项质量管理原则形成了 GB/T 19000 族质量管理体系标准的基础。

质量管理体系　基础和术语

1　范围

本标准表述了构成 GB/T 19000 族标准主体内容的质量管理体系的基础，并定义了相关的术语。本标准适用于：

a）通过实施质量管理体系寻求优势的组织；

b）对供方能满足其产品要求寻求信任的组织；

c）产品的使用者；

d）就质量管理方面所使用的术语需要达成共识的人员和组织（如：供方、顾客、监管机构）；

e）评价组织的质量管理体系或依据 GB/T 19001 的要求审核其符合性的内部或外部人员和机构（如：审核员、监管机构，认证机构）；

f）对组织质量管理体系提出建议或提供培训的内部或外部人员和机构；

g）制定相关标准的人员。

2　质量管理体系基础

2.1　质量管理体系的理论说明

质量管理体系能够帮助组织增进顾客满意。

顾客要求产品具有满足其需求和期望的特性，这些需求和期望在产品规范中表述，并集中归结为顾客要求。顾客要求可以由顾客以合同方式规定或由组织自己确定。在任一情况下，产品是否可接受最终由顾客确定。因为顾客的需求和期望是不断变化的，以及竞争的压力和技术的发展，这些都促使组织持续地改进产品和过程。

质量管理体系方法鼓励组织分析顾客要求，规定相关的过程，并使其持续受控，以实现顾客能接受的产品。质量管理体系能提供持续改进的框架，以增加组织提升顾客和其他相关方满意的机率。质量管理体系还能够针对提供持续满足要求的产品向组织及其顾客提供信任。

2.2　质量管理体系要求与产品要求

GB/T 19000 族标准区分了质量管理体系要求和产品要求。

GB/T 19001 规定了质量管理体系要求。质量管理体系要求是通用的，适用于所有行业或经济领域，不论其提供何种类别的产品。GB/T 19001 本身并不规定产品要求。

产品要求可由顾客规定，或由组织通过预测顾客的要求规定，或由法规规定。产品要求有时与相关过程要求一起，被包含在诸如技术规范、产品标准、过程标准、合同协议和法规要求中。

2.3　质量管理体系方法

建立和实施质量管理体系的方法包括以下步骤：

a）确定顾客和其他相关方的需求和期望；

b）建立组织的质量方针和质量目标；

c）确定实现质量目标必需的过程和职责；

d）确定和提供实现质量目标必需的资源；

e）规定测量每个过程的有效性和效率的方法；

f）应用这些测量方法确定每个过程的有效性和效率；

g）确定防止不合格并消除产生原因的措施；

h）建立和应用持续改进质量管理体系的过程。

上述方法也适用于保持和改进现有的质量管理体系。

采用上述方法的组织能对其过程能力和产品质量树立信心，为持续改进提供基础，从而增进顾客和其他相关方满意，并使组织成功。

2.4　过程方法

使用资源将输入转化为输出的任何一项或一组活动均可视为一个过程。

为使组织有效运行，必须识别和管理许多相互关联和相互作用的过程。通常，一个过程的输出将直接成为下一个过程的输入。系统地识别和管理组织所应用的过程，特别是这些过程之间的相互作用，称为"过程方法"。

本标准鼓励采用过程方法管理组织。

由 GB/T 19000 族标准表述的，以过程为基础的质量管理体系模式如图 F-1 所示。该图表明在向组织提供输入方面相关方起重要作用。监视相关方满意程度需要评价有关相关方感受的信息，这种信息可以表明其需求和期望已得到满足的程度。图 F-1 中的模式未表明更详细的过程。

2.5　质量方针和质量目标

质量方针和质量目标的建立为组织提供了关注的焦点。两者确定了预期的结果，并帮助组织利用其资源达到这些结果。质量方针为建立和评审质量目标提供了框架。质量目标需要与质量方针和持续改进的承诺相一致，其实现需是可测量的。质量目标的实现对产品质量、运行有效性和财务业绩都有积极影响，因此对相关方的满意和信任也会产生积极影响。

2.6　最高管理者在质量管理体系中的作用

最高管理者通过其领导作用和实际行动，可以创造一个员工充分参与的环境，质量管理体系能够在这种环境中有效运行。最高管理者可以运用质量管理原则（见 0.2）作为发挥以下作用的基础：

a）制定并保持组织的质量方针和质量目标；

b）通过整个组织内宣传质量方针并促进质量目标的实现，增强员工的意识、积极性和参与程度；

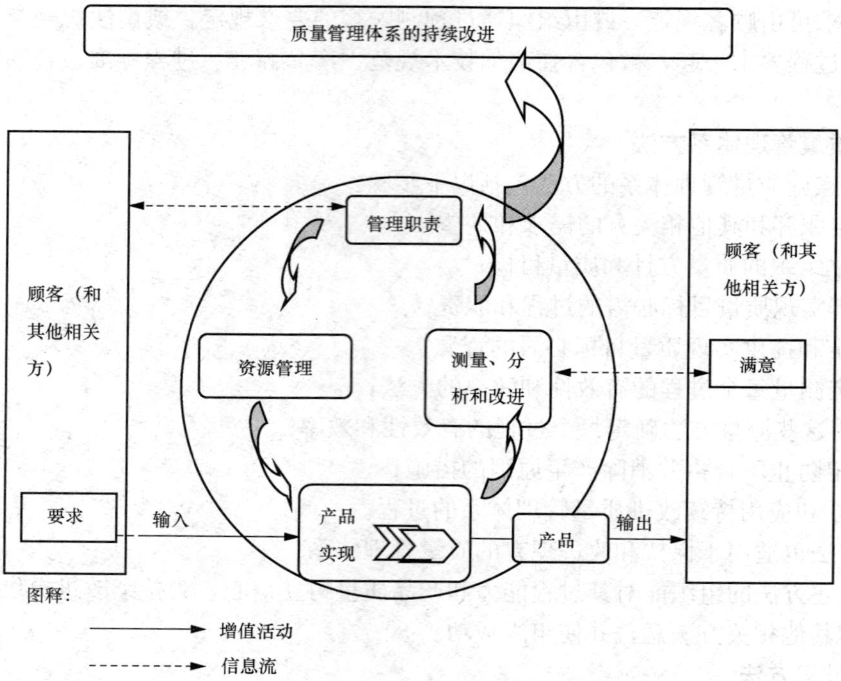

注：括号中的陈述不适用于GB/T 19001。

图 F-1　以过程为基础的质量管理体系模式

c) 确保整个组织关注顾客要求；

d) 确保实施适宜的过程，以满足顾客和其他相关方要求并实现质量目标；

e) 确保建立、实施和保持一个有效和高效的质量管理体系以实现这些质量目标；

f) 确保获得必要资源；

g) 定期评审质量管理体系；

h) 决定有关质量方针和质量目标的措施；

i) 决定改进质量管理体系的措施。

2.7　文件

2.7.1　文件的价值

文件能够沟通意图、统一行动，其使用有助于：

a) 满足顾客要求和质量改进；

b) 提供适宜的培训；

c) 重复性和可追溯性；

d) 提供客观证据；

e) 评价质量管理体系的有效性和持续适宜性。

文件的形成本身并不是目的，它应当是一项增值的活动。

2.7.2　质量管理体系中使用的文件类型

在质量管理体系中使用下列几种类型的文件：

　　a）向组织内部和外部提供关于质量管理体系符合性信息的文件，这类文件称为质量手册；

　　b）表述质量管理体系如何应用于特定产品、项目或合同的文件，这类文件称为质量计划；

　　c）阐明要求的文件，这类文件称为规范；

　　d）阐明推荐的方法或建议的文件，这类文件称为指南；

　　e）提供使过程能始终如一完成的信息的文件，这类文件包括形成文件的程序、作业指导书和图样；

　　f）对完成的活动或得到的结果提供客观证据的文件，这类文件称为记录。

　　每个组织确定其所需文件的数量和详略程度及采用的媒介，这取决于下列因素，诸如：组织的类型和规模、过程的复杂性和相互作用、产品的复杂性、顾客要求、适用的法规要求、经证实的人员能力，以及满足质量管理体系要求所需证实的程度。

2.8　质量管理体系评价

2.8.1　质量管理体系过程的评价

评价质量管理体系时，应当对每一个被评价的过程提出如下四个基本问题：

　　a）过程是否已被识别并适当规定？

　　b）职责是否已被分配？

　　c）程序是否得到实施和保持？

　　d）在实现所要求的结果方面，过程是否有效？

综合上述问题的答案可以确定评价结果。质量管理体系评价可在不同的范围内，通过一系列活动来开展，如审核和评审质量管理体系以及自我评定。

2.8.2　质量管理体系审核

审核用于确定符合质量管理体系要求的程度。审核发现用于评定质量管理体系的有效性和识别改进的机会。

第一方审核由组织自己或以组织的名义进行，用于内部目的，可作为组织自我合格声明的基础。

第二方审核由组织的顾客或由其他人以顾客的名义进行。

第三方审核由外部独立的组织进行。这类组织通常是经认可的，提供符合要求（如：GB/T 19001）的认证。

GB/T 19011 提供了审核指南。

2.8.3　质量管理体系评审

最高管理者的任务之一是对照质量方针和质量目标，定期和系统地评价质量管理体系的适宜性、充分性、有效性和效率。这种评审可包括考虑是否需要修改质量方针和质量目标，以响应相关方需求和期望的变化。评审包括确定是否需要采取措施。

审核报告与其他信息源一同用于质量管理体系的评审。

2.8.4　自我评定

组织的自我评定是一种参照质量管理体系或优秀模式对组织的活动和结果所进行的全面和系统的评审。

自我评定可提供一种对组织业绩和质量管理体系的成熟程度总的看法，它还能有助于识别组织中需要改进的领域并确定优先开展的事项。

2.9　持续改进

持续改进质量管理体系的目的在于增加组织提升顾客和其他相关方满意的机率，改进包括下列活动：

a）分析和评价现状，以识别改进区域；

b）确定改进目标；

c）寻找可能的解决办法，以实现这些目标；

d）评价这些解决办法并作出选择；

e）实施选定的解决办法；

f）测量、验证、分析和评价实施的结果，以确定这些目标已经实现；

g）正式采纳更改。

必要时，对结果进行评审，以确定进一步改进的机会。从这种意义上说，改进是一种持续的活动。顾客和其他相关方的反馈以及质量管理体系的审核和评审均能用于识别改进的机会。

2.10　统计技术的作用

应用统计技术有助于了解变异，从而可帮助组织解决问题并提高有效性和效率。这些技术也有助于更好地利用可获得的数据进行决策。

在许多过程的运行和结果中，甚至是在明显的稳定条件下，均可观察到变异。这种变异可通过产品和过程的可测量特性观察到，也可在产品的整个寿命周期（从市场调研到顾客服务和最终处置）的不同阶段中看到。

统计技术有助于对这种变异进行测量、描述、分析、解释和建立模型，甚至在数据相对有限的情况下也可实现。这种数据的统计分析能对更好地理解变异的性质、程度和原因提供帮助，从而有助于解决，甚至防止由变异引起的问题，并促进持续改进。

GB/Z 19027 给出了质量管理体系中的统计技术指南。

2.11　质量管理体系与其他管理体系的关注点

质量管理体系是组织的管理体系的一部分，它致力于实现与质量目标有关的结果。适当时，满足相关方的需求、期望和要求。组织的质量目标补充其他目标，如成长、筹资、收益性、环境及职业健康与安全等目标。一个组织的若干个管理体系，可以与质量管理体系整合成一个使用通用要素的综合管理体系。这将有利于策划、资源配置、确定互补的目标并评价组织的整体有效性。组织的管理体系可以对照其要求进行评价，也可以对照国家标准如 GB/T 19001 和 GB/T 24001 的要求进行审核，这些审核可分开进行，也可合并进行。

2.12　质量管理体系与优秀模式之间的关系

GB/T 19000 族标准和组织卓越模式提出的质量管理体系方法均依据共同的原则。它们两者均：

a）使组织能够识别它的强项和弱项；

b）包含对照通用模式进行评价的规定；

c）为持续改进提供基础；

d）包含外部承认的规定。

GB/T 19000 族质量管理体系方法与卓越模式之间的差别在于它们的应用范围不同。

GB/T 19000 族标准提出了质量管理体系要求和业绩改进指南，质量管理体系评价可确定这些要求是否得到满足。卓越模式包含能够对组织业绩进行比较评价的准则，并能适用于组织的全部活动和所有相关方。卓越模式评价准则提供了一个组织与其他组织进行业绩比较的基础。

3　术语和定义

本章定义的术语，如果出现在其他的定义或注释中，将使用黑体字表示，并在其后括号中标注原词条号。这种以黑体字表述的术语，可以用其完整的定义替代。例如：

产品（3.4.2）被定义为"过程（3.4.1）的结果"。

过程被定义为"将输入转化为输出的相互关联或相互作用的一组活动"。

如果术语"过程"由它的定义所替代：

产品则成为"将输入转化为输出的相互关联或相互作用的一组活动的结果"。

对于在具体场合限于特定含义的概念，在其定义前的角括号 〈　〉中标出适用领域。

示例：在有关审核的术语中，技术专家的条目是：

3.9.11

技术专家 technical expert

〈审核〉向审核组（3.9.10）提供特定的知识或技术的人员

注：本章中的术语是依据不同主题分组的，同一组中不同术语之间的关系参见附录 A（本教材附录 A 未给出）中的概念图。

3.1　有关质量的术语

3.1.1　质量 quality

一组固有特性（3.5.1）满足要求（3.1.2）的程度

注1：术语"质量"可使用形容词，如：差、好或优秀来修饰。

注2："固有的"（其反义是"赋予的"）是指本来就有的，尤其是那种永久的特性。

3.1.2　要求 requirement

明示的、通常隐含的或必须履行的需求或期望

注1："通常隐含"是指组织（3.3.1）、顾客（3.3.5）和其他相关方（3.3.7）的惯例或一般做法，所考虑的需求或期望是不言而喻的。

注2：特定要求可使用限定词表示，如：产品要求、质量管理要求、顾客要求。

注3：规定要求是经明示的要求，如：在文件（3.7.2）中阐明。

注4：要求可由不同的相关方（3.3.7）提出。

注5：本定义与 ISO/IEC 导则第 2 部分：2004 的 3.12.1 中给出的定义不同。

（3.12.1）要求 requirement

表达应遵守的准则的条款

3.1.3　等级 grade

对功能用途相同的产品（3.4.2）、过程（3.4.1）或体系（3.2.1）所做的不同质量要求的分类或分级

示例：飞机的舱级和宾馆的等级分类。

注：在确定质量要求时，等级通常是规定的。

3.1.4 顾客满意 customer satisfaction

顾客对其要求（3.1.2）已被满足程度的感受

注1：顾客抱怨是一种满意程度低的最常见的表达方式，但没有抱怨并不一定表明顾客很满意。

注2：即使规定的顾客要求符合顾客的愿望并得到满足，也不一定确保顾客很满意。

3.1.5 能力 capability

组织（3.3.1）、体系（3.2.1）或过程（3.4.1）实现产品（3.4.2）并使其满足要求（3.1.2）的本领

注：GB/T 3558 中确定了统计领域中过程能力术语。

3.1.6 能力 competence

经证实的应用知识和技能的本领

注1：在本标准中，所定义的能力的概念是通用的。在 ISO 其他文件中，本词汇的使用可能更加具体。

注2：GB/T 19000 族标准中，术语能力（capability）（3.1.5）特指组织、体系或过程的"能力"，而能力（competence）（3.1.6）则特指人员的"能力"。

3.2 有关管理的术语

3.2.1 体系（系统） system

相互关联或相互作用的一组要素

3.2.2 管理体系 management system

建立方针和目标并实现这些目标的体系（3.2.1）

注：一个组织（3.3.1）的管理体系可包括若干个不同的管理体系，如质量管理体系（3.2.3）、财务管理体系或环境管理体系。

3.2.3 质量管理体系 quality management system

在质量（3.1.1）方面指挥和控制组织（3.3.1）的管理体系（3.2.2）

3.2.4 质量方针 quality policy

由组织（3.3.1）最高管理者（3.2.7）正式发布的关于质量（3.1.1）方面的全部意图和方向

注1：通常质量方针与组织的总方针相一致并为制定质量目标（3.2.5）提供框架。

注2：本标准中提出的质量管理原则可以作为制定质量方针的基础（见 0.2）。

3.2.5 质量目标 quality objective

关于质量（3.1.1）方面所追求的目的

注1：质量目标通常依据组织的质量方针（3.2.4）制定。

注2：通常对组织（3.3.1）的相关职能和层次分别规定质量目标。

3.2.6 管理 management

指挥和控制组织（3.3.1）的协调的活动

注：在英语中，术语"management"有时指人，即具有领导和控制组织的职责和权限的一个人或一组人。当"management"以这样的意义使用时，均应附有某些修饰词以避免与上述"management"的定义所确定的概念相混淆。例如：不赞成使用"management shall……"，而应使用"top management（3.2.7）shall……"。

3.2.7 最高管理者 top management

在最高层指导和控制组织（3.3.1）的一个人或一组人

3.2.8　质量管理 quality management

在质量（3.1.1）方面指挥和控制组织（3.3.1）的协调的活动

注：在质量方面的指挥和控制活动，通常包括制定质量方针（3.2.4）和质量目标（3.2.5）以及质量
　　策划（3.2.9）、质量控制（3.2.10）、质量保证（3.2.11）和质量改进（3.2.12）。

3.2.9　质量策划 quality planning

质量管理（3.2.8）的一部分，致力于制定质量目标（3.2.5）并规定必要的运行过程
（3.4.1）和相关资源以实现质量目标

注：编制质量计划（3.7.5）可以是质量策划的一部分。

3.2.10　质量控制 quality control

质量管理（3.2.8）的一部分，致力于满足质量要求

3.2.11　质量保证 quality assurance

质量管理（3.2.8）的一部分，致力于提供质量要求会得到满足的信任

3.2.12　质量改进 quality improvement

质量管理（3.2.8）的一部分，致力于增强满足质量要求的能力

注：要求可以是有关任何方面的，如有效性（3.2.14）、效率（3.2.15）或可追溯性（3.5.4）。

3.2.13　持续改进 continual improvement

增强满足要求（3.1.2）的能力的循环活动

注：制定改进目标和寻求改进机会的过程（3.4.1）是一个持续过程，该过程使用审核发现（3.9.5）
　　和审核结论（3.9.6）、数据分析、管理评审（3.8.7）或其他方法，其结果通常导致纠正措施
　　（3.6.5）或预防措施（3.6.4）。

3.2.14　有效性 effectiveness

完成策划的活动并得到策划结果的程度

3.2.15　效率 efficiency

得到的结果与所使用的资源之间的关系

3.3　有关组织的术语

3.3.1　组织 organization

职责、权限和相互关系得到安排的一组人员及设施

示例：公司、集团、商行、企事业单位、研究机构、慈善机构、代理商、社团或上述组
织的部分或组合。

注1：安排通常是有序的。

注2：组织可以是公有的或私有的。

注3：本定义适用于质量管理体系（3.2.3）标准。术语"组织"在 ISO/IEC 指南2中有不同的定义。

3.3.2　组织结构 organizational structure

人员的职责、权限和相互关系的安排

注1：安排通常是有序的。

注2：组织结构的正式表述通常在质量手册（3.7.4）或项目（3.4.3）的质量计划（3.7.5）中提供。

注3：组织结构的范围可包括与外部组织（3.3.1）的有关接口。

3.3.3　基础设施 infrastructure

〈组织〉组织（3.3.1）运行所必需的设施、设备和服务的体系（3.2.1）

3.3.4　工作环境 work environment

工作时所处的一组条件

注：条件包括物理的、社会的、心理的和环境的因素（如温度、承认方式、人因工效和大气成分）。

3.3.5　顾客 customer

接受产品（3.4.2）的组织（3.3.1）或个人

示例：消费者、委托人、最终使用者、零售商、受益者和采购方。

注：顾客可以是组织内部的或外部的。

3.3.6　供方 supplier

提供产品（3.4.2）的组织（3.3.1）或个人

示例：制造商、批发商、产品的零售商或商贩、服务或信息的提供方。

注1：供方可以是组织内部的或外部的。

注2：在合同情况下供方有时称为"承包方"。

3.3.7　相关方 interested party

与组织（3.3.1）的业绩或成就有利益关系的个人或团体

示例：顾客（3.3.5）、所有者、员工、供方（3.3.6）、银行、工会、合作伙伴或社会。

注：一个团体可由一个组织或其一部分或多个组织构成。

3.3.8　合同 contract

有约束力的协议

注：在本标准中所定义的合同的概念是通用的。在 ISO 的其他文件中，本词汇的使用可能更加具体。

3.4　有关过程和产品的术语

3.4.1　过程 process

将输入转化为输出的相互关联或相互作用的一组活动

注1：一个过程的输入通常是其他过程的输出。

注2：组织（3.3.1）为了增值通常对过程进行策划并使其在受控条件下运行。

注3：对形成的产品（3.4.2）是否合格（3.6.1）不易或不能经济地进行验证的过程，通常称为"特殊过程"。

3.4.2　产品 product

过程（3.4.1）的结果

注1：有下述四种通用的产品类别：

　　　——服务（如运输）；

　　　——软件（如计算机程序、字典）；

　　　——硬件（如发动机机械零件）；

　　　——流程性材料（如润滑油）。

许多产品由分属于不同产品类别的成分构成，其属性是服务、软件、硬件或流程性材料取决于产品的主导成分。例如：产品"汽车"是由硬件（如轮胎）、流程性材料（如：燃料、冷却液）、软件（如：发动机控制软件、驾驶员手册）和服务（如销售人员所做的操作说明）所组成。

注2：服务通常是无形的，并且是在供方（3.3.6）和顾客（3.3.5）接触面上需要完成的至少一项活动的结果。服务的提供可涉及，例如：

　　　——在顾客提供的有形产品（如需要维修的汽车）上所完成的活动；

　　　——在顾客提供的无形产品（如为准备纳税申报单所需的损益表）上所完成的活动；

　　　——无形产品的交付（如知识传授方面的信息提供）；

　　　——为顾客创造氛围（如在宾馆和饭店）。

软件由信息组成，通常是无形产品，并可以方法、报告或程序（3.4.5）的形式存在。

　　　　硬件通常是有形产品，其量具有计数的特性（3.5.1）。流程性材料通常是有形产品，其量具有连续的特性。硬件和流程性材料经常称为货物。

注3：质量保证（3.2.11）主要关注预期的产品。

3.4.3　项目 project

由一组有起止日期的、协调和受控的活动组成的独特过程（3.4.1），该过程要达到符合包括时间、成本和资源约束条件在内的规定要求（3.1.2）的目标

注1：单个项目可作为一个较大项目结构中的组成部分。

注2：在一些项目中，随着项目的进展，其目标才逐渐清晰，产品特性（3.5.1）逐步确定。

注3：项目的结果可以是单一或若干个产品（3.4.2）。

注4：参考 GB/T 19016—2005 改写。

3.4.4　设计与开发 design and development

将要求（3.1.2）转换为产品（3.4.2）、过程（3.4.1）或体系（3.2.1）的规定的特性（3.5.1）或规范（3.7.3）的一组过程（3.4.1）

注1：术语"设计"和"开发"有时是同义的，有时用于规定整个设计和开发过程的不同阶段。

注2：设计和开发的性质可使用限定词表示（如产品设计和开发或过程设计和开发）。

3.4.5　程序 procedure

为进行某项活动或过程（3.4.1）所规定的途径

注1：程序可以形成文件，也可以不形成文件。

注2：当程序形成文件时，通常称为"书面程序"或"形成文件的程序"。含有程序的文件（3.7.2）可称为"程序文件"。

3.5　有关特性的术语

3.5.1　特性 characterstic

可区分的特征

注1：特性可以是固有的或赋予的。

注2：特性可以是定性的或定量的。

注3：有各种类别的特性，如：

　　　　——物理的（如：机械的、电的、化学的或生物学的特性）；

　　　　——感官的（如：嗅觉、触觉、味觉、视觉、听觉）；

　　　　——行为的（如：礼貌、诚实、正直）；

　　　　——时间的（如：准时性、可靠性、可用性）；

　　　　——人因工效的（如：生理的特性或有关人身安全的特性）；

　　　　——功能的（如：飞机的最高速度）。

3.5.2　质量特性 quality characteristic

与要求（3.1.2）有关的，产品（3.4.2）、过程（3.4.1）或体系（3.2.1）的固有特性（3.5.1）

注1："固有的"是指本来就有的，尤其是那种永久的特性。

注2：赋予产品、过程或体系的特性（如：产品的价格，产品的所有者）不是它们的质量特性。

3.5.3　可信性 dependability

用于表述可用性及其影响因素（可靠性、维修性和保障性）的集合术语

注：可信性仅用于非定量术语的总体表述［IEC 60050—191：1990］。

3.5.4　可追溯性 traceability

追溯所考虑对象的历史、应用情况或所处位置的能力

注1：当考虑产品（3.4.2）时，可追溯性可涉及到：

　　——原材料和零部件的来源；

　　——加工的历史；

　　——产品交付后的发送和所处位置。

注2：在计量学领域中，使用 VIM：1993，6.10 中的定义。

3.6　有关合格（符合）的术语

3.6.1　合格（符合）conformity

满足要求（3.1.2）

注：与英文术语"conformance"是同义的，但不赞成使用。

3.6.2　不合格（不符合）nonconformity

未满足要求（3.1.2）

3.6.3　缺陷 defect

未满足与预期或规定用途有关的要求（3.1.2）

注1：区分缺陷与不合格（3.6.2）的概念是重要的，这是因为其中有法律内涵，特别是在与产品责任问题有关的方面。因此，使用术语"缺陷"应当极其慎重。

注2：顾客（3.3.5）希望的预期用途可能受供方（3.3.6）信息的性质影响，如所提供的操作或维护说明。

3.6.4　预防措施 preventive action

为消除潜在不合格（3.6.2）或其他潜在不期望情况的原因所采取的措施

注1：一个潜在不合格可以有若干个原因。

注2：采取预防措施是为了防止发生，而采取纠正措施（3.6.5）是为了防止再发生。

3.6.5　纠正措施 corrective action

为消除已发现的不合格（3.6.2）或其他不期望情况的原因所采取的措施

注1：一个不合格可以有若干个原因。

注2：采取纠正措施是为了防止再发生，而采取预防措施（3.6.4）是为了防止发生。

注3：纠正（3.6.6）和纠正措施是有区别的。

3.6.6　纠正 correction

为消除已发现的不合格（3.6.2）所采取的措施

注1：纠正可连同纠正措施（3.6.5）一起实施。

注2：返工（3.6.7）或降级（3.6.8）可作为纠正的示例。

3.6.7　返工 rework

为使不合格产品（3.4.2）符合要求（3.1.2）而对其采取的措施

注：返修与返工不同，返修（3.6.9）可影响或改变不合格产品的某些部分。

3.6.8　降级 regrade

为使不合格产品（3.4.2）符合不同于原有的要求（3.1.2）而对其等级（3.1.3）的变更

3.6.9　返修 repair

为使不合格产品（3.4.2）满足预期用途而对其采取的措施

注1：返修包括对以前是合格的产品，为重新使用所采取的修复措施，如作为维修的一部分。

注2：返修与返工（3.6.11）不同，返修可影响或改变不合格产品的某些部分。

3.6.10　报废 scrap

为避免不合格产品（3.4.2）原有的预期用途而对其所采取的措施

示例：回收、销毁。

注：对不合格服务的情况，通过终止服务来避免其使用。

3.6.11　让步 concession

对使用或放行不符合规定要求（3.1.2）的产品（3.4.2）的许可

注：让步通常仅限于在商定的时间或数量内，对含有不合格特性（3.5.1）的产品的交付。

3.6.12　偏离许可 deviation permit

产品（3.4.2）实现前，对偏离原规定要求（3.1.2）的许可

注：偏离许可通常是在限定的产品数量或期限内并针对特定的用途。

3.6.13　放行 release

对进入一个过程（3.4.1）的下一阶段的许可

注：在英语中，就计算机软件而论，术语"release"通常是指软件本身的版本。

3.7　有关文件的术语

3.7.1　信息 information

有意义的数据

3.7.2　文件 document

信息（3.7.1）及其承载媒介

示例：记录（3.7.6）、规范（3.7.3）、程序文件、图样、报告、标准。

注1：媒体可以是纸张，磁性的、电子的、光学的计算机盘片，照片或标准样品，或它们的组合。

注2：一组文件，如若干个规范和记录，英文中通常被称为"documentation"。

注3：某些要求（3.1.2）（如易读的要求）与所有类型的文件有关，然而对规范（如修订受控的要求）和记录（如可检索的要求）可以有不同的要求。

3.7.3　规范 specification

阐明要求（3.1.2）的文件（3.7.2）

注：规范可能与活动有关（如：程序文件、工艺规范和试验说明书）或与产品（3.4.2）有关（如：产品规范、性能规范和图样）。

3.7.4　质量手册 quality manual

规定组织（3.3.1）质量管理体系（3.2.3）的文件（3.7.2）

注：为了适应组织的规模和复杂程度，质量手册在其详略程度和编排格式方面可以不同。

3.7.5　质量计划 quality plan

对特定的项目（3.4.3）、产品（3.4.2）、过程（3.4.1）或合同，规定由谁及何时应使用哪些程序（3.4.5）和相关资源的文件（3.7.2）

注1：这些程序通常包括所涉及的那些质量管理过程和产品实现过程。

注2：通常，质量计划引用质量手册（3.7.4）的部分内容或程序文件。

注3：质量计划通常是质量策划（3.2.9）的结果之一。

3.7.6　记录 record

阐明所取得的结果或提供所完成活动的证据的文件（3.7.2）

注1：记录可用于文件的可追溯性（3.5.4）活动，并提供验证（3.8.4）、预防措施（3.6.4）和纠正

措施（3.6.5）提供证据。

注 2：通常记录不需要控制版本。

3.8 有关检查的术语

3.8.1 客观证据 objective evidence

支持事物存在或其真实性的数据

注：客观证据可通过观察、测量、试验（3.8.3）或其他手段获得。

3.8.2 检验 inspection

通过观察和判断，适当时结合测量、试验或估量所进行的符合性评价

［ISO/IEC 指南 2］

3.8.3 试验 test

按照程序（3.4.5）确定一个或多个特性（3.5.1）

3.8.4 验证 verification

通过提供客观证据（3.8.1）对规定要求（3.1.2）已得到满足的认定

注 1："已验证"一词用于表明相应的状态。

注 2：认定可包括下述活动，如：
    ——变换方法进行计算；
    ——将新设计规范（3.7.3）与已证实的类似设计规范进行比较；
    ——进行试验（3.8.3）和演示；
    ——文件发布前进行评审。

3.8.5 确认 validation

通过提供客观证据（3.8.1）对特定的预期用途或应用要求（3.1.2）已得到满足的认定

注 1："已确认"一词用于表明相应的状态。

注 2：确认所使用的条件可以是实际的或是模拟的。

3.8.6 鉴定过程 qualification process

证实满足规定要求（3.1.2）的能力的过程（3.4.1）

注 1："已鉴定"一词用于表明相应的状态。

注 2：鉴定可涉及人员、产品（3.4.2）、过程或体系（3.2.1）。

示例：审核员鉴定过程、材料鉴定过程。

3.8.7 评审 review

为确定主题事项达到规定目标的适宜性、充分性和有效性（3.2.14）所进行的活动

注：评审也可包括确定效率（3.2.15）。

示例：管理评审、设计和开发评审、顾客要求评审和不合格评审。

3.9 有关审核的术语

3.9.1 审核 audit

为获得审核证据（3.9.4）并对其进行客观的评价，以确定满足审核准则（3.9.3）的程度所进行的系统的、独立的并形成文件的过程（3.4.1）

注 1：内部审核有时称第一方审核，由组织（3.3.1）自己或以组织的名义进行，用于管理评审和其他内部目的，可作为组织自我合格（3.6.1）声明的基础。在许多情况下，尤其在小型组织内，可以由与正在被审核的活动无责任关系的人员进行，以证实独立性。

注 2：外部审核包括通常所说的"第二方审核"和"第三方审核"。第二方审核由组织的相关方，如顾客（3.3.5）或由其他人员以相关方的名义进行。第三方审核由外部独立的审核组织进行，如提

供符合 GB/T 19001 或 GB/T 24001 要求认证的机构。

注 3：当两个或两个以上的管理体系（3.2.2）被一起审核时，称为"多体系审核"。

注 4：当两个或两个以上的审核组织（3.3.1）合作，共同审核同一个受审核方（3.9.8）时，这种情况称为"联合审核"。

3.9.2　审核方案 audit programme

针对特定的时间段所策划并具有特定目的的一组（一次或多次）审核（3.9.1）

注：审核方案包括策划、组织和实施审核（3.9.1）的所有必要的活动。

3.9.3　审核准则 audit criteria

一组方针、程序（3.4.5）或要求（3.1.2）

注：审核准则是用于与审核证据（3.9.4）进行比较的证据。

3.9.4　审核证据 audit evidence

与审核准则（3.9.3）有关并能够证实的记录（3.7.6）、事实陈述或其他信息（3.7.1）

注：审核证据可以是定性的或定量的。

3.9.5　审核发现 audit finding

将收集到的审核证据（3.9.4）对照审核准则（3.9.3）进行评价的结果

注：审核发现能表明符合（3.6.1）或不符合（3.6.2）审核准则，或指出改进的机会。

3.9.6　审核结论 audit conclusion

审核组（3.9.10）考虑了审核目的和所有审核发现（3.9.5）后得出的最终审核（3.9.1）结果

3.9.7　审核委托方 audit client

要求审核（3.9.1）的组织（3.3.1）或人员

注：审核委托方可以是受审核方（3.9.8）或是依据法律或合同有权要求审核的任何其他组织（3.3.1）。

3.9.8　受审核方 auditee

被审核的组织（3.3.1）

3.9.9　审核员 auditor

经证实具有实施审核（3.9.1）的个人素质和能力（3.1.6 和 3.9.14）的人员

注：GB/T 19011 中描述了与审核员相关的个人素质。

3.9.10　审核组 audit team

实施审核（3.9.1）的一名或多名审核员（3.9.9），需要时，由技术专家（3.9.11）提供支持

注 1：审核组中的一名审核员被指定作为审核组长。

注 2：审核组可包括实习审核员。

3.9.11　技术专家 technical expert

〈审核〉向审核组（3.9.10）提供特定或技术的人员

注 1：特定知识或技术是指与受审核的组织（3.3.1）、过程（3.4.1）或活动以及语言或文化有关的知识或技术。

注 2：在审核组（3.9.10）中，技术专家不作为审核员（3.9.9）。

3.9.12　审核计划 audit plan

对审核（3.9.1）活动和安排的描述

3.9.13 审核范围 audit scope

审核（3.9.1）的内容和界限

注：审核范围通常包括对审核组织的实际位置、组织单元、活动或过程（3.4.1），以及审核所覆盖的时期的描述。

3.9.14 能力 competence

〈审核〉经证实的个人素质以及经证实的应用知识和技能的本领

3.10　有关测量过程质量管理的术语

3.10.1 测量管理体系 measurement management system

为完成计量确认（3.10.3）并持续控制测量过程（3.10.2）所必需的相互关联和相互作用的一组要素

3.10.2 测量过程 measurement process

确定量值的一组操作

3.10.3 计量确认 metrological confirmation

为了确保测量设备（3.10.4）符合预期使用要求（3.1.2）所需要的一组操作

注1：计量确认通常包括：校准或检定 [验证（3.8.4）]、各种必要的调整或维修 [返修（3.6.9）] 及随后的再校准、与设备预期使用的计量要求相比较以及所要求的封印和标签。

注2：只有测量设备已被证实适合于预期使用并形成文件，计量确认才算完成。

注3：预期使用要求包括：量程、分辨率和最大允许误差。

注4：计量要求通常与产品质量要求不同，并且不在产品要求中规定。

3.10.4 测量设备 measuring equipment

为实现测量过程（3.10.2）所必需的测量仪器、软件、测量标准、标准物质或辅助器械或它们的组合

3.10.5 计量特性 metrological characteristic

能影响测量结果的可区分的特征

注1：测量设备（3.10.4）通常有若干个计量特性。

注2：计量特性可作为校准的对象。

3.10.6 计量职能 metrological function

确定和实施测量管理体系（3.10.1）的具有管理和技术责任的职能

注：词汇"确定（defining）"有"规定（specifying）"的意思。此处并非具有术语中的"确定概念"的含义（在某些语言中，仅从上、下文难以清晰区分这种差别）。

参 考 文 献

[1] 全国质量管理和质量保证标准化技术委员会.GB/T 19000—2008 质量管理体系基础和术语.北京：中国标准出版社，2008.

[2] 全国质量管理和质量保证标准化技术委员会.GB/T 19001—2008 质量管理体系要求.北京：中国标准出版社，2008.

[3] 中国建设监理协会.2012 全国监理工程师培训考试教材—建设工程质量控制.北京：中国建筑工业出版社，2012.

[4] 全国人民代表大会常务委员会.中华人民共和国建筑法.北京：中国法制出版社，1997.

[5] 中华人民共和国国务院.建设工程质量管理条例.北京：中国建筑工业出版社，2000.

[6] 中华人民共和国国务院.建设工程勘察设计管理条例.北京：中国建筑工业出版社，2000.

[7] 中华人民共和国建设部.GB 50319—2000 建设工程监理规范.北京：中国建筑工业出版社，2001.

[8] 中国建筑科学研究院.GB 50300—2013 建设工程施工质量验收统一标准.北京：中国建筑工业出版社，2013.

[9] 中华人民共和国建设部.GB 50204—2002（2010 年版）混凝土结构工程施工质量验收规范.北京：中国建筑工业出版社，2011.

[10] 中华人民共和国建设部.GB/T 50326—2006 建设工程项目管理规范.北京：中国建筑工业出版社，2006.

[11] 中华人民共和国住房和城乡建设部.GB 50231—2009.机械设备安装工程施工及验收通用规范.北京：中国建筑工业出版社，2009.

[12] 中华人民共和国住房和城乡建设部.GB 50153—2008.工程结构可靠性设计统一标准.北京：中国建筑工业出版社，2008.

[13] 田金信.建设项目管理.第 2 版.北京：高等教育出版社，2009.

[14] 刘光庭.质量管理.北京：清华大学出版社，1986.

[15] 廖永平.机械工业企业质量管理.北京：机械工业出版社，1982.

[16] 田金信，周爱民.建筑企业全面质量管理.北京：中国建筑工业出版社，1991.

[17] 顾慰慈.建设项目监理质量控制.北京：中国建材工业出版社，2012.

[18] 中国建设监理协会.建设工程监理概论.北京：知识产权出版社.2012.

[19] 罗福周.工程建设监理概论与质量控制.西安：西安地图出版社，2000.

[20] 付庆红.建设工程质量控制答疑精讲与试题精炼.北京：中国电力出版社，2007.